人工智能环境下数字孪生技术应用研究

林立忠　王靖　李燕　韩明　著

燕山大学出版社

·秦皇岛·

图书在版编目（CIP）数据

人工智能环境下数字孪生技术应用研究 / 林立忠等著. —秦皇岛：燕山大学出版社，2020.12（2026. 1重印）

ISBN 978-7-5761-0148-5

Ⅰ. ①人… Ⅱ. ①林… Ⅲ. ①数字技术－研究 Ⅳ.①TP3

中国版本图书馆 CIP 数据核字（2021）第 036535 号

人工智能环境下数字孪生技术应用研究

林立忠 王靖 李燕 韩明 著

出 版 人：陈 玉
责任编辑：唐 雷
封面设计：刘韦希
出版发行：燕山大学出版社 YANSHAN UNIVERSITY PRESS
地 址：河北省秦皇岛市河北大街西段 438 号
邮政编码：066004
电 话：0335-8387555
印 刷：秦皇岛墨缘彩印有限公司
经 销：全国新华书店

开 本：700mm×1000mm 1/16　印 张：14.75　字 数：240 千字
版 次：2020 年 12 月第 1 版　印 次：2026年 1 月第 2次印刷
书 号：ISBN 978-7-5761-0148-5
定 价：58.00 元

序　言

“互联网+”时代第一阶段，把信息数字化、算法化，信息包括各种文档、各种对现实（比如商品、天气等）的描述等，让机器识别信息，在此基础上再开发工具使用信息；人工智能时代进入第二阶段，把人的行为与状态数字化、算法化，人的行为与状态信息来自人使用互联网的行为（比如使用微信或Facebook社交），这些信息被互联网平台公司收集，并利用AI来作识别和分析；数字孪生时代将进入第三个阶段，地球上万物及其状态的数字化、算法化，实现的方式或许是“物联网+数字孪生”。

人工智能时代下数字孪生技术的应用研究为我们打开了数字化研究的一道大门，通过数字孪生技术构建虚拟世界与现实世界的“平行世界”，项目组研究人员充分利用数字孪生技术在地铁建设、智慧社区、智慧城市建设中进行多方面的应用研究，参与的雄安新区建设中要求“数字城市与现实城市同步规划、同步建设”，积极运用数字孪生技术构建全域感知、万物互联、数据驱动、虚实结合的新型智慧城市，这充分说明雄安新区建设的智慧化与前瞻性。

本书结合项目组成员在雄安新区建设中的经验进行数字孪生技术的应用研究，主要包括地铁建设过程中的数字孪生和智慧社区的数字孪生技术应用研究，项目组成员从实际项目经验中总结数字孪生技术的基础应用，为雄安新区建设和石家庄地铁建设贡献智慧力量。

本书共分6章，其中第1章对数字孪生概念进行论述和说明，第2章至第6章主要是数字孪生技术在不同领域的应用研究，把地铁盾构区间、地铁基坑建设过程、智慧社区、项目施工过程中协同化管理的应用研究与人工智能技术、数字孪生技术相结合，将BIM技术、GIS技术和物联网技术有机融合，实现数据来源的数字化、数字虚拟世界的现实化，人工智能时代数字孪生技术的应用研究为项目建设提供了数字化的“可见即可得”。

值此本书完成之际，笔者思绪良多，本书的撰写组稿过程既是对项目组研究工作的总结，又是本书基础材料的来源，凝聚了笔者在数字孪生领域应用的新思路、新方法和新应用。

本书的撰写以河北省青年拔尖人才项目（2018-17）、河北省高等学校科学技术研究项目（重点项目）（DZ2020405）、教育部科技发展中心创新基金项目（2018A03032）和石家庄市科技计划支撑项目（201130181A）为支撑，在此对项目组成员表示感谢。同时感谢参与本书校对的郑瑞策、朱梦缘、王松斐、崔赛龙、崇鹏豪等学生和为本书撰写提供帮助和支持的社会各界同人。

林立忠

2020年11月10日

于石院尚学楼

目 录

第1章　绪　　论

1.1 数字孪生

1.1.1 数字孪生的定义

数字孪生（Digital Twin），也被称为数字映射、数字镜像。

早在2002年，“数字孪生（Digital Twin）”这一概念被美国Michael Grieves教授提出。12年后，他再次详细地解释了数字孪生概念，是指充分利用物理模型、传感器更新、运行历史等数据，集成多学科、多物理量、多尺度、多概率的仿真过程，在虚拟空间中完成映射，从而反映相对应的实体装备的全生命周期过程。

1.1.2 数字孪生的起源

数字孪生体的概念可以追溯到2002年密歇根大学产品生命周期管理中心（Product Lifecycle Management Center）的成立。当时他们向工业界人士介绍的演示稿（如图1-1所示）由Grieves博士讲解介绍，题为《PLM的概念性设想》（Conceptual Ideal for PLM），虽然如此，它确实拥有数字孪生体的所有元素：现实空间、虚拟空间，从现实空间到虚拟空间的数据流连接，以及从虚拟空间到现实空间和虚拟子空间的信息流连接。

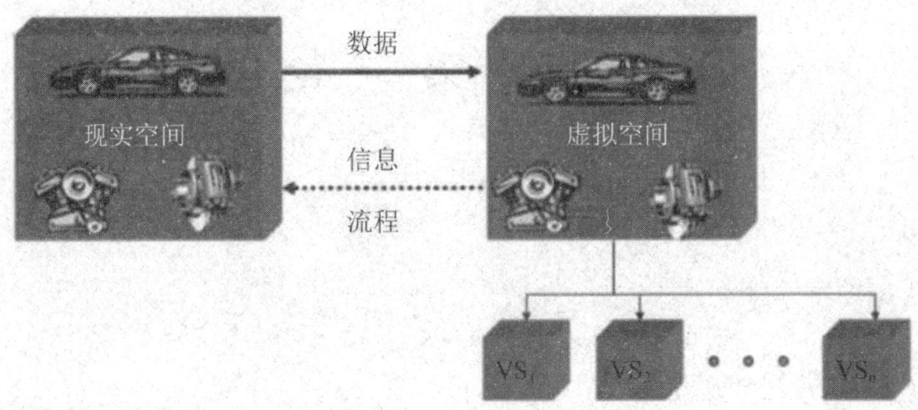

图 1-1　PLM 的概念性设想

驱动该模型的前提是，每个系统都由两个系统组成：一个是一直存在的物理系统，另一个是包含了物理系统所有信息的新虚拟系统。这意味着在现实空间中存在的系统和虚拟空间中的系统之间存在一个镜像（Mirroring of Systems），或者叫“系统的孪生”（Twinning of Systems），反之亦然。

产品生命周期管理（PLM，Product Lifecycle Management），意味着它不是静态表达，而是两个系统——即虚拟系统和现实系统将在整个生命周期中彼此连接，贯穿了四个阶段：创建、生产制造、操作（维护/支持）和报废处置。

2002年年初，这一概念模型在密歇根大学第一期PLM课程中使用，当时被称为镜像空间模型（Mirrored Spaces Model），在2005年一篇刊物文章中也指出了该模型（Grieves，2005）。

在开创性PLM著作《产品生命周期管理：驱动下一代精益思想》（*Product Lifecycle Management: Driving the Next Generation of Lean Thinking*）中，这个概念模型被称为信息镜像模型（Information Mirroring Model）（Grieves，2006）。

在《虚拟完美：通过产品生命周期管理驱动创新和精益产品》（*Virtually Perfect: Driving Innovative and Lean Products through Product Lifecycle Management*）（Grieves，2011，译者注：已经有中文翻译版）中，这个概念得到了极大的扩展，但仍然被称为信息镜像模型。

然而，就是那时候，“数字孪生体”这个术语通过参考合著者描述这个模型的方式，开始附加到信息镜像模型的概念中。考虑到“数字孪生体”这个术语的描述性，我们从那时起就用它来表示概念模型。

近年来，数字孪生体已被用作航空航天领域的概念基础。NASA已在其技术路线图（Piascik，Vickers等，2010）和可持续的太空探索建议书（Caruso，Dumbacher等，2010）中使用了这一概念。数字孪生体还被提出可应用于美国下一代战斗机和NASA运载工具（Tuegel，Ingraffea等，2011；Glaessgen，Stargel，2012），同时也描述了面临的挑战（Tuegel，Ingraffea等，2011）与竣工图实现（Cerrone，Hochhalter等，2014）。

1.2 贯穿生命周期的数字孪生模型

正如在2002年演示中对PLM的介绍，这个概念模型在过去和现在都倾向于作为一个动态模型，随着系统的生命周期发生变化。

在创建阶段，物理系统尚不存在。系统开始在虚拟空间中成形，成为数字孪生原型。

这种先虚拟后物理的现象实非新鲜——只不过在人类历史的大部分时间里，创建此系统的虚拟空间仅仅存在于人们的头脑中。直到20世纪的最后25年，这个虚拟空间才可能存在于计算机的数字空间中。

自此，人类开辟了一种全新的系统创建方式。在技术获得飞跃性进展之前，系统必须以物理形式实现——最初绘出草图蓝图，然后制成昂贵的物理原型。因为仅存在于人们的头脑中就意味着群体共享，以及对其形式和行为的理解非常有限。

虽然人类的思维是个奇迹，但在处理这些复杂任务时却有严重的局限性。人类记忆的保真度和持久性等多方面还有许多不足。我们在记忆中长时间地创造和保存详细信息的能力并不好。即使是些简单的物体，大多数人也很难做到精确地描述它们的形状。如果要求人类在头脑中凭空对复杂的形状作处理，其思考结果肯定是不够细致的。

然而，如今数字技术呈指数级发展，这意味着系统的形式可以在三维空间中得到全面和丰富的建模。过去，复杂事物和复杂系统在突现时，其展现形式是个难题，因为在二维图形转换成三维对象的时候，很难保证其数据都能匹配一致。

此外，当系统的某些部分有变动时，理解矛盾和冲突程度从困难到完全无法调和。将2D蓝图转换为3D物理模型、发现表单问题，再还原到2D蓝图解决问题并重新开始循环周期的过程中，会浪费大量的时间和成本。

借助于三维模型，整个系统可以在虚拟空间中集合在一起，并且低成本又快速地发现矛盾和冲突。只有在解决了这些形式问题之后，才需要将其转换为物理模型。

虽然发现系统突现形式的问题对物理模型的迭代及其昂贵的二维蓝图是个巨大改进，但以数字形式模拟系统行为的能力，才是发现和理解突现行为的一个重大飞跃。如今，系统创建者可以使用虚拟空间和虚拟仿真来测试和了解他们的系统在各种环境下的行为。

同样如图1-1所示，通过标记为$VS_1 \ldots VS_n$的区块就可以拥有多个虚拟空间，这意味着能够以较低的成本对系统进行破坏性测试。

当我们把物理原型测试实验作为唯一的测试手段时，进行破坏性测试的成本相当昂贵，因为物理原型及其周围环境都有可能在测试中遭到毁坏。例如，如果测试物理实体的火箭在发射台爆炸，火箭和发射台会被同时摧毁，这个成本代价过于巨大。而采用虚拟的火箭发射测试，爆炸发生炸毁的都是虚拟的模型，完全可以在新的虚拟空间中以接近于零的成本进行重建。

在创建阶段，我们会完成系统四个突现区域的填充工作：PD、PU、DTP和UU。

虽然传统方法的重点是验证和确认需求或预期（PD）以及消除问题、故障或预期非所需行为（PU），但数字孪生体原型（DTP）的模型也是识别和消除不可预测非所需突现行为（UU）的一个机会。通过改变仿真模型可能采取的参数范围，我们可以研究复杂系统中的非线性行为，而这些行为可能具有导致灾难性问题的组合或不连续性。

一旦虚拟系统完成并经过验证，其信息就会在真实的空间中用于创建物理孪生体。如果我们正确地进行了建模和仿真，也就是说我们在虚拟空间中对现实世界进行了一系列的精确建模和仿真，不可预测非所需突现行为（UU）的数量应该会大大减少。

这并不是说我们可以模拟和仿真所有的可能性，因为在现实允许的时间内把复杂系统中所有可能的排列组合都探索一遍，是不可行的，但是计算能力的指数级进步使我们可以继续扩大研究的可能性。

在这个创建阶段，我们至少可以尝试减轻或消除不可预测非所需突现行为（UU）的主要来源——人的交互。我们可以在多种多样的条件下与各类型人群参与者一起测试虚拟系统。系统设计人员通常不允许在系统中出现他们无法设想的情况。以这样的方式与系统交互是难以想象的——除非人们在危机中恐慌的时候才会真这么做。

在能够模拟系统之前，我们经常让最有能力和经验的人员来测试系统，因为物理原型测试非常昂贵，验证失败的巨大损失是难以承受的。然而，大多数系统却都是由泛泛之辈来操作的。

关于这种情况有个经典笑话："毕业成绩最差的医科学生一般都是怎么称呼的？"答案是——"医生"。可见，我们现在可以放心地让普通操作人员（包括最不合格的人员）对系统进行虚拟测试，是因为虚拟故障不仅成本低廉，而且还能够指出我们尚未考虑到的不可预测的非所需突现行为（UU）。

接下来进入生命周期的下一阶段——生产阶段。开始构建具有特定且可能是独特配置的物理系统。我们需要在虚拟空间中将这些构建配置反映成数字孪生实例（DTI），这样我们就可以了解到这些系统的确切规格和组成，而无须拥有物理系统。

所以就数字孪生体而言，流动方向与创建阶段是相反的。物理模型建立之后，与之有关的数据会被发送到虚拟空间，在数字空间中创建这个物理系统的虚拟表示。

在支持与维护阶段，可以充分了解系统行为的预测是否准确。真实系统和虚拟系统之间保持着联系。对实际系统的更改以两种形式出现，即替换部件和行为，即状态更改。正是在这个阶段，可以发现所预测的期望性能是否真的出现，以及预测中的非所需行为是否已被消除。

在非所需行为突现的这个阶段，如果先前的建模和仿真阶段已经很好地找到了UU，那么它们虽然是干扰，但只会引起一些小问题。然而，如果和过去复杂系统中经常出现的情况一样，这些UU就可能是需要解决的代价高昂的那种主要问题了。在极端情况下，这些UU可能是灾难性的故障，会造成生命和财产损失。

在这个阶段，现实系统和虚拟系统之间的联系是双向的。当物理系统发送变化时，可以在虚拟系统中捕获这些变化，这样我们就能知道每个系统的确切配置了。另一方面，可以利用来自虚拟系统的信息来预测物理系统的性能和故障。我们可以在一系列的系统上聚合信息，将特定的状态变化与未来故障的高概率关联起来。

如前所述，最终阶段（报废/淘汰）作为一个实际阶段却往往被忽略。在本书的主题背景下，报废阶段应该得到更密切的关注，原因有以下两个：

首先，当系统停用时，有关系统行为的知识常常随之丢失。下一代的系统也经常会需要处理许多类似问题，而这些问题本来可以通过使用前代系统的相关知识积累来避免。因此，虽然物理系统可能需要更新换代，但其承载的信息和知识可以用极小的成本保留下来。

其次，虽然当前讨论的主题是系统在使用中的突现行为，但也存在系统对环境产生突现影响时如何处置的问题。如果不保留系统中的相关设计信息，例如有什么材料以及如何正确处理这些材料等，那么系统就可能会以不恰当的方式随机处理了。

1.3 数字孪生的价值

数字孪生的定义是不断演变的，从高层次来说，它是创造物理对象的数字化表达形式；从根本上讲，它是为真实世界的资产设备创建数字模型，并将实际的性能数据与企业所拥有的与该特定资产设备有关的整套数字信息充分结合，数字孪生体可将所有这些信息整合到一个代表物理操作的统一数字记录中。将基于物理的理解与分析相结合，以获得深入的产品洞察力，进而释放数字孪生体的真正价值。

此外，数字孪生体还可提供关于资产当前准确的运行状况，找出未得到充分利用的设备从而带来巨大的商业价值，因此分析数字孪生体信息可实现设备的最佳使用率。通过深入预测潜在问题，操作人员可制订维护计划，尽可能减少服务中断。例如，发电厂安装的燃气轮机的数字孪生体可用于向客户和产品研发团队展示能源效率、排放、涡轮叶片磨损或其他重要信息。

“要想充分实现数字孪生所蕴藏的巨大价值，仿真是唯一途径。”

生产流程数字孪生模型如图1-2所示。

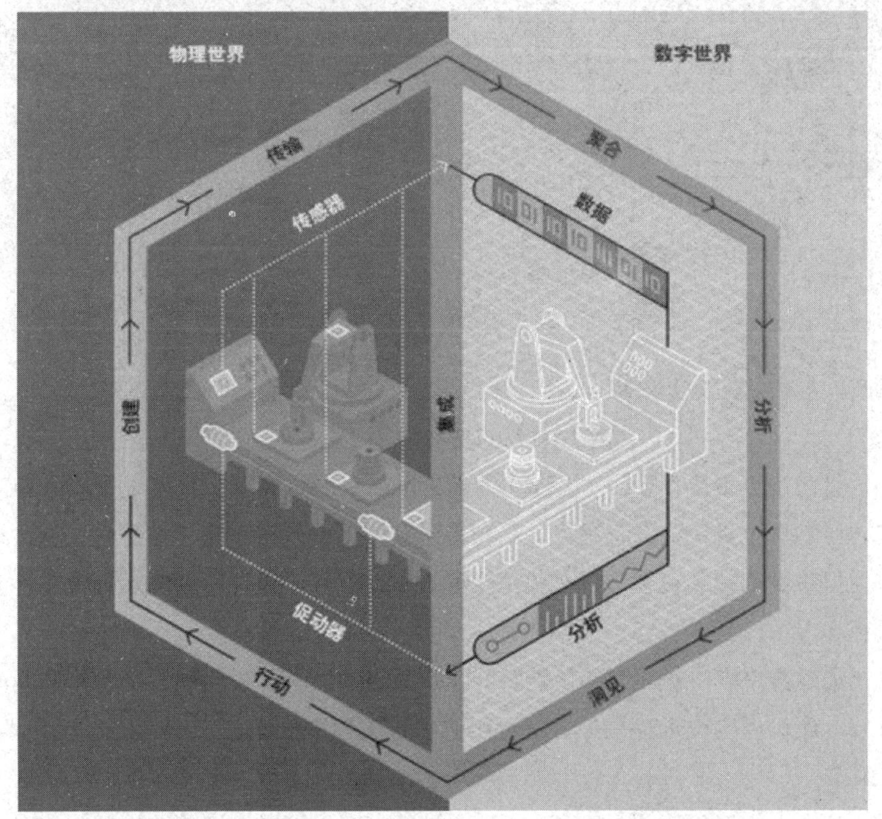

图 1-2　生产流程数字孪生模型

数字孪生具有将虚拟空间和物理实体紧密融合的特点，在5G技术下，数字孪生将更容易落地。

1.工业

数字孪生目前主要运用于工业中，在工业领域，通过数字孪生技术的使用，将大幅推动产品在设计、生产、维护及维修等环节的变革。

基于模型、数据、服务方面的优势，数字孪生正成为工业互联网关键技术，同时，工业互联网业亦成为数字孪生技术扩展应用场景的孵化床，从制造业逐步延伸拓展至更多的工业互联网空间。数字孪生在工业上的应用如图1-3所示。

图 1-3　数字孪生在工业上的应用

目前洛克希德·马丁公司视它为未来国防工业六大顶尖技术之首，美国GE公司已为每个引擎、每个涡轮、每台核磁共振创造了一个数字孪生体，通过这些模拟仿真的数字化模型，在虚拟空间调试、实验，以让机器的运行效果达到最佳。

通过数字孪生技术，不仅能够对工厂设备进行监测，实现故障预判和及时维修，还可以实现远程操控、远程维修，极大地降低运营成本，提高安全性。

2.医疗

在个人的健康监测与管理方面，通过数字孪生可以更清楚地了解我们身体的变化，对疾病做出及时预警。

未来通过各种新型医疗检测和扫描仪器以及可穿戴设备，我们可以完美地复制出一个数字化身体，并可以追踪这个数字化身体每一部分的运动与变化，从而更好地进行健康监测和管理。但同时，时刻监测反馈所带来的心理暗示是否会影响人类健康又会成为课题。

通过5G等传输技术，远程医疗也将更为普及。目前全国首例基于5G的远程人体手术——帕金森病“脑起搏器”植入手术成功完成，这对实现优质医疗资源下沉、实现自动诊疗有着重要意义。全国首例基于5G的远程人体手术如图1-4所示。

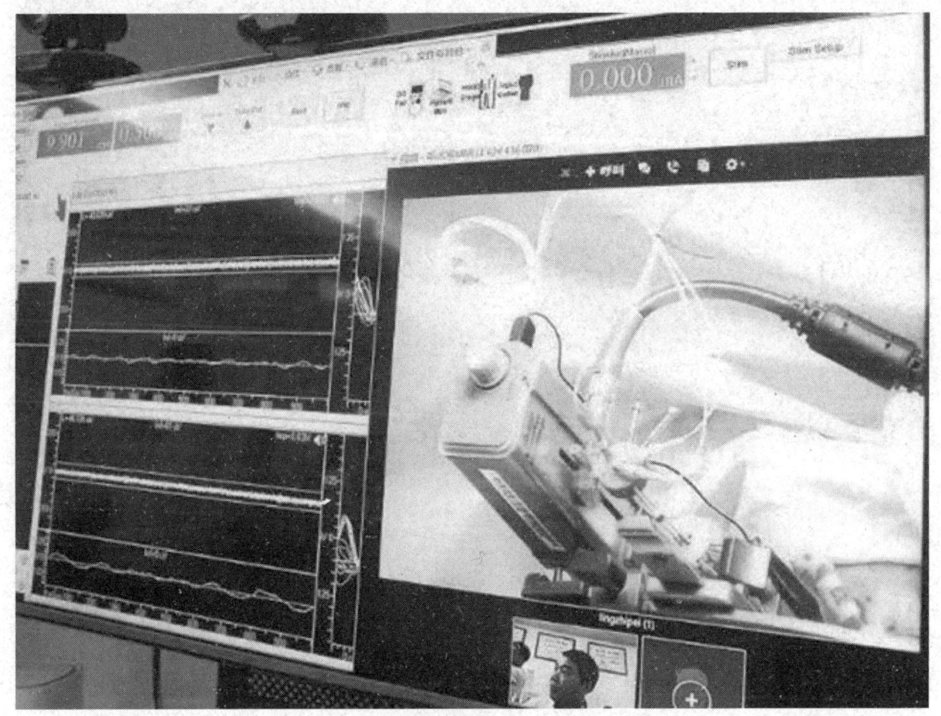

图 1-4　全国首例基于 5G 的远程人体手术

3.智慧城市

未来，无人机群将为城市提供基于图像扫描的城市数字模型，街道、社区、娱乐、商业等各功能模块都将拥有数字模型。

随着城市数字模型的扩充与发展，数字孪生技术将覆盖城市的每条电力线、变电站、污水系统、供水和排水系统、城市应急系统、Wi-Fi网络、高速公路、交通控制系统等所有看见或看不见的地方。

目前中国的雄安新区定位于绿色、智能的数字孪生城市，其市民服务中心以实践“数字孪生”理念为指引，深度融合应用互联网、云计算、大数据技术，从基础设施智能化、物联网平台、块数据平台、多场景智能应用等各领域，实现物理空间与虚拟数字空间交互映射、融合共生，正在建立起国际领先、中国特色的智慧生态示范园区。

图 1-5　雄安新区街道及地下管廊示意图

4.基建工程

基建工程也是数字孪生的一个重要应用领域，尤其是对中国这个“基建狂魔”来说，引入数字孪生意义更加重大。

我们在修建高速公路、桥梁等基础设施前，完成对工程的数字化建模，然后在虚拟的数字空间对工程进行仿真和模拟，评估工程的结构和承受能力，还可以导入流量数据，评估工程是否可以满足投入使用后的需求。

在工程交付之后，还可以在维护阶段评估工程是否可以承担特殊情况的压力，以及监测可能出现的事故隐患。

除了上述领域之外，包括医疗、物流、环保等很多场景都适合采用数字孪生技术，应用场景非常广阔。基建工程应用如图1-6所示。

图 1-6 基建工程应用

1.4 数字孪生的未来

据预测，到2022年，85%的物联网平台将使用某种数字孪生技术进行监控，少数城市将率先利用数字孪生技术进行智慧城市的管理。

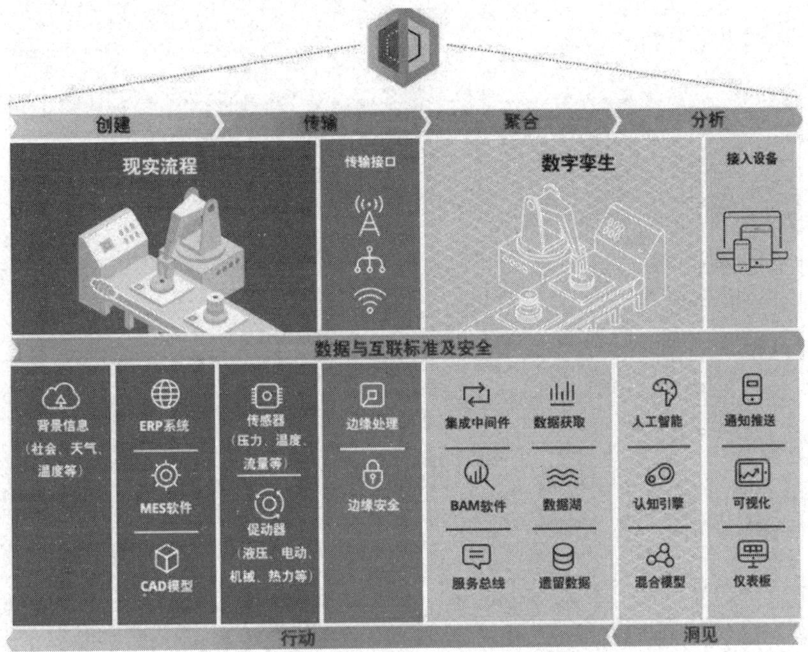

图 1-7 数字孪生未来架构

数字孪生技术需要进行全域感知、运行监测，并整合历史积累数据进行运算，还要做到快速及时地输出信息，首先是高度依赖传感器所采集的数据和信息。

在数据的感知方面，以目前的技术水平看来，在工厂中对机器的精确的全域感知依然有难度，更不要说其他领域了。物理实体的数据不够详尽，因此数字副本也会有所缺失，这就会导致数字副本得出的预测和判断有误差，这个问题的解决需要芯片、传感器、物联网等技术进步。

其次软件上，需要更加先进的算法，各类软件的整合，例如利用人工智能、边缘计算等技术，对数据进行更加快速的分析处理，进行可视化呈现。

目前数字孪生技术的瓶颈来自方方面面，还无法大规模地普及使用，但它可以为工业制造、未来生活带来无限的可能。随着其他技术的发展，数字孪生将有更广阔的想象空间。

第2章　数字孪生技术在地铁施工中的应用研究

2.1 研究背景与意义

21世纪以来，具有高效、节能、大运量特点的地铁受到众多城市的关注，地铁已经成为一个城市发展不可或缺的因素。地铁隧道施工分为明挖法和暗挖法，暗挖法又包括钻爆法、盾构法、锚喷构筑法等方法，其中盾构施工法以其自动化程度高、不影响地面交通、噪音小等优势，成为隧道建设中的重要施工方法。盾构隧道衬砌结构采用预制管片拼装而成，盾构管片空间结构复杂，传统的管片设计方法是通过二维图纸，或者采用建立三维模型通过多个角度投影来表达。同时盾构隧道可以看成一组短折线的集合，近似地拟合成实际线路。传统的普通管片对于平面曲线可以通过转弯环来模拟。目前，常采用通用型楔形管片，通过管片宽度差形成的楔形量在管片排版过程中实现纠偏或曲线拟合。

传统的盾构隧道曲线段管片设计方法存在以下缺点和局限：

（1）设计成果为二维图纸，无法如三维模型那样直观；

（2）难以事先考虑每一环管片的拼装，容易造成累积误差过大；

（3）难以根据整条线路曲率来选择管片楔形量，达到拼装出所需曲率的线路。

与传统设计方法相对应的是，建筑信息模型（BIM，Building Information Modeling）的概念及BIM思维在建筑领域已深入人心。Autodesk Revit（以下简称Revit）是目前应用最广泛的BIM软件，Revit模型都是参数化的；Revit通过3D方式来创建模型，当模型创建完毕后，可以直接生成对应的各种图纸及明细表。基于BIM方法对盾构隧道曲线区段管片预拼装设计，便于选择合适的通用型管片以及选择累积误差最小的管片拼装方法。

虚拟现实(VR)是一种多源信息融合、交互式的三维动态视景和实体行为的系统仿真技术。它利用计算机生成一种模拟环境，可以创建和体验虚拟世界的计算机仿真系统；它提供了一种半侵入式的环境并强调真实情景和虚拟世界图像和时间之间的准确对应关系，因此VR技术能大大提高观者的感官和交互式体验。

随着BIM技术推动着建筑、工程行业朝着信息化、科技化方向变革和发展，BIM模型承载着工程项目各构件的信息属性，通过数字信息仿真模拟建筑物所具有的真实信息。它具有可视化、协调性、模拟性、优化性和可出图性五大特点，需要有更为直观的视觉化平台来有效地展示这些信息。VR沉浸式体验，加强了具象性及交互功能，有效地加强了BIM模型的可视化和具象沉浸式体验效果。“BIM+VR”技术在地铁施工行业的应用，从传统的电脑三维模型中读取构件属性转变到将自身置身于场景中，利用BIM建立的模型结合VR设备实现动态漫游查看各构件属性、安全教育、事故模拟、施工复杂节点查看、空间方案技术交底等沉浸式体验。施工人员可以更为直观地感受施工场景，理解施工方案与工艺，提升最终的施工质量，有效地实现了所见即所得的感官效果。

2.2 研究现状

2.2.1 国外研究现状

Building Information Modeling（BIM）即我们常说的建筑信息模型，最早是由美国的一位工程师提出并发展起来的，现已传播至欧洲，以及亚洲的日本、韩国等发达国家。在诸多BIM技术应用国家中，以美国的应用范围最为广泛，应用度最为深远，其他发达国家的应用水平也都达到了一定的高度。

BIM技术在美国最先得到研究和应用，从20世纪70年代至今，其应用已经有一定的规模。在这段时间内，政府和建筑行业各个协会为发展该技术出台了各种BIM技术标准，其中运用得最为广泛的是由美国建筑科学研究院（NIBS）发布的美国国家BIM标准（NBIMS），作为一项继CAD之后建筑业的又一大技术变革，各大建筑设计事务所、开发商、施工企业都主动在项目中应用该BIM技术。据麦格劳·希尔公司（McGrawHill）的调查，2012年工程建设行业采用BIM的比例从2007年的28%增至2012年的71%，其中74%的承包商已经在实施BIM了，超过了建筑师（70%）及机电工程师（67%），这说明BIM的价值在不断被认可[1]。BIM在美国技术发展如此之迅猛，这主要得益于美国自2003年开始提出的BIM技术发展计划。

BIM技术一直是学术研究的热点之一，在早些年，技术的不成熟，加上应用范围狭窄，使得BIM技术的研究一直停留在单项目的研究上。2002年，美国欧特克公司（Autodesk）提出建筑信息模型这一概念后，随着计算机技术的进一步发展，BIM技术在国外行业得到了更进一步的重视。B. Succar等学者指出BIM是在信息技术、作业流程、国家政策三方共同作用下产生的一种新方法，通过该方法在建筑全生命周期中对必要的设计和项目数据进行管理[1]。Bernstein指出当前建筑行业效率低下、生产资料浪费严重，经过一些分析，他认为目前建筑行业推行信息化是非常必要的，并对企业引入BIM技术的前提条件进行了分析，认为推行BIM技术必须先要解决传统业务流程的载改造、信息计算机化及实现信息共享[2]。Akinci则在其论文中阐述了怎样创建工作空间和临时设施模型以减少施工计划在空间上产生的不必要碰撞。

Tamera等在他们的论文中主要分析了4D-5D-BIM技术在工程进度和造价管理中的应用，并分析了案例，创造性地提出了4D-5D-BIM技术的集成应用方式，以及该方式可以为项目团队和项目业主带来的诸多好处[3]。*BIM Project Execution Planning Guide Version 1.0*一书对美国国内的建筑设计、建筑施工领域进行了调查，调查报告显示BIM在建筑行业大概有25种应用，具体包括：施工场地分析、建筑现状建模、空间管理或追踪、能量分析、施工成本预算、设备分析、数字化加工等[4]。Reijo对BIM技术在项目上的多维应用进行了有关分析论证，指出BIM的多维应用需要根据企业现有或可获得的条件进行，并给出了提高BIM应用的方法：既要有规范标准、指导方针还需要结合地域性的相关实验和学习[5]。Amir H. Behzadan等通过在实际教学中应用增强现实技术（AR：Augmented Reality），介绍了BIM技术结合AR技术应用到建设工程的质量和进度管理中，并给出了运用AR技术涉及的相关软件和对硬件要求的一些建议[6]。Tulke等人认为为实现进度控制，应该应用具有持续时间的BIM模型来进行进度计划安排[7]。J. Korpela通过研究一所大学图书馆各个阶段状况，在设施管理和后期运营维护进行了BIM技术的运用。

2.2.2 国内研究现状

2002年，欧特克公司将BIM引进中国后，其知名度在中国越来越高，传统的建筑行业正在经历着一场BIM的“洗礼”。国内一些软、硬件公司、建筑设计企业、各种开发商、施工企业、学校的科研机构等都逐渐开始设立自己的BIM研究部门。BIM已成为国家“十一五”规划中的国家科技支撑计划重点项目、“十二五”规划中的信息化的重点研究课题，国家“十三五”规划中提出将工程造价与BIM技术相结合。

在学术研究方面，赵昂于在他的硕士论文中讨论了现在建筑行业在利用CAD指导施工时，2D、3D的CAD所含信息量太少，无法满足目前建筑业对建筑信息的要求，引进BIM技术是非常必要的。杜长亮通过设计模块、施工模块和运营模块分析了AR技术与BIM技术结合在施工现场引用的部分功能的实用性及有效性，分析了两者结合使用的可行性，并为后来的研究人员提供了进一步的研究思路[8]。

段玉娟重点研究了施工总承包在BIM理论体系下的成本动态控制，提出了成本动态控制的控制响应机制和控制流程，通过净挣值的特性，精确核准成本发生状态，判断成本变化趋势，通过预警机制的设置，从而高效地降低施工总包成本[9]。李烨在2014年则提出将BIM技术应用到DB承包模式中，利用Shapley理论中的“贡献”原理，构建函数模型并求解出最优分配比来解决DB项目发包中的不同承包商比选难、投标报价高等问题，在发包后解决设计施工融合不紧密、碰撞检验难等问题[10]。任智群等学者讨论了BIM技术给地铁给排水设计带来的改变，利用BIM技术的碰撞检查功能使管线布置更加合理，使地铁建设及维护更加便利[11]。刘安申在其论文中构建了5D模型，并研究了基于BIM-5D模块的总承包合同管理，还提出了推广基于BIM-5D模型的合同管理方案的建议[12]。欧阳业伟等学者阐述了BIM技术在地铁项目中应用的首要任务是建模，他们提出了BIM模型需求分析的方法，通过其给出的关键建模技术很好地解决了当前建模工作中存在的模型准确度低、建模效率低等普遍性问题[13]。

2.3 本章主要研究内容

本章主要以讨论数字孪生技术+BIM技术在地铁盾构施工管理中的应用作为目标和方向，分析了地铁交通发展的国内外研究现状，针对石家庄地铁2号线塔谈站—石家庄站的特点进行管片选型和BIM建模以及利用数字孪生技术进行BIM平台研究。

本章按常规的地下实体三维建模方式，构建地铁站点的地上地下一体化三维模型，需要采集沿线的地下站点几何拓扑结构和地面景观的庞大数据，工作量巨大。考虑到地下站点构造的相似性和地面出入口的差异性，本章提出一种新的技术实现思路：地下通过3D Max实现精细化的三维地下建模，采用Revit构建塔谈站—石家庄站区间的三维地质模型，基于Unity 3D实现联动和漫游，同时将三个危险源的沉降监测信息实现在线发布和数据分析，另外通过地铁盾构区间的数据分析和实验数据综合分析，给出三维的管片选型方案。主要研究内容如下：

（1）三维模型构建。利用Revit和3D Max软件实现对三维地质结构、桥梁结构以及路面附属建筑的建模，将模型导入Unity 3D开发环境，实现对三维模型的操作和运用。

（2）盾构机数据接入与展示。将盾构机数据通过网络接口的形式接入软件中，实现盾构机数据的实时接收、处理和分析，并在三维模型中进行展示，同时驱动三维盾构机模型按照实际运行情况进行推进，同时根据地质、危险源、转向、变坡等情况进行超前预警。

（3）注浆量和沉降分析与统计。根据每环的注浆情况，形成注浆量统计表，每50环做一个统计，针对危险源的监测数据进行分析统计，为后续施工做数据支撑。

（4）管片三维选型。根据实验数据建立管片模型，以数据为驱动实现对管片的选型对比，从而选择最优方案。

2.4 工程简介

石家庄地铁2号线以塔谈站为起点，线路出塔谈站后向北行进，沿线下穿南栗明渠三孔暗涵、南二环大桥、石家庄大众驾校、南二环胜利大街匝道桥、京广东街立交桥C匝道桥、石家庄站地下停车场坡道，到达石家庄站。区间起止里程为K25＋305.127，右线终止里程为K26＋427.257，左线终止里程为K26＋448.057。区间右线长度1122.130m，区间左线长度1142.930m。区间在K25＋871.800设置联络通道及泵房。

区间线路间距11.1～31.7m，区间纵向坡度呈“V”字形坡，线路最大纵坡25‰，区间覆土10.1～20.7m。本区间采用盾构法施工（联络通道部位采用暗挖施工），钢筋混凝土圆形结构。盾构机由塔谈站北端始发，石家庄站南端接收。在塔谈站、石家庄站相应设置盾构始发井、接收井。如图2-1所示。

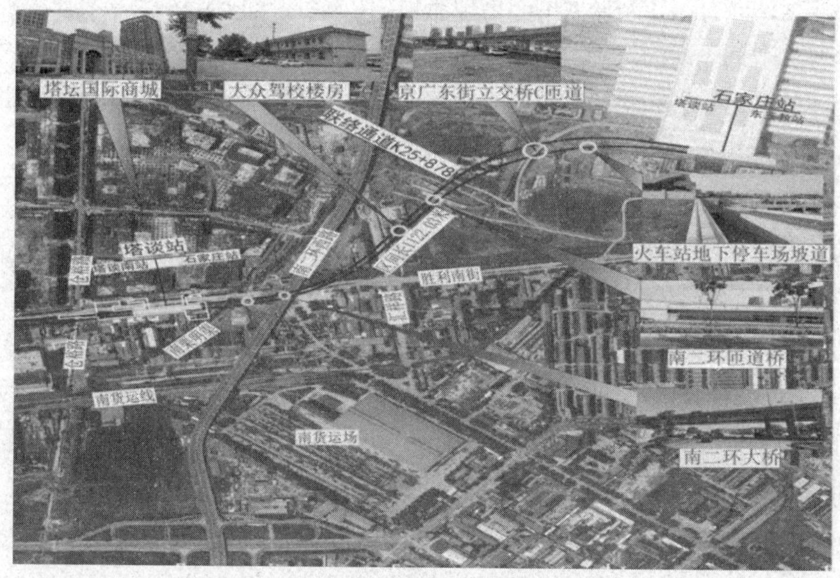

图 2-1　塔谈站—石家庄站区间地理位置

2.4.1 地质概况

本次勘察揭露地层最大深度为60m，根据钻探资料及室内土工试验结果，按地层沉积年代、成因类型，将本工程勘探范围内的土层划分为人工堆积层（Q^{ml}）、第四系全新统冲洪积层（$Q^{4\ al+pl}$）、第四系上更新统冲洪积层（Q^{3al+pl}）三大层。本场区按地层岩性及其物理力学性质进一步分为8个主层。有关各土层的分布如下。

人工填土层(Q^{ml})：

杂填土①$_1$层：杂色，松散～中密，稍湿，含砖渣、碎石、水泥块等，局部分布；

素填土①$_2$层：黄褐色，松散～中密，稍湿，以粉土、粉质黏土为主，含少量白砖渣，连续分布。

该大层厚度为0.2～7.6m，层底标高为60.32～68.72m。

第四系全新统冲洪积层（Q_4^{al+pl}）：

黄土状粉质黏土③$_1$层：黄褐色、褐黄色，I_L=0.35，可塑～硬塑，E_{s1-2}=7.3MPa，α_{v1-2}=0.25MPa^{-1}，中等压缩性，土质不均，含少量粉土，偶见姜石，局部分布；

黄土状粉土③$_2$层：褐黄色，土质较均，切面较粗，E_{s1-2}=7.5MPa，α_{v1-2}=0.23MPa^{-1}，中等压缩性，土质不均，含少量粉土，偶见姜石，局部分布；

粉细砂③$_3$层：灰白色～黄白色，N=15（该值为实测值统计的平均值），稍密～中密，稍湿，透镜体分布；

该大层厚度为2.5～9.3m，层底标高为57.42～65.08m。

粉细砂④$_1$层：灰白色～黄白色，N=27（该值为实测值统计的平均值），中密～密实，稍湿，E_s=15.0MPa，中～低压缩性，砂质较纯，分选较好，夹粉土团块，连续分布；

粉质黏土④$_4$层：褐黄色～棕黄色，I_L=0.44，可塑～硬塑，E_{s1-2}=7.5MPa，α_{v1-2}=0.24MPa^{-1}，中等压缩性，夹少量姜石及氧化物，透镜体分布；

该大层厚度为5.1～16.0m，层底标高为45.91～61.22m。

第四系上更新统冲洪积层（Q^{3al+pl}）：

粉质黏土⑤$_1$层：褐黄色～棕黄色，I_L=0.47，可塑，E_{s1}-2=7.5MPa，α_{v1-2}=0.24MPa^{-1}，中等压缩性，夹少量姜石及氧化物，局部分布；

粉细砂⑥$_1$层：灰白色～黄白色，N=40，密实，稍湿，E_s=25MPa，低压缩性，以长石、石英为主，砂质纯净，连续分布；

中粗砂含卵石⑥$_2$层：灰白色～褐黄色，N=46（该值为实测值统计的平均值），密实，稍湿，Es=30MPa，低压缩性，以中粗砂为主，含少量卵石，最大粒径不小于100mm，一般粒径20～70mm，卵石含量约占10～20%，局部含砂质胶结，连续分布；

卵石⑥$_3$层：杂色，密实，最大粒径不小于100mm，一般粒径20～70mm，局部分布；

粉质黏土⑥$_4$层：褐黄色，I_L=0.47，可塑～硬塑，E_{s1-2}=7.0MPa，α_{v1-2}=0.26MPa^{-1}，中等压缩性，含氧化铁、姜石，局部分布；

该大层厚度为4.1～13.1m，层底标高为31.16～38.02m。

部分钻孔未揭穿该层。

粉质黏土⑦$_1$层：褐黄色～黄褐色，I_L=0.42，可塑～硬塑，E_{s1-2}=7.2MPa，α_{v1-2}=0.24MPa^{-1}，中等压缩性，含姜石、砂粒、氧化铁，局部夹粉土和粉细砂薄层，连续分布；

该大层厚度为1.8～11.1m，层底标高为24.26～32.95m。

中粗砂含卵石⑧$_1$层：灰白色，N=54（该值为实测值统计的平均值），密实，饱和，E_s=40.0MPa，低压缩性，以中粗砂为主，砂质纯净，以石英、长石为主，分选较好，卵石最大粒径不小于130mm，卵石一般粒径为20～70mm，卵石含量约占10～30%，亚圆形，局部含黏性土；

卵石⑧$_2$层：杂色，最大粒径约70mm，一般粒径30～50mm，亚圆形，中粗砂填充，局部含砂质胶结，局部分布；

粉质黏土⑧$_3$层：黄褐色，硬塑，E_{s1-2}=8.8MPa，α_{v1-2}=0.20MPa^{-1}，低压缩性，偶见钙质条纹，具锈染，局部含卵石。

所有钻孔均未穿透本层。

隧道掘进地质主要为粉细砂④$_1$层和粉细砂⑥$_1$层，局部为粉质黏土⑤$_1$层。

2.4.2 水文地质概况

根据《石家庄市轨道交通一期工程抗浮设防水位及地下水浮力取值方法研究报告》，结合未来石家庄南水北调、洪水等因素影响，预测本车站场地内未来最高水位埋深13.33m，最高水位标高为55.48m。因此，本工程场地基坑抗浮设防水位标高可按55.48m参考使用。根据勘察结果和当地经验，防渗设计水位按自然地面标高考虑。

本次隧道掘进埋深10.1～20.7m，地下水埋深约地表下28.5m，故本次掘进无地下水，但不排除局部存在上层滞水的可能性。

2.5 管片模型搭建与选型

本研究主要使用了Revit、Dynamo、Excel三种软件，在各软件的协同使用中，尽量结合各软件所长。本书主要使用Revit来建族，使用Excel批量处理图形数据，利用Dynamo导入Excel数据来操控图形。

Dynamo是Revit的开源插件，是为增强Revit参数化设计功能而产生的，其最早的版本可追溯到2012年，是一款非常“年轻”且富有潜力的软件。

2.5.1 盾构管片尺寸参数简介

2.5.1.1 管片参数

1.隧道内径的确定

本段盾构区间隧道的建筑限界为5300mm。考虑盾构隧道发生的施工误差、结构变形、隧道沉降以及测量误差等，在隧道周边预留100mm的裕量，即隧道管片内净空理论值为R＝5300＋100＋100＝5500mm。

2.衬砌环构造

衬砌环外径：6200mm；内径：5500mm；管片宽度：1200mm；管片厚度：350mm。

衬砌环由1个封顶块、2个邻接块、3个标准块组成。为满足曲线模拟和施工纠偏的需要，专门设计了左、右转弯楔形环，通过与标准环的各种组合来拟合不同的曲线。楔形环为双面楔形，楔形量为Δ=49.60mm，楔形角β=0.458°（0.008rad），楔形量平分为两部分，对称设置于楔形环的两侧环面。一般竖曲线半径较大，施工时可采用增设管片间的垫片来解决，当竖曲线半径较小时，也可采用楔形环来拟合。

3.管片的型式

本工程隧道衬砌采用预制混凝土平板型管片衬砌，管片环间为错缝拼装。

4.衬砌环连接与附件

（1）衬砌环连接：衬砌环接缝采用弯螺栓连接，其中每个环缝采用16根M30螺栓，每环纵缝采用12根M30螺栓。管片间连接螺栓采用强度等级为5.8级，螺母等级为5级，垫圈Hv＝200，性能等级为C级的钢材。

（2）吊装（注浆）孔：各管片几何中心设置吊装孔，同时可作为隧道衬砌完成后二次注浆孔使用。吊装孔预埋件应进行抗拉拔试验，抗拉拔力应不小于5倍构件自重。螺栓孔预埋件尺寸、位置、形状、强度应符合设计要求。

5.衬砌混凝土等级

混凝土为高强混凝土，强度等级：C50，抗渗等级：P12。

6.拼装方式

衬砌环采用错缝拼装，一般情况下，封顶块的位置偏离正上方±22.5°，在曲线模拟和施工纠偏时标准环、楔形环封顶块可依需要偏离正上方±22.5°的整数倍角度，但不宜大于90°。

7.封顶块插入方式

封顶块拼装时先搭接2/3径向推上，然后再纵向插入。

8.防水构造

管片端面采用平面式，仅设置防水胶条处留有沟槽。

9.衬砌环种类

区间衬砌环种类有普通环，楔形环，特殊环，加强环及进、出洞环。楔形环用于曲线地段，特殊环用于联络通道或排水泵站处，加强环用于特别加强的部位。特殊环与进、出洞环均预埋钢板，加强环与特殊环管片主筋比普通环加强。

2.5.1.2 管片编号说明

标准环用[XZ]$_X$表示，左转弯环用[XL]$_X$表示，右转弯环用[XR]$_X$表示。三种衬砌环每块管片的编号如表2-1所示。

表 2-1　管片编号一览

衬砌环	封顶块	邻接块		标准块		
标准环[XZ]$_X$	[F-N]$_X$	[L1-N]$_X$	[L2-N]$_X$	[B1-N]$_X$	[B2-N]$_X$	[B3-N]$_X$
左转弯环[XL]$_X$	[FL-N]$_X$	[L1L-N]$_X$	[L2L-N]$_X$	[B1L-N]$_X$	[B2L-N]$_X$	[B3L-N]$_X$
右转弯环[XR]$_X$	[FR-N]$_X$	[L1R-N]$_X$	[L2R-N]$_X$	[B1R-N]$_X$	[B2L-N]$_X$	[B3L-N]$_X$

注：

1. 字母x取值1、2、3，分别对应P1型、P2型、P3型管片配筋。

2. 字母“N”表示衬砌环的模具套数编号。

3. [XZ]I/表示进洞环（始发）；[XZ]O/表示出洞环（接收）；特殊环[XT]（联络通道开洞两侧）。

本区间管片分为P1型、P2型和P3型三种管片，P1型和P2型管片分别对应普通段以11.5m覆土为临界深度的两种管片配筋，P3型管片对应加强段配筋，三种管片除配筋不同外，其余尺寸均相同。其中盾构下穿风险处、进出洞环及联络通道处加强环均需采用P3型管片。

2.5.1.3 工程材料

1.混凝土

衬砌环管片混凝土强度等级为C50抗渗等级P12。

2.钢筋

钢筋采用HPB300、HRB400，钢管片及钢制预埋件均采用Q235钢。

3.螺栓

管片连接螺栓采用性能等级为5.8级的普通C级螺栓。

4.钢材及焊条

HRB400级钢筋搭接焊采用E50级焊条，钢管片及钢制预埋件、HPB300级钢筋采用E43系列焊条。

所有外露铁件均需进行防腐处理。

5.预埋槽道及锚杆

预埋槽道须采用一次性热轧成型的全齿半闭口型型钢槽道，弧度加工应在工厂完成；槽道及锚杆材质性能不低于Q235B钢，T型螺栓采用M12。

2.5.1.4 构造措施

1.钢筋混凝土保护层厚度

钢筋混凝土管片按预制构件考虑，混凝土净保护层厚度外侧40mm，内侧40mm（包含主筋、分布筋、箍筋）。

混凝土管片钢筋必须采用焊接骨架。

2.钢筋的锚固与搭接

除图中注明者外，混凝土中钢筋的锚固长度为30*d*。

当钢筋采用焊接连接时，接头形式、焊接工艺、质量要求及验收等，应符合《混凝土结构工程施工质量验收规范》（GB 50204—2015），《钢筋焊接及验收规程》（JGJ 18—2012）等现行国家有关规范的要求。

3.钢筋与骨架制作

管片钢筋须精确加工、准确定位。钢筋与钢筋之间以及与任何临近的金属预埋件之间的净距离不得小于25mm。在钢筋笼搬运或混凝土浇注过程中，应采取有效措施确保钢筋骨架不变位。

4.防腐措施

管片间的连接螺栓及联络通道处暴露的预埋钢板均涂锌铬涂层作为防腐处理。圆隧道轨面以下缝及手孔用细石混凝土浇捣填实。凡暴露于大气中的金属埋件与零件，均涂锌铬涂层。

5.管片构造要求

（1）为满足防水构造要求，在管片的环缝、纵缝面设有一道弹性密封垫槽及嵌缝槽。

（2）由于管片拼装需要，每块管片中央均设有吊装孔，吊装孔兼二次补强注浆的注浆孔，内装逆止阀。吊装孔预埋件应进行抗拔试验，抗拔力应不小于5倍构件自重。

6.预埋槽道构造措施

槽道在盾构模板上的固定方式，考虑施工简便，应尽量避免采用在模板上钻孔的方式进行固定，建议采用固定销方式进行固定。槽道供应商应结合自身的经验，提出合理的固定方案。

2.5.2 盾构管片族制作流程

以1.2m幅宽的标准环，左转弯环和右转弯环说明管片族的制作流程。

1.制作顶面轮廓族

（1）打开Revit，选择“公制轮廓”；

（2）打开公制轮廓后依照图纸绘制轮廓（见图2-2），也可以导入CAD图纸来绘制轮廓；

（3）保存轮廓，并将此轮廓命名为“顶面轮廓”。

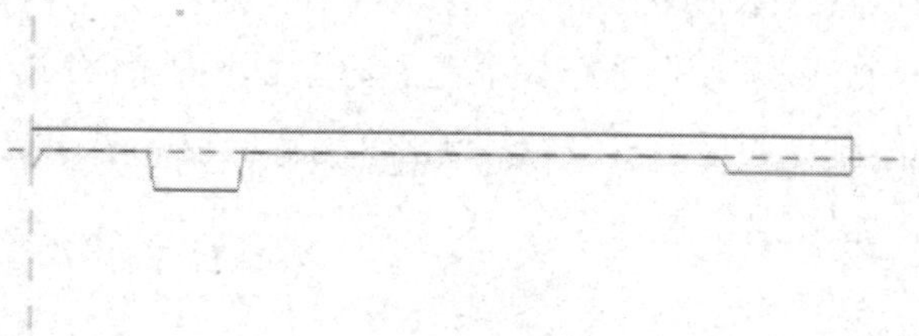

图 2-2　顶面轮廓族

2.制作模型

（1）打开“公制常规模型”，按照图纸做好参考线，如图2-3所求；

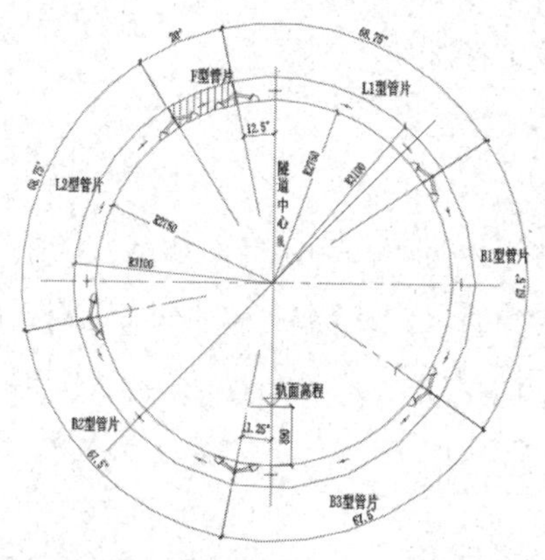

衬砌圆环布置图（标准环，封顶块在左）

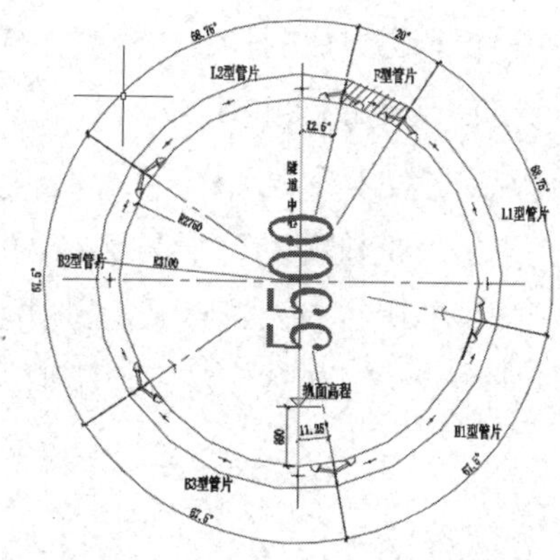

衬砌圆环布置图（标准环，封顶块在右）

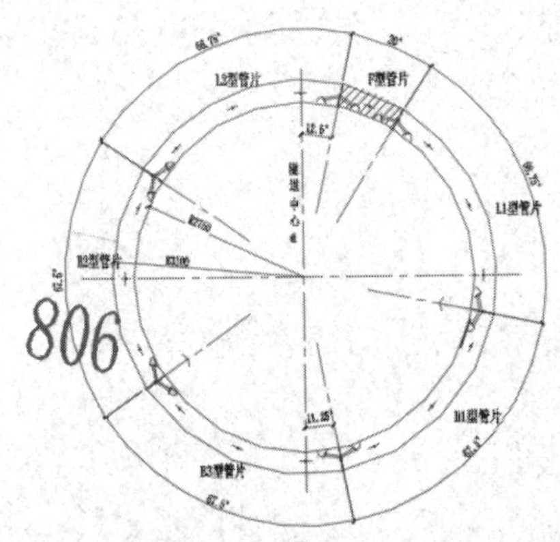

衬砌圆环布置图（左转弯环）

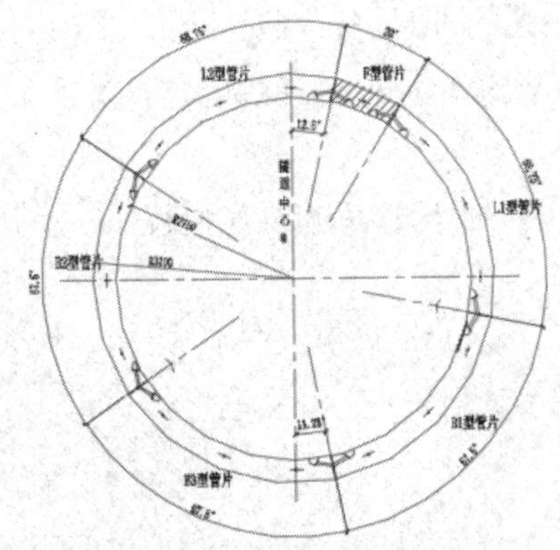

衬砌圆环布置图（右转弯环）

图2-3　参考线示意图

（2）点击放样—绘制路径

路径随意绘制，只需要保证路径垂直于管片上下两个面，并且长度为1.2m。

（3）路径绘制完成后点击“√”，点击“编辑轮廓”，按照之前做好的参照线来绘制轮廓，如图2-4所求。

图 2-4　编辑轮廓

编辑轮廓完成后，点击“√”，初步生成了标准块模型。

（4）制作顶部轮廓

点击“空心形状”；

点击“绘制路径”，拾取半径为2750mm的参照线作为路径，如图2-5所示；

点击轮廓—载入轮廓，找到顶面轮廓族并载入，底面轮廓制作方法同上；

点击“√”，生成了标准块模型，如图2-6所求。

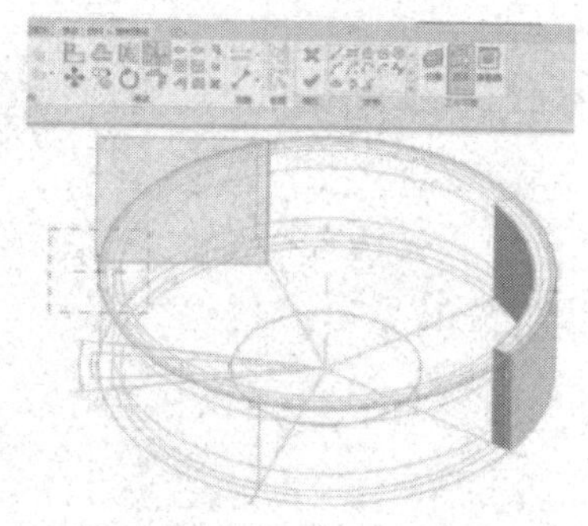
图2-5　绘制路径

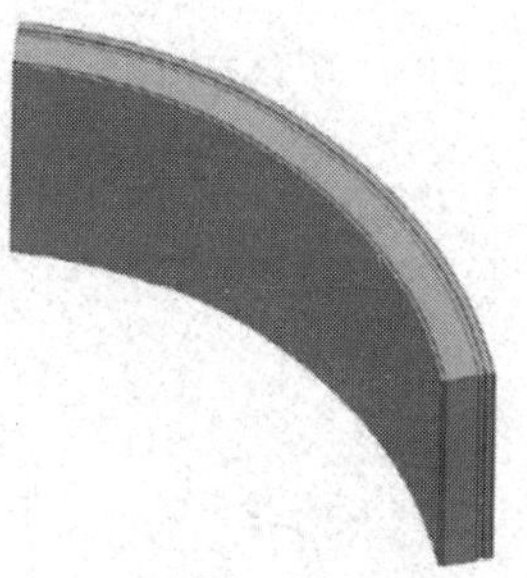
图2-6　标准块生成示意图

（5）将制作好的标准块，分别按参照线作为轴线来镜像得到三维图像，如图2-7～图2-12所示。

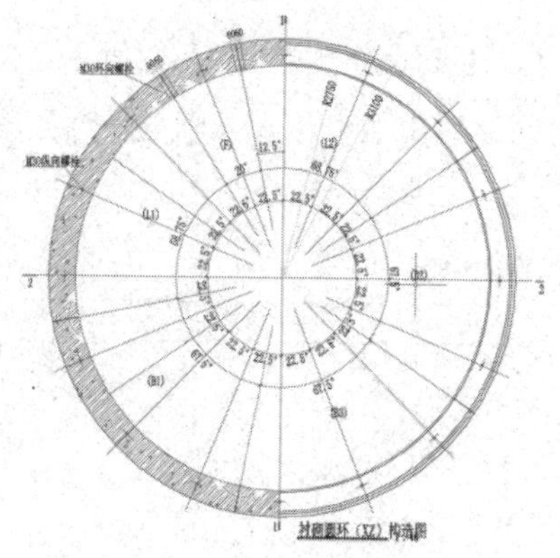
图2-7　标准块

图2-8　镜像后示意图

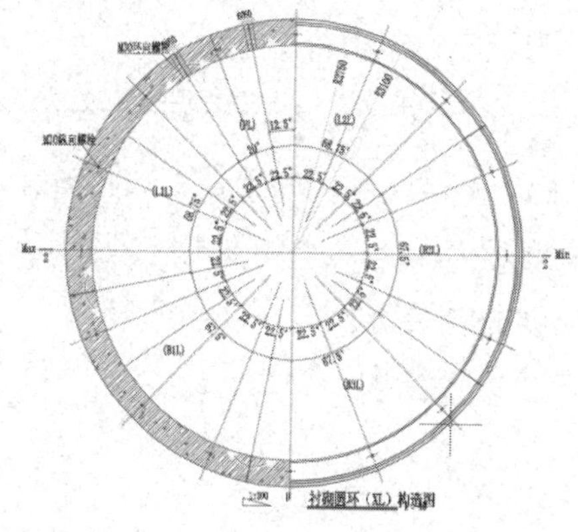
图2-9　左转弯

图2-10　镜像后示意图

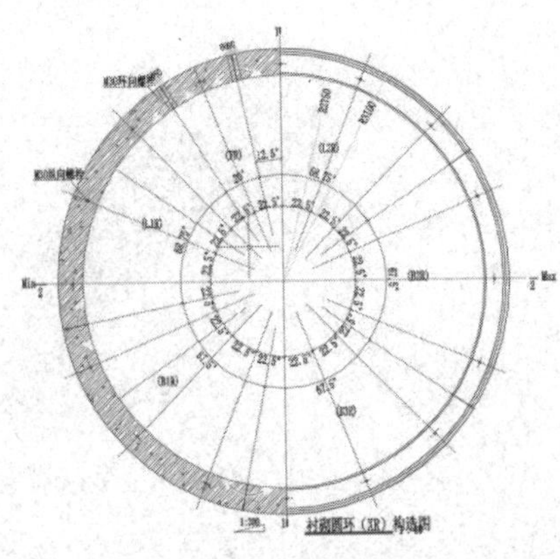

图2-11 右转弯

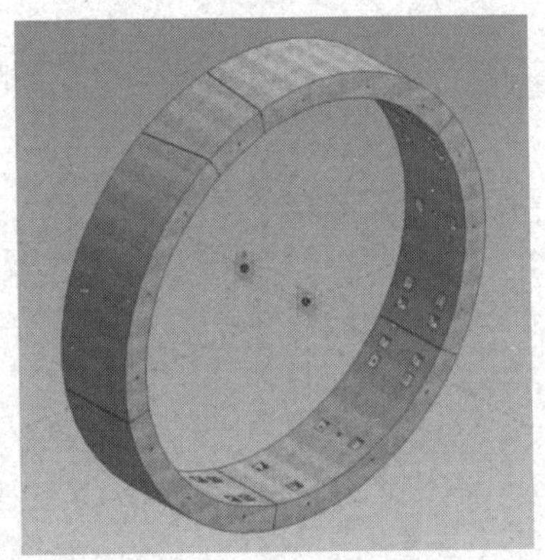

图2-12 镜像后示意图

建模过程总结如下：

（1）读取输入的管片几何形状参数信息，主要形状参数如表2-2所示。接收到的输入信息按上节所示的数据组织结构创建对象类并存储，作为后续盾构隧道建模的数据基础。

表2-2 管片形状参数信息

参数名称	参数变量	变量类型	说明
初始环中心点坐标	origin	三维点(Point3D)	管片初始拼装参数
初始环法向向量	direction	三维点（Point3D）	管片初始拼装参数
管片中心宽度	width	双精度型（Double）	管片环中心处的宽度（mm）
管片环楔形角	deltangle	双精度型（Double）	整个管片的楔形角，若为双侧楔形，每侧楔形角为deltangle/2
管片块数	bN	整数型（int）	每环管片包含的管片块数量
剖面数量	pN	整数型（int）	使用基于多个剖面的建模方法
封顶块位置	aF	双精度型（Double）	以封顶块偏离竖直方向的角度表示
各剖面中所有管片块的圆心角	blockAngleArrArray	数组型（Array）	多个剖面的所有管片块的圆心角的数组
管片块外径	RadiusArr	数组型（Array）	（mm）
管片块内径	radiusArr	数组型（Array）	（mm）
环间螺栓孔的数量	boltNumDic	词典型	管片块序号与对应的环间螺栓孔的数量组成的key-value数对
环间螺栓孔的角度	boltAngDic	词典型	管片块序号与其包含的各环间螺栓孔的角度数组组成的key-value数对

（2）根据参数计算组成管片块的剖面轮廓各条线段的端点坐标和控制点坐标。对于各剖面来说，主要计算各管片块的内外圆起始点和终止点（P1～P4）、各孔洞的中心点和定位点（P5～P9）等，如图2-13所示。

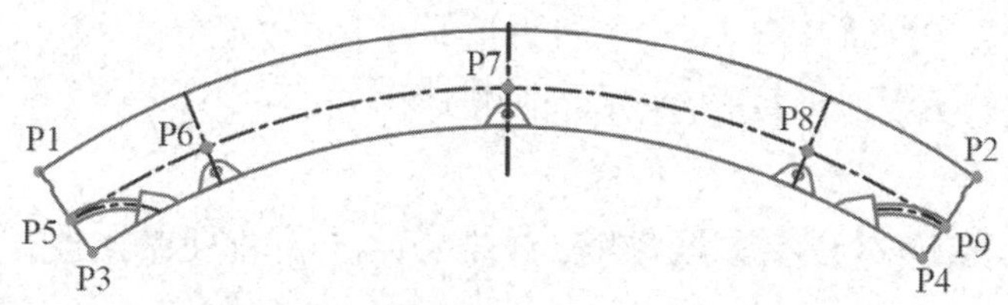

图 2-13　管片块中的控制点示意图

（3）由以上端点坐标，调用相应线段函数，形成不同类型的线段。

（4）将上述线段按照逆时针为正的顺序首尾相连形成闭合的管片块剖面多边形。

（5）调用管片块轮廓类将上述多边形转换成形成管片块所需的前轮廓和后轮廓。

（6）由于楔形角的存在，管片块的各个剖面所在平面并不是平行的，各剖面在基准平面的基础上朝各自的方向平移并旋转一定的角度，如图2-14所示。根据管片块类型和楔形角的要求，计算各剖面轮廓所在平面与竖直方向的夹角，并将剖面平面旋转到该角度，形成各剖面的作业面。

采用同样的方法，将各剖面轮廓类平移并旋转到各自的剖面作业面上，保证各个剖面按顺序排列起来。

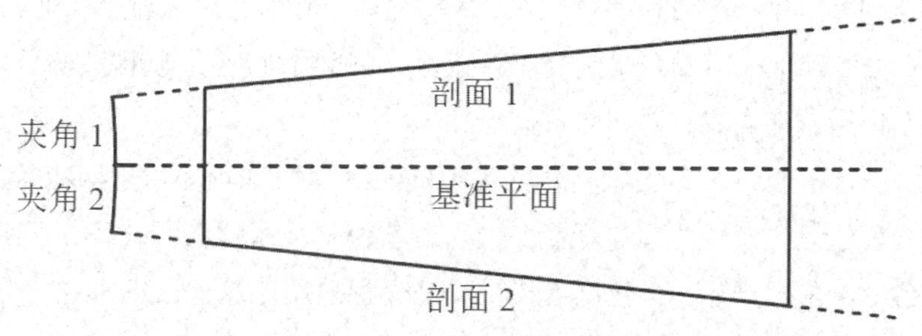

图 2-14　管片剖面示意图

（7）调用实体建模函数，以各剖面轮廓类组成的数组作为建模参数，放样形成管片块实体。

（8）判断管片块之间的位置误差是否满足条件，如果不满足，则返回检查输入的参数，调整部分参数或者计算默认设定，反之继续。

（9）一般管片环由一个封顶块、两个邻接块和若干个标准块组成，设定封顶块的位置（为简单起见，一般设为正上方中央位置）后，其余管片块的位置也随之确定，以此拼装组成完整的管片环。

2.6 数字孪生技术在石家庄地铁2号线塔谈—石家庄站区间的应用研究

2.6.1 数字孪生+BIM技术优势

BIM技术是一种以三维数字技术为基础、集成建筑工程各种相关信息的工程数据3D模型，具有可视化、协调性、模拟性、优化性和可出图性的特点，可将建筑信息在设计阶段、施工阶段、运营维护阶段进行传递，使建筑工程在整个进程中显著提高设计质量、降低施工单位的材料损耗及设计、施工和建设方的管理成本，大幅提高各方面的工作效率，从而创造社会效益。模型是对整个建筑设计的一次“预演”，建模的过程同时也是一次全面的“三维校审”过程，在此过程中发现大量隐藏在设计中的问题，这些问题往往不涉及规范，但与各专业配合紧密相关，在传统的单一专业校审过程中很难被发现。这些对于地铁车站这样富集各种管线、空间有限的复杂工程项目，基于BIM的地铁建设具有明显的优势和实践意义。

VR技术是利用计算机技术产生一种人为的虚拟环境，这种环境可以通过视觉、听觉、触觉来感知自己的视点直接地，多角度地对环境进行观察，发生“交互”作用，使人和计算机较好融合。

BIM平台可以将二维图纸转化为虚拟的三维模型，VR技术则可以沟通虚拟与现实，让设计实现“从界面到空间”，将两种技术优势互补、相互融合，通过构建三维虚拟展示，为使用者提供交互交融的设计过程，其沉浸式的体验加强了可视化和具象性，提升了BIM应用效果。在地铁设计中，应用BIM+VR技术可实现实时漫游观察，在其间发现问题，可及时在三维模型中修改，降低错误概率，提高工作效率。

2.6.2 总体设计思路和设计路线

按常规的地下实体三维建模方式，构建地铁站点的地上地下一体化三维模型，需要采集沿线的地下站点几何拓扑结构和地面景观的庞大数据，工作量巨大。考虑到地下站点构造的相似性和地面出入口的差异性，本书提出一种新的技术实现思路：地下通过3D Max实现精细化的三维地下建模，采用Revit构建塔谈—石家庄站区间的三维地质模型，基于Unity 3D实现联动和漫游，同时将三个危险源的沉降监测信息实现在线发布和数据分析，另外通过地铁盾构区间的数据分析和实验数据综合分析，给出三维的管片选型方案。系统整体结构设计如图2-15所示。

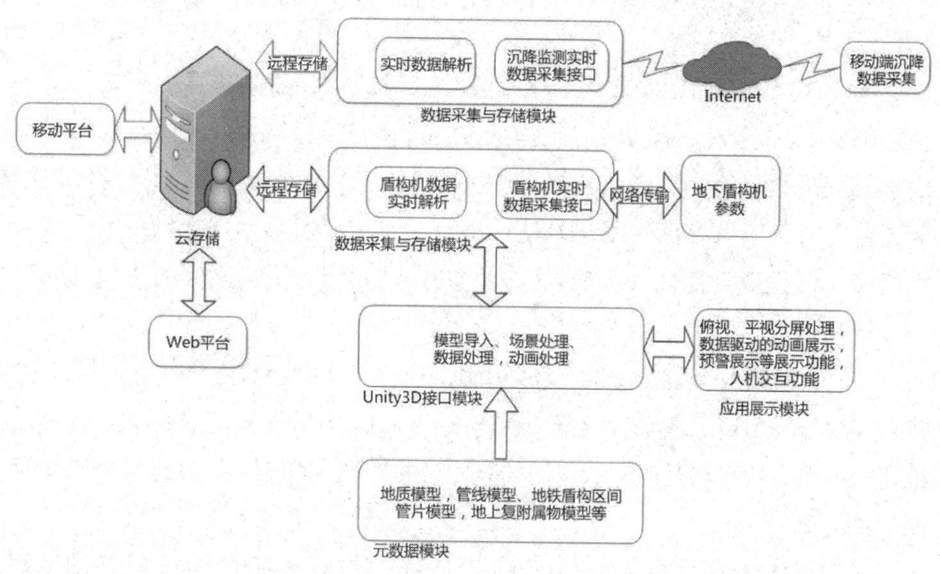

图 2-15　系统整体设计

基于BIM+VR的地铁盾构三维可视化实时展示、监测与管片选型系统以Unity 3D为开发环境，以C#为开发语言进行开发的服务于石家庄地铁2号线建设的软件系统。该系统由四部分组成，分别为：（1）三维模型构建。利用Revit和3D Max软件实现对三维地质结构、桥梁结构以及路面附属建筑的建模，将模型导入Unity 3D开发环境，实现对三维模型的操作和运用。（2）盾构机数据接入与展示。将盾构机数据通过网络接口接入软件中，实现盾构机数据的实时接收、处理和分析，并在三维模型中进行展示，同时驱动三维盾构机模型按照实际运行情况进行推进，同时根据地质、危险源、转向、变坡等情况进行超前预警。（3）注浆量和沉降分析与统计。根据每环的注浆情况，形成注浆量统计表，每50环做一个统计，针对危险源的监测数据进行分析统计，为后续施工做数据支撑。（4）管片三维选型。根据实验数据建立管片模型，以数据为驱动实现对管片的选型对比，从而选择最优方案。

首先利用Navisworks和3D Max进行地质模型、盾构区间的管片建模、地下管线建模和地面附属模型的建模和渲染，然后生成Unity 3D支持的格式，并根据坐标信息导入Unity 3D开发平台，再结合数据采集模块采集的盾构机实时参数，进行全方位立体化的地铁盾构，进行三维可视化实时展示，以及数据对比分析。

基于BIM+VR的地铁盾构三维可视化实时展示、监测与管片选型系统包括三部分。其一，PC端的实时数据采集、传输、云存储以及三维可视化实时展示，沉降数据的实时监测。其二，包含多个区间的移动端展示平台，该部分通过实时读取云存储数据，实现手机、pad等的实时移动展示以及根据施工进度实现远程、可视化、移动化办公。其三，实现对盾构区间的管片三维数据分析与选型。

该平台研发内容包括场景元数据模块、盾构机实时参数处理模块、Unity 3D接口模块、应用展示模块、数据分析与展示模块、沉降数据监测模块、管片三维选型模块，从而满足时间、空间的全方位实时监控和展示，为施工提供实时的信息支撑。

（1）场景元数据模块。该模块主要通过CATIA、Revit、3D Max等建模软件构建地质、盾构管片、管线、危险源、地面的附属建筑等模型，实现对盾构区间的全方位360度空间可视化展示。

（2）盾构机实时参数处理模块。该模块主要实现对盾构机参数的实时采集，通过网络传输协议实现对盾构机里程、环数、扭矩、转速、土仓压力等参数的实时采集，并通过远程网络传输协议将实时采集到的数据传输到远程云端进行存储，为数据分析和移动端提供数据支撑。

（3）Unity 3D接口模块。Unity 3D接口模块主要指业务流程的运行逻辑，包括实现对场景的放大、缩小、移动、场景分屏、盾构机实时参数的接收与处理，盾构机动画效果。

（4）应用展示模块。应用展示模块主要是对实时数据和三维场景的可视化展示，包括实现对地铁盾构区间的平视、俯视等三维形象的实时展示，以及盾构机参数的实时展示，各种危险源以及标注信息的预警展示。

（5）沉降数据监测模块。该软件基于石家庄地铁2号线塔谈站—石家庄站之间的盾构区间，在该区间下穿二环桥、京广东街桥以及塔谈大桥三个桥，均属一级风险源，需要实时监控沉降情况，从而根据沉降数据进行施工方案的制定和调整。

（6）管片三维选型模块。通过管片选型的实验数据生成三维的管片模型，实现管片的对比和三维选型的目的。

2.6.3 BIM模型构建

2.6.3.1 Civil 3D 地质建模

运用Civil 3D和3D Max进行地质建模，本项目根据大部分最易用的三维地质建模资料，也就是钻孔数据、地质剖面图和数字地形图等内容，确定了利用钻孔数据和空间插值建立可靠地层界限混和构模，通过核心建模软件及其开发逐层修正、实体化，构建精细三维地质模型的技术思路。如图2-16所示为地质建模和编程技术思路。

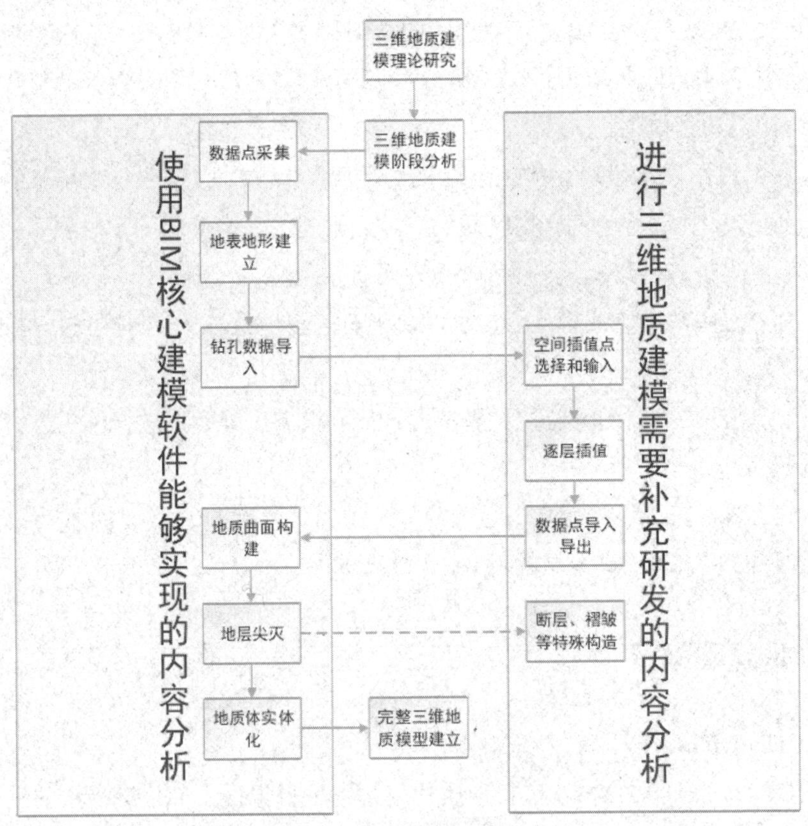

图 2-16　地质建模和编程技术思路

2.6.3.2 三维地质建模技术流程

1.地质数据组织

（1）数据采集。地质数据来源复杂，有直接测定获取的原始数据和分析、推断以及空间内插得到的模糊数据。本项目所使用的原始采样数据主要包括地表的电子地形图和钻孔数据图，能够帮助用户获得详细可靠的地下地质情况。

本项目所使用的模糊数据主要是利用原始钻孔数据，通过空间插值得到的地层数据点，作为构建完整的地层模型的补充数据。通过科学合理的插值方式，有效地填充了地层空间大量地区没有钻孔的数据空白。这类数据点确定性低于原始测量点，本项目中使用克里金插值等插值方法实现数据点的补充工作。

（2）数据预处理。地质数据资料分类排列体系各有不同，在进行三维地质建模之前需要依据一定的准则对数据进行规范化处理，以满足下一步建模的各类需求，包括数据的概化解释和排列体系归一化。

2.空间插值方法

由于原始的钻孔数据获取需要高昂的代价，包括大量的时间成本和经费，而对于三维地质建模，大量的地层数据又是非常必要的。空间内插能够使得建模采样点均匀密布，主要手段是根据已知点数据值预测未知区域的空间数据值，在本项目中，主要是坐标数据的预测。

三维地质建模的核心内容之一就是构建地质界面，而钻孔数据等原始数据无论是数量还是分布质量实际上往往达不到构建完整曲面的要求，因此进行科学的空间插值非常有必要。利用科学的插值方法，基于少量的原始采样点来预测位置必要的数据点参数，为地层表面模型建立提供数据基础。

3.三维地质建模要点

（1）地质界面建模

在使用的Civil 3D建模软件中，使用曲面对象模拟空间地质界面，包括建模主要涉及的地形表面和地层曲面。一般地质界面的几何形态十分复杂，但按照建模的几何形态，可以分成单值界面与多值界面。对于单值曲面，采用简单顺序的建模思路便可以直接实现。一般使用高程点和等高线作为曲面建模的基本依据。如图2-17所示利用高程线建立曲面。

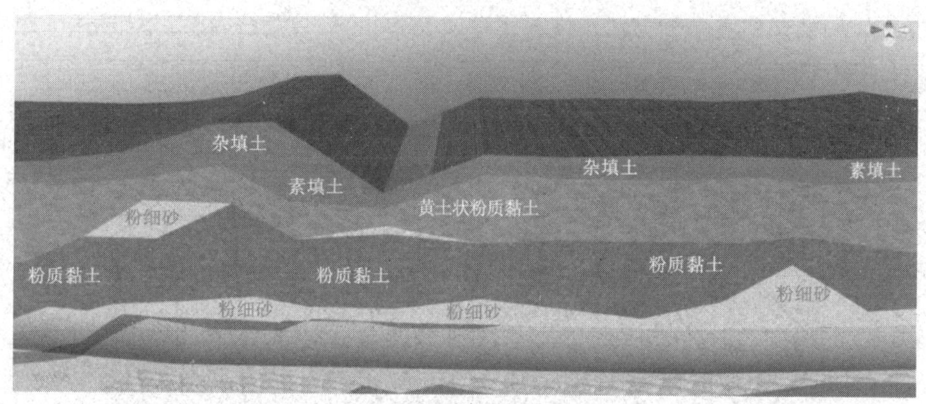

图 2-17 利用高程线建模曲面

而特殊的曲面如断层曲面，则需要考虑断层上下盘的错动，会引发地层界面的连续性发生破坏，此时则不能使用连续的单值曲面进行考虑。对于有断层现象的地质体，需要考虑地层界面的重构。但是，由于断层面的数据点获取困难、空间构造复杂，成熟的断层三维建模研究较少，运用上也存在诸多问题。褶皱构造，因为形态变化不均匀，特殊情况包括倒转和平卧褶曲等存在多值曲面，缺乏充足的数据点，使得褶皱曲面的建立也同样十分困难。

（2）三维模型实体化

目前，三维实体模型构建方法主要包括线框建模方法、表面建模方法、块段建模方法、断面建模方法、映射建模方法等，其实体化是目前三维地理信息系统领域研究的难题。本书使用Civil 3D软件的自带功能完成实体化操作，操作方便，展示效果优秀，能够基本完成实体化操作的各个要求，并且可以通过布尔运算等基本命令进行实体的各类修改工作，易用程度较好。

（3）模型分析

模型建立之后，能够进行充分的模型分析，模型的直观性也是三维模型存在的重要意义。本项目建立的三维地质模型，可以自由地进行各种旋转、缩放，绘制剖面图，进行开挖计算、体量计算等。

2.6.3.3 塔谈—石家庄站区间的地质建模效果

以Autodesk Civil 3D软件的建模功能为技术核心，以三维地质建模的理论研究为技术支撑，通过软件强大的曲面构建能力，建立地表地形和地层界面，并通过曲面构建实体的方法实现三维地质实体建模。建模最终效果如下：

1.俯视效果

透过俯视效果图可以看出不同的地质结构以及地形结构，如图2-18所示。

图 2-18 俯视效果

2.侧面地质建模效果

对不同的地质层用对应的图像进行填充，使其更加形象化，如图2-19、图2-20所示。

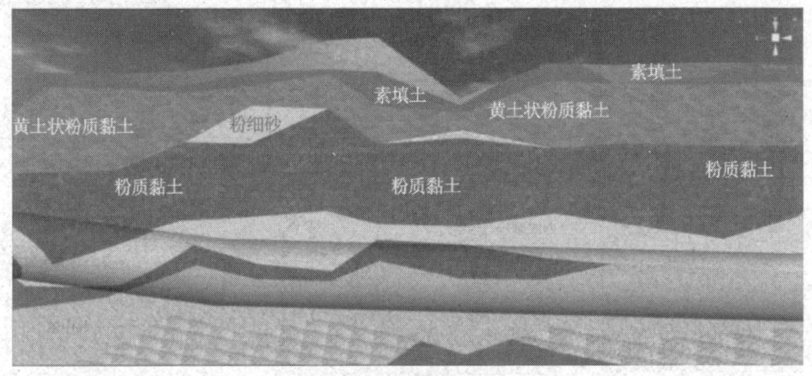

图 2-19　侧面效果一

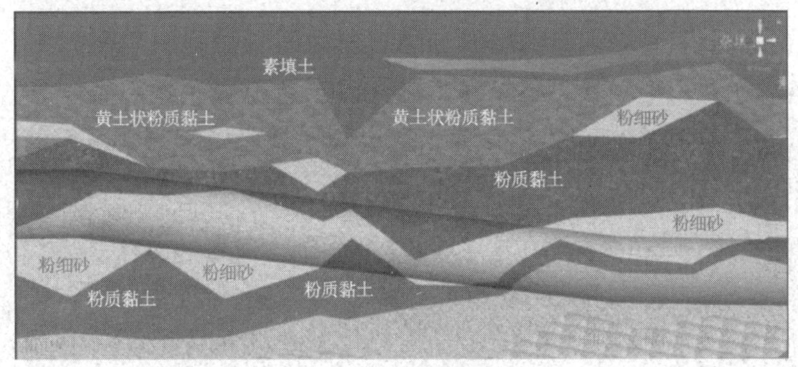

图 2-20　侧面效果二

2.6.3.4 桥梁和车站建模

桥梁、车站建模采用Revit进行建模，通过2D图纸构建3D施工模型或从BIM设计模型导入，实现对地铁建设中的桥梁、盾构区间以及车站围护结构等的建模。

1.土建结构建模

将地铁结构进行三维BIM建模，如图2-21所示。

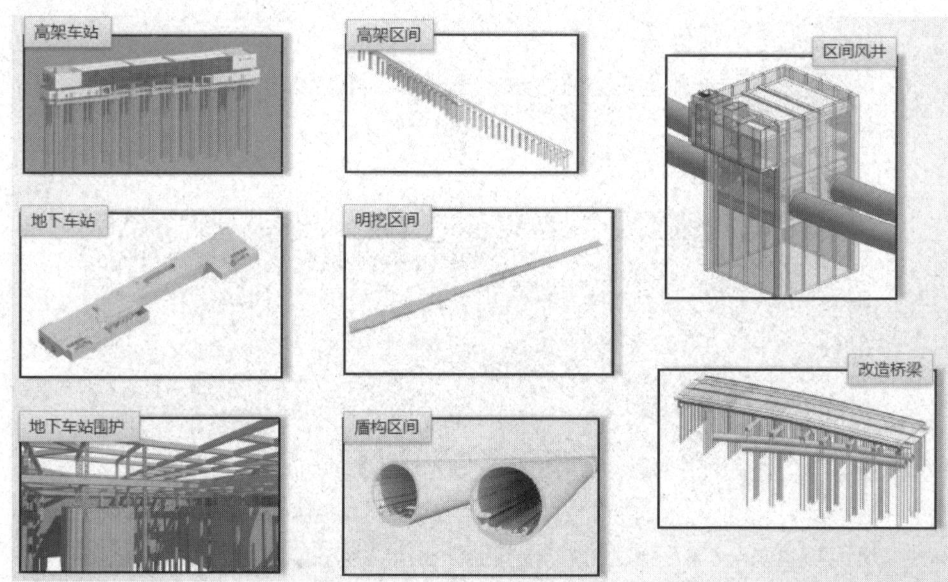

图 2-21　利用 Revit 实现地铁全面建模

2.车站建模

地铁车站建模效果，如图2-22～图2-25所示。

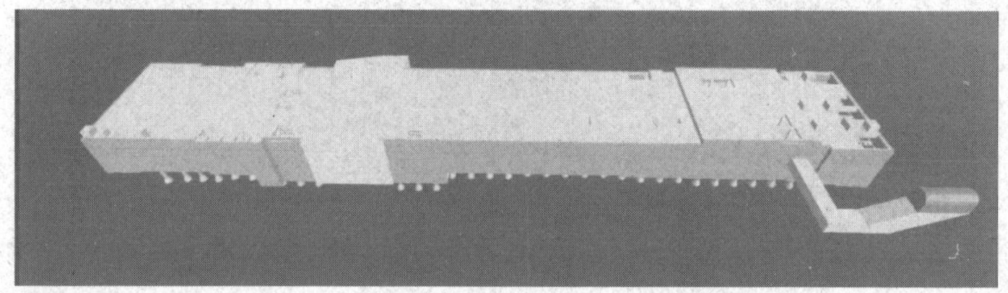

图 2-22　利用 Revit 实现地铁车站全面建模

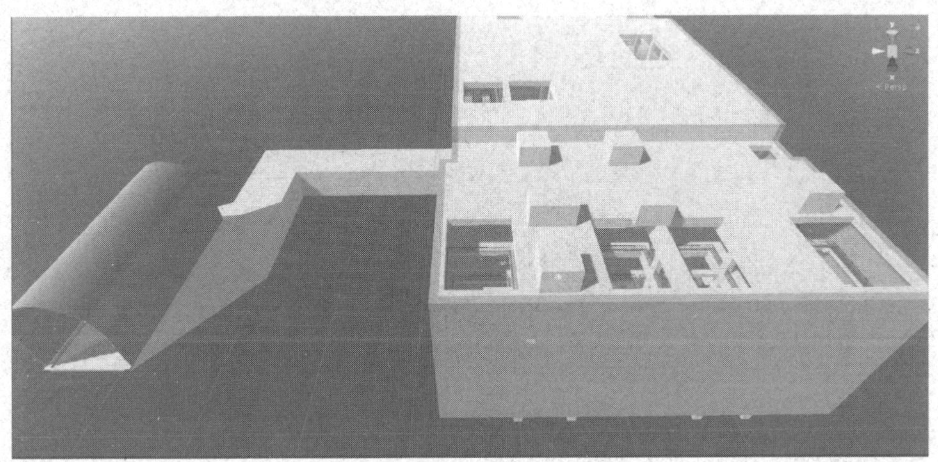

图 2-23　地铁车站细节效果图

图 2-24　地铁车站内部结构

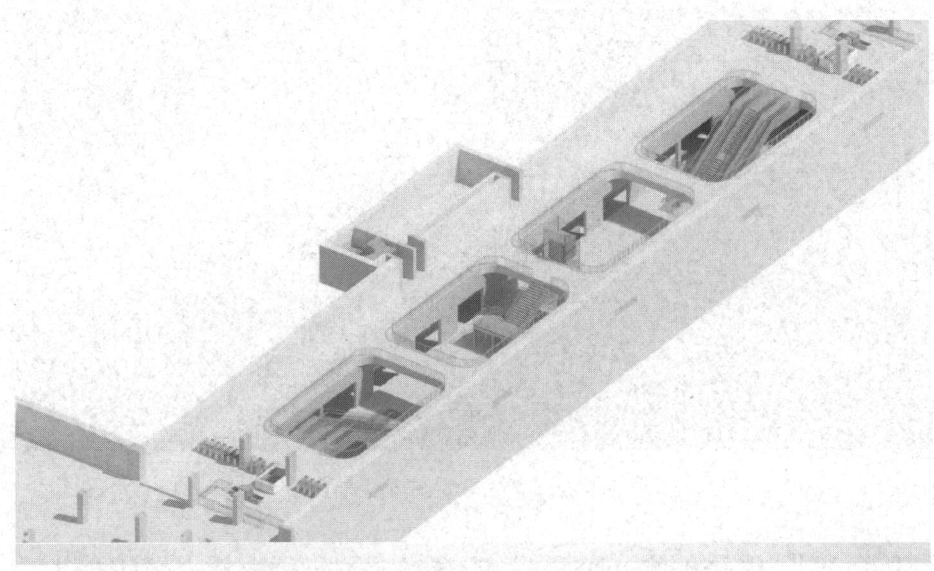

图 2-25　地铁车站仿真效果图

车站仿真效果如图2-26、图2-27所示。

图 2-26　石家庄地铁车站入口

图 2-27　石家庄地铁内部效果图

3.桥梁建模

利用Revit进行桥梁建模通过以下步骤实现：

步骤一：对桥梁整体结构分解成桥梁组件，并规范性地进行分类；

步骤二：对桥梁组件细分为构件以及图元，并进行参数化，编制几何构造尺寸对应的参数表；

步骤三：对桥梁组件三维模型组装和定位，确定并定义构件控制点和相对空间位置关系，组装构件成为组件，存储在组件模板库中，定义组件控制点；

步骤四：提取项目的三维路线信息，确定路线的桩号和设计高程；

步骤五：对组件三维模型进行装配，在路线信息的基础上，利用定位参数确定组件模型位置，调用type方法，使组件之间自动进行参数化装配。

建模效果如图2-28～图2-30所示。

图 2-28　利用 Revit 构建桥梁整体

图 2-29　桥梁与路面的定位

图 2-30　桥梁整体效果图

2.6.3.5 地面附属建模

路面建模：按照路面上路线分布以及路面标志物建模，针对路线分布以及路面标志物贴图区分，下图为整体塔谈—石家庄站区间的整体效果图，如图2-31所示。

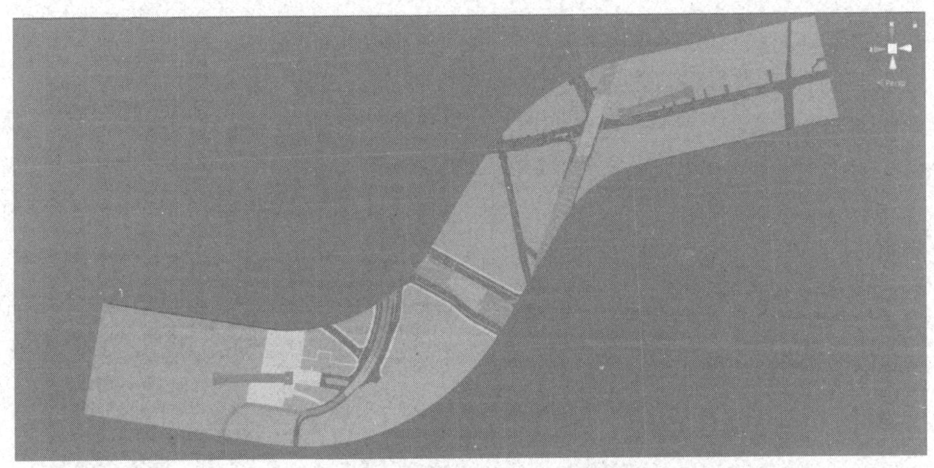

图 2-31　塔谈—石家庄站区间的路面整体效果图

图2-32为局部细节效果图，在图中可见部分桥梁和路面以及其他附属物的建模效果。

图 2-32　部分桥梁和部分路面的建模效果图

2.6.4 BIM+U3D区间盾构实时数据接入与分析

2.6.4.1 平台功能实现

1.总体效果

Unity 3D平台与盾构机实时数据对接（时间、环数、里程、总推力、推进速度、土仓压力等开放性数据），如图2-33所示。

隧道埋深：根据公式定义计算，实时显示。

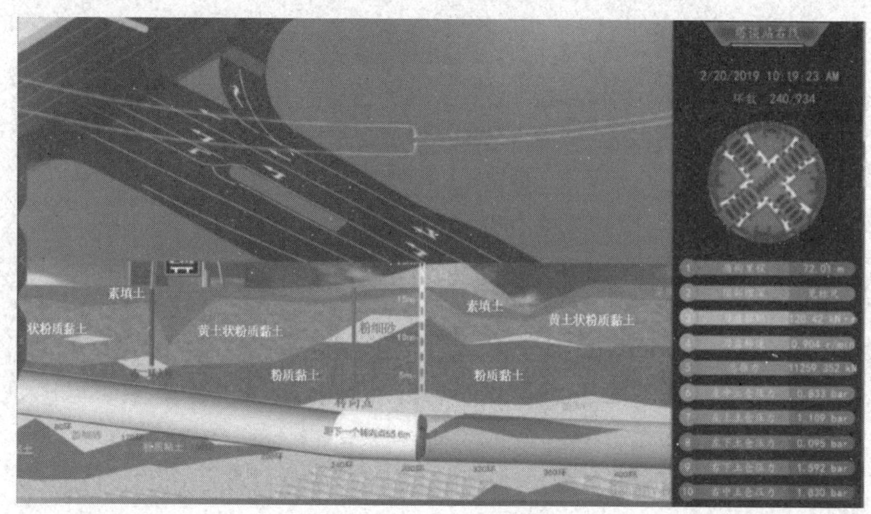

图 2-33　总体效果

图2-34的上下两部分为塔谈站右线对应的实时盾构机的掘进情况，实时展示掘进环数和掘进里程，以及不同的进度对应的地质结构情况。

2.局部地面结构效果展示

图2-34、图2-35为地面及其附属结构局部图，图中展示了道路桥梁以及盾构机的具体位置信息。

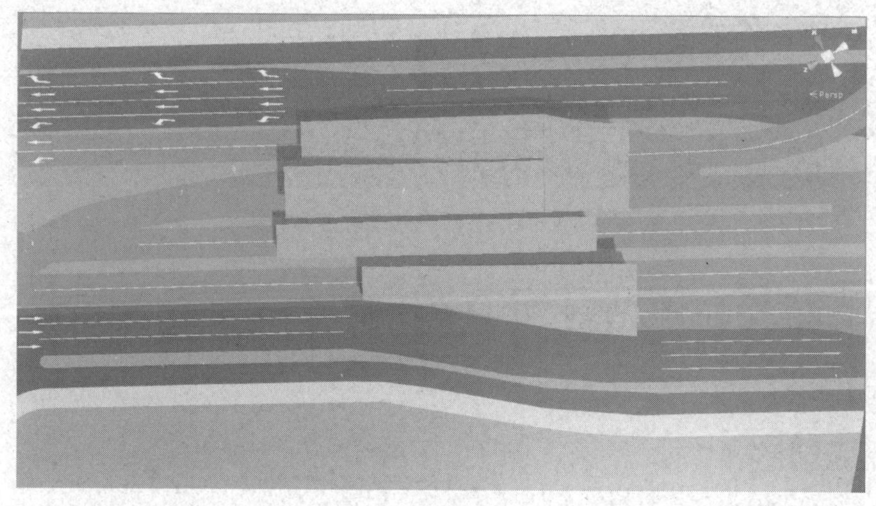

图 2-34　局部结构

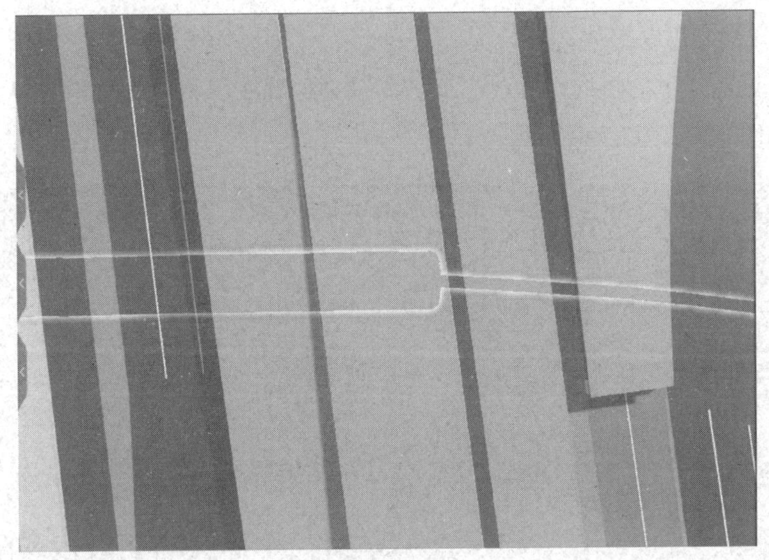

图 2-35　下穿图

3.局部地质结构展示

局部地质结构如图2-36所示，在图中可见根据图纸构建的不同层次的地质结构图，分别有素填土层、杂填土层、黄土状粉质黏土层、粉质黏土层、中粗砂层、粉细砂层等土层。

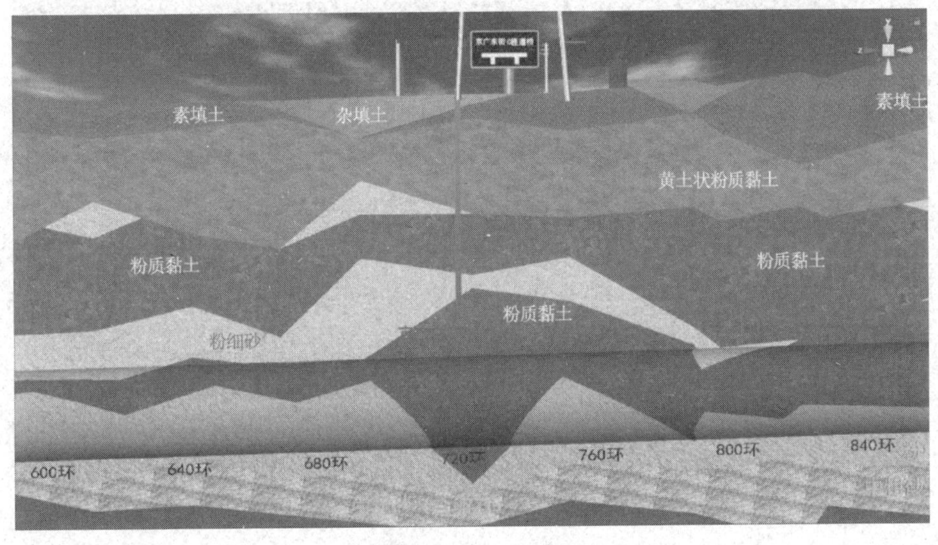

图 2-36　地质结构

4.转向和纵向变坡

根据图纸中的转向点和纵向变坡的具体位置在三维地质结构图中进行标注，如图2-37、图2-38所示。

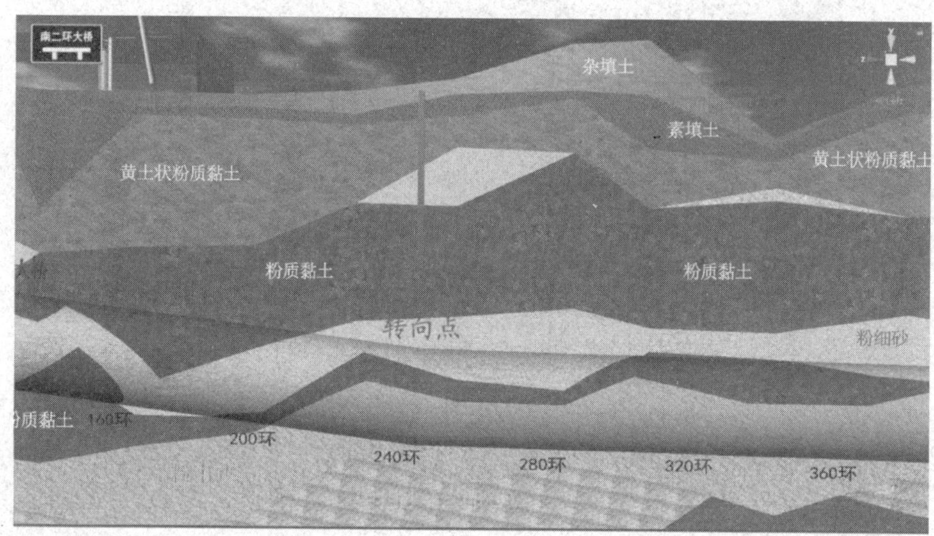

图 2-37　转向标注

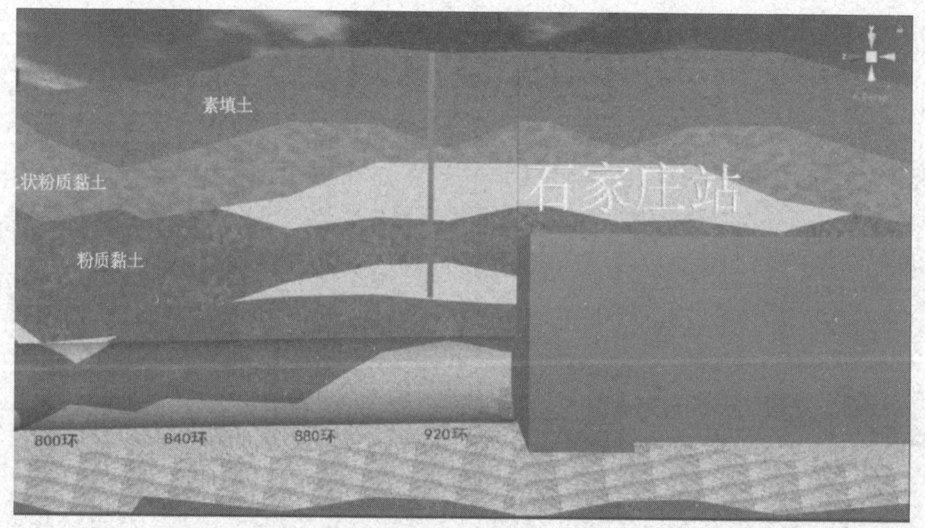

图 2-38　变坡标注

5.盾构机数据实时展示

通过网络数据传输的方式实现对盾构机数据的采集和解析，采集盾构机实时数据包括：时间、环数、里程、总推力、推进速度、压力泵压力、主推进油缸A行程等，系统对采集到的实时数据进行实时展示，并且根据盾构机刀盘转速实时调整右侧模型中刀盘的模拟转速，如图2-39所示。

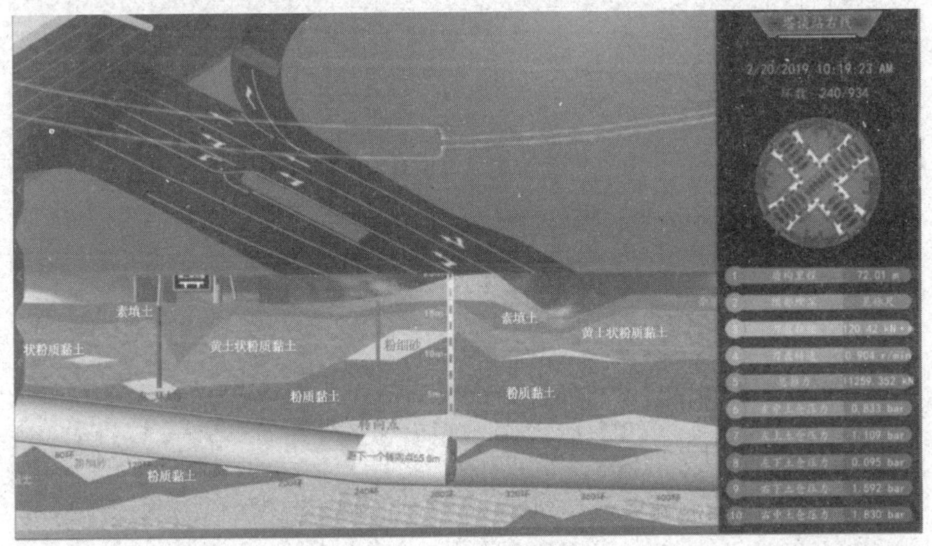

图 2-39　盾构数据展示

6.危险源预警

根据危险源所在的里程，进行预警展示（预警位置：距离盾构机30m），并且在盾构机下实时标注危险源的距离，如图2-40～图2-43所示。

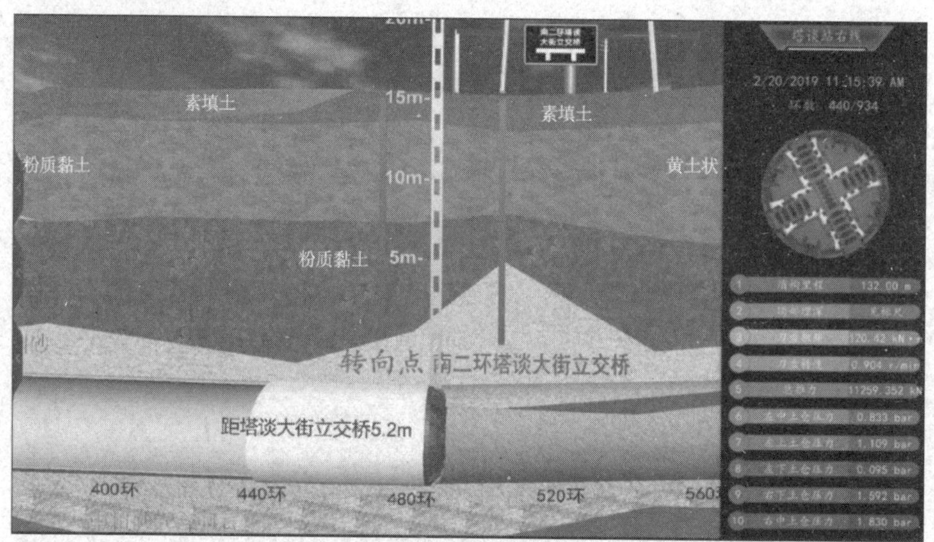

图 2-40　危险源预警

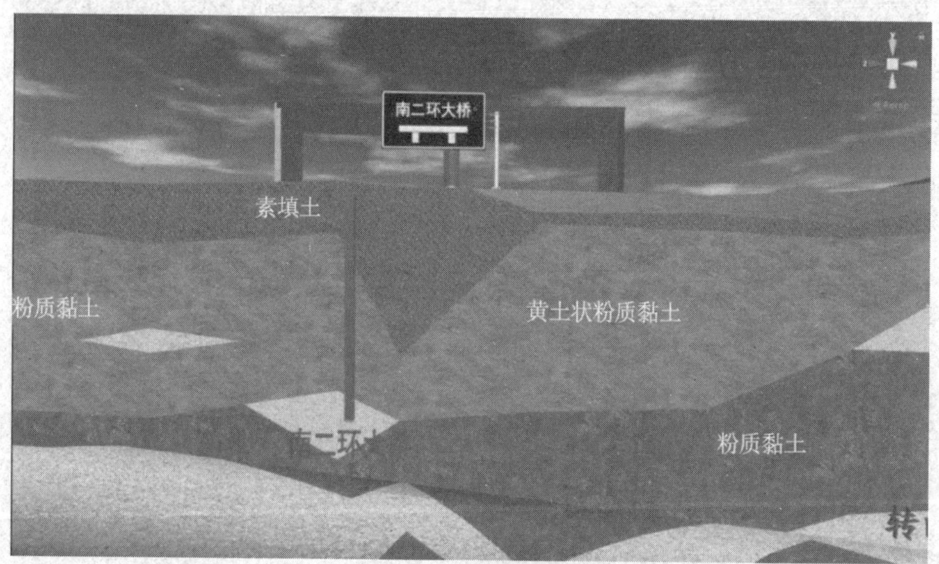

图 2-41　南二环大桥

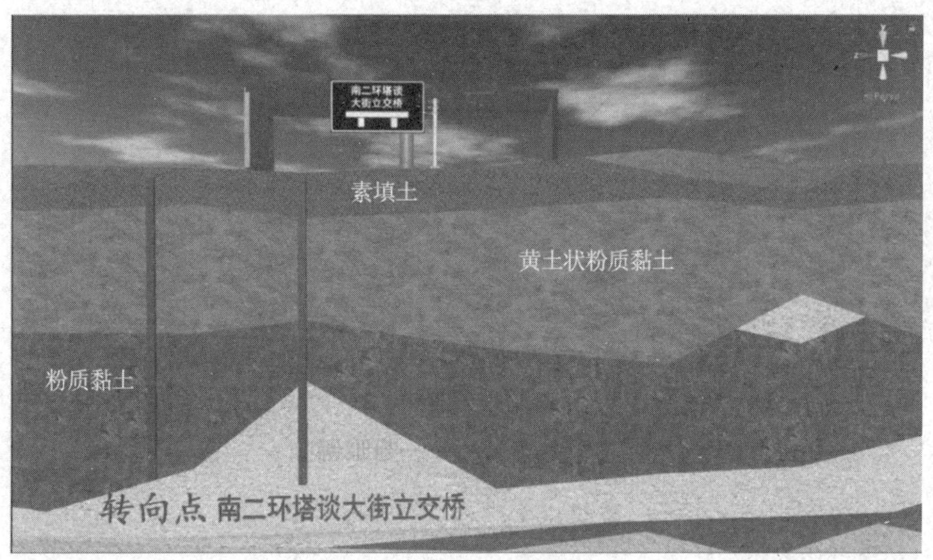

图 2-42　南二环塔谈大街立交桥

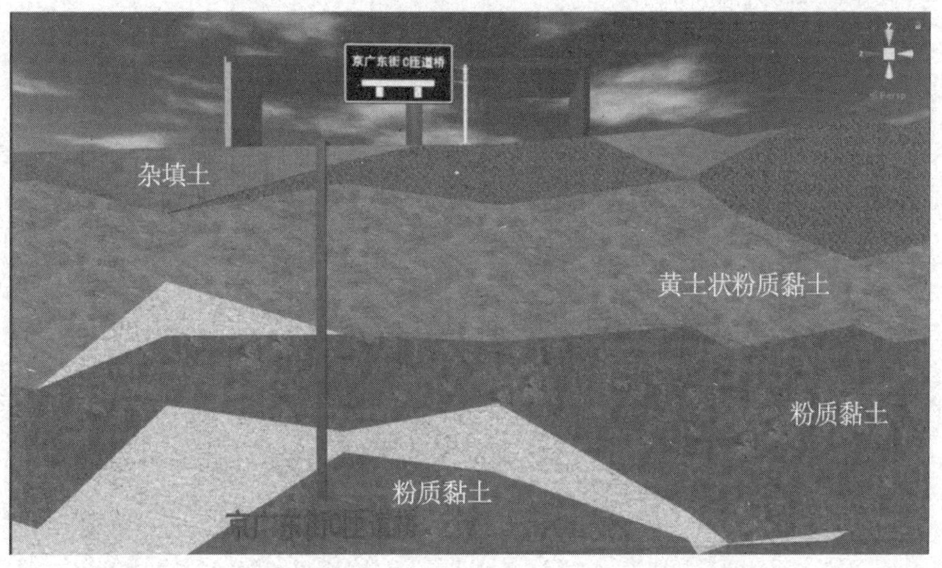

图 2-43　京广东街 C 匝道桥

7.转向标注

当盾构机距离标注的转向里程一定距离时进行预警展示，如图2-44所示。

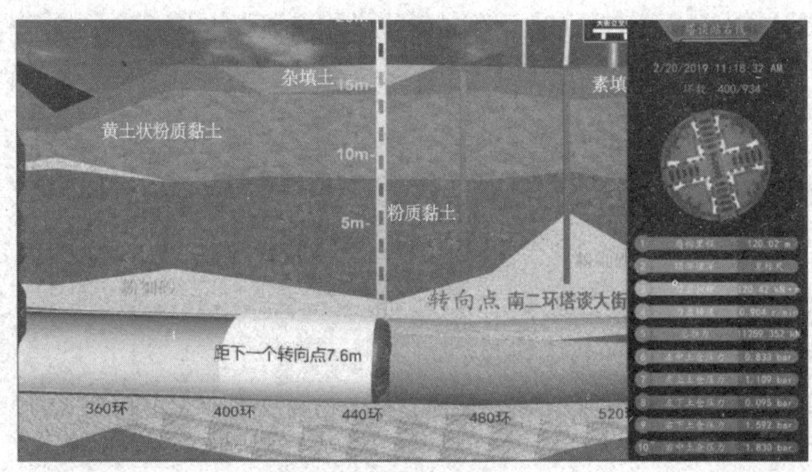

图 2-44　转向标注

8.纵向变坡

当盾构机距离标注的变坡里程一定距离时进行预警展示，实时标注距离预警点为XXm，如图2-45所示。

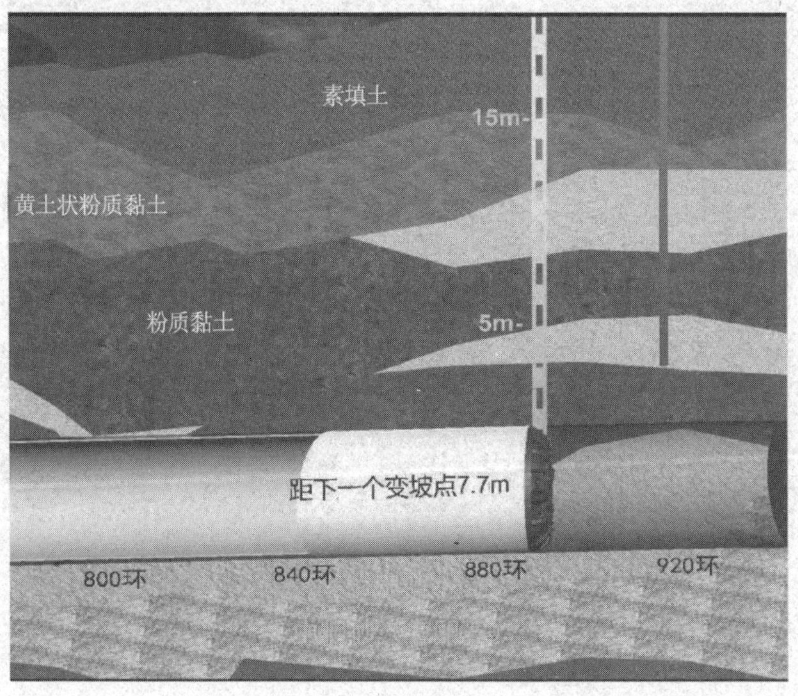

图 2-45　变坡标注

9. 盾构机参数展示：实时显示盾构机各种参数，如图2-46所示。

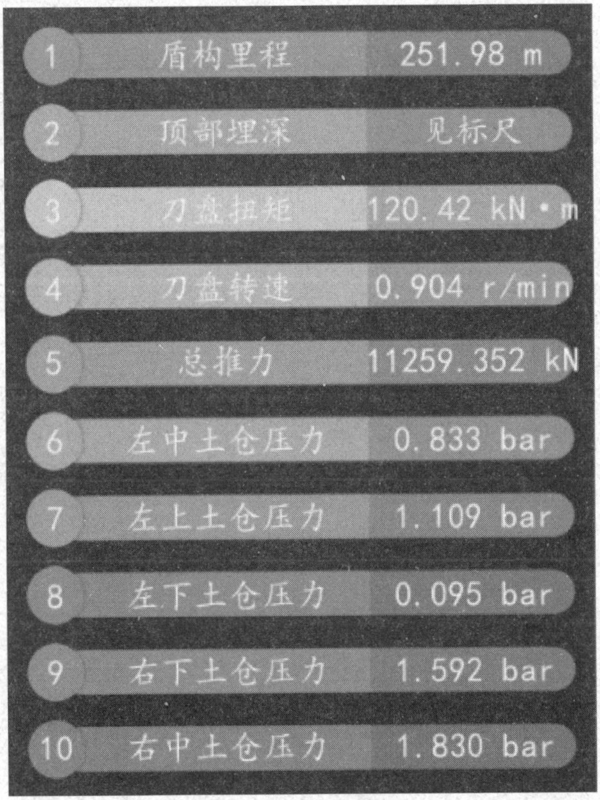

1 盾构里程 251.98 m
2 顶部埋深 见标尺
3 刀盘扭矩 120.42 kN·m
4 刀盘转速 0.904 r/min
5 总推力 11259.352 kN
6 左中土仓压力 0.833 bar
7 左上土仓压力 1.109 bar
8 左下土仓压力 0.095 bar
9 右下土仓压力 1.592 bar
10 右中土仓压力 1.830 bar

图2-46　盾构机参数表示

2.6.5 BIM+U3D危险源沉降统计与分析

2.6.5.1 区间下穿南二环高架桥

1.周边环境调查

南二环大桥修建于1999年，区间隧道穿越段为三跨预应力砼连续箱梁的型式，跨径为36.8+54.5+36.2=127.5m，B类桥，梁高2m，采用半桥单箱双室的断面，腹板宽650mm。B25、B25a、B26、B26a采用四桩承台，承台尺寸为6.4 m×6.4m×2.5m，桩径1.5m，桩长25m，墩柱与上部结构连梁采用固结方式联结，B24、B24a、B27、B27a采用四桩承台，承台尺寸为5.4m×5.4m×2m，桩径1.2m，桩长25m。桥梁桩基采用钻孔灌注桩，如图2-47、图2-48所示。

与左线距离最近的为B25a墩下桥桩（2.19m），B25墩下桥桩（7.65m）。与右线距离最近的为B26墩下桥桩（5.15m），B26a墩下桥桩（9.75m）。

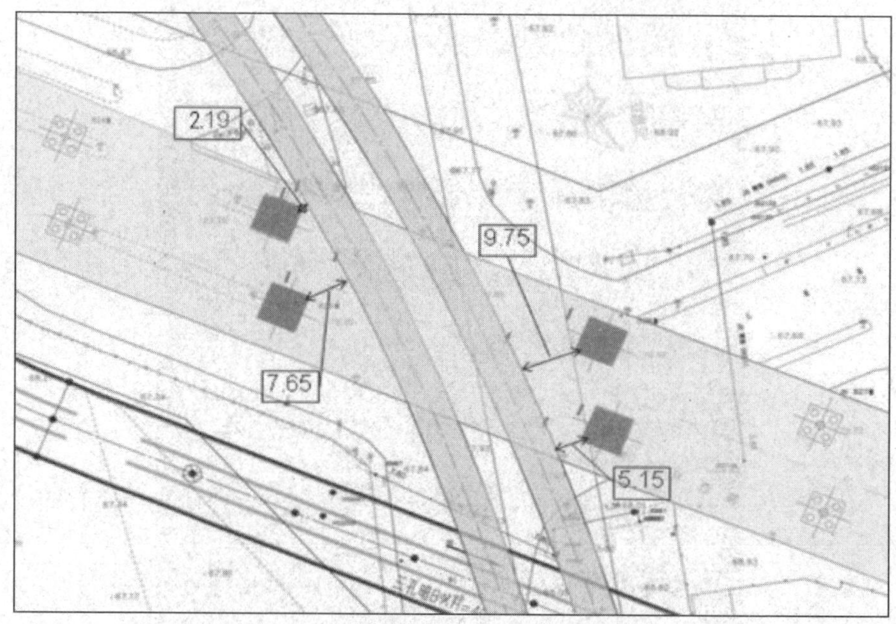

图 2-47　区间下穿南二环大桥平面图

图 2-48　南二环大桥现状

2.施工影响预测

本模型选用Midas GTS软件进行三维模拟，桥梁承台及桩基采用实体单元，管片采用板单元。土体模型选用摩尔库伦准则，衬砌模型选用线弹性准则。

荷载为土体本身自重，并在土体表面施加20kPa面荷载，用以模拟地面荷载。桥梁上部荷载及行车荷载等效为均布面荷载加载至承台处。

边界条件为固定模型侧面的水平位移，约束模型底面*XYZ*三个方向的位移。

（1）计算模型

模型尺寸为：120m×100m×60m，计算工况为推进右线→施工复合锚杆桩→推进左线，如图2-49所示。

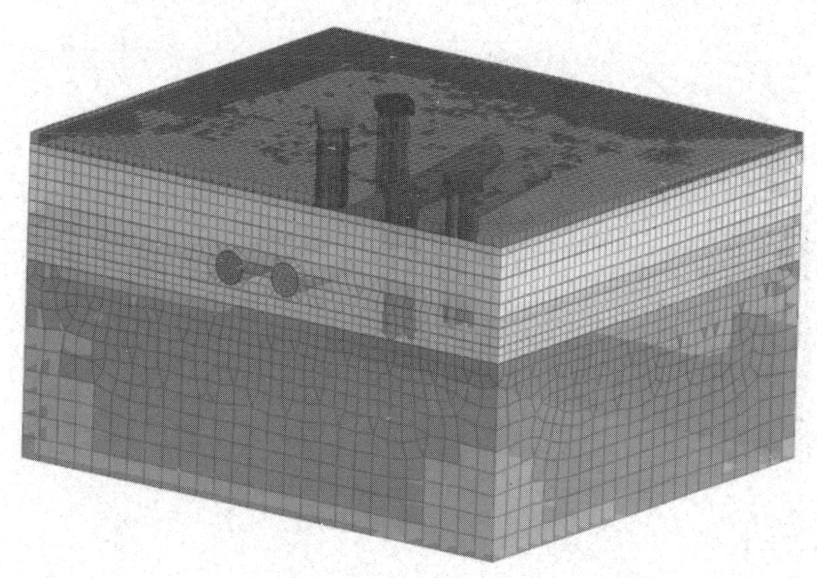

图2-49　模型计算

（2）计算结果

如图2-50、图2-51、图2-52所示。

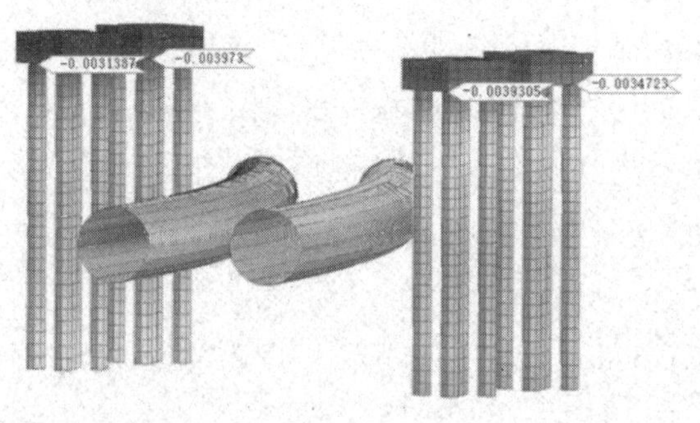

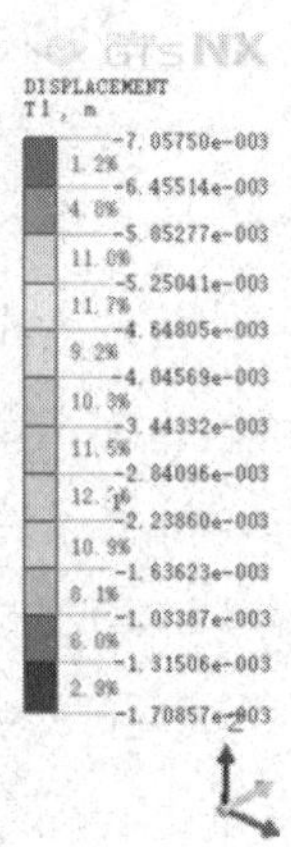

=1.000), [UNIT] kN, m

图 2-50 计算结果一

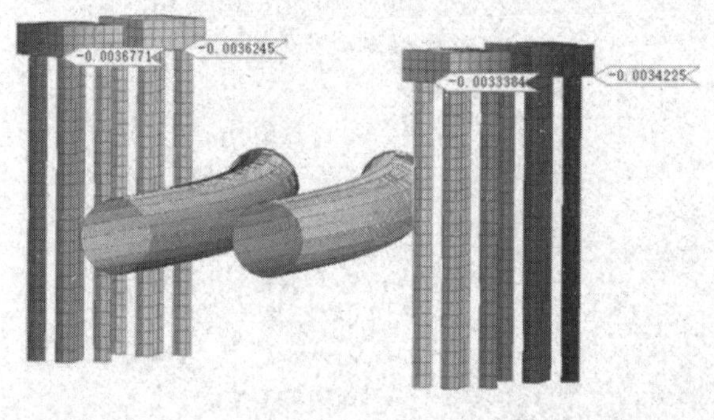

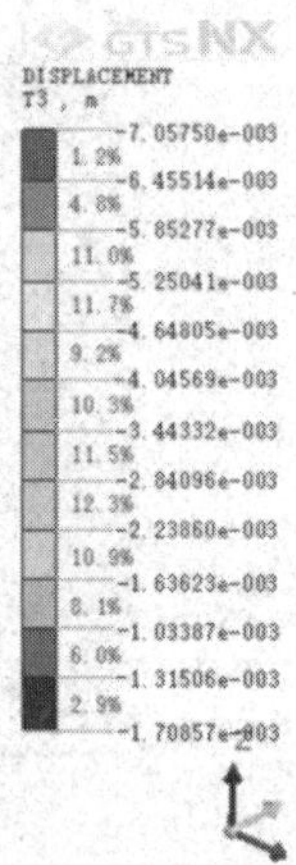

000), [UNIT] kN, m

图 2-51 计算结果二

图 2-52　计算结果三

通过模拟计算，盾构隧道通过后，桥桩的水平向最大位移出现在桩顶，为3.9mm，最大竖向位移为3.7mm，为整体均匀沉降，满足桥梁的变形控制指标。桥区的地面最大沉降为5.8mm，考虑地面沉降的规律，可以得出由于盾构施工的地面沉降小于6mm，满足建筑物的沉降控制标准。

2.6.5.2 区间下穿南二环塔谈大街立交桥

1.周边环境调查

南二环塔谈大街立交桥修建于2011年，侧穿段共四个匝道桥，分别为EN1匝道、WN2匝道、WN3匝道、NE匝道。EN1匝道上部结构为三跨砼连续箱梁的型式，跨径为19+19+19.3=57.3m，梁高1.5m，B类桥。Pen0、Pen1采用四桩承台，承台尺寸为5.2m×5.2m×2.0m，桩径1.2m，桩长46.5m；Pen2采用四桩承台，承台尺寸为5.2m×5.2m×2.0m，桩径1.2m，桩长48m。

WN2匝道上部结构为两跨砼连续箱梁的型式，跨径为20+20=40m，梁高1.5m。P2wn0、P2wn2采用五桩承台，承台尺寸为7.4m×5.2m×2.2m，桩径1.2m，桩长46.5m、48m；P2wn1采用六桩承台，承台尺寸为8.2m×5.2m×2.2m，桩径1.2m，桩长46.5m。

WN3匝道上部结构伸缩缝左侧为三跨砼连续箱梁型式，跨径为18+18+18=54m；伸缩缝右侧为两跨砼连续箱梁的型式，跨径为20+20.43=40.43m，梁高1.5m。P3wn4、P3wn5采用三桩承台，承台尺寸为5.2m×5.2m×2.0m，桩径1.2m，桩长46.5m；P3wn6采用四桩承台，承台尺寸为5.2m×5.2m×2.0m，桩径1.2m，桩长46.5m。

NE匝道上部结构为三跨砼连续箱梁型式，跨径为20.43+25+20=55.43m，梁高1.5m。Pne2采用四桩承台，承台尺寸为5.2m×5.2m×2.0m，桩径1.2m，桩长43.5m；Pne1采用六桩承台，承台尺寸为8.2m×5.2m×2.2m，桩径1.2m，桩长46.5m；Pne0采用三桩承台，承台尺寸为8.6m×3.1m×0.8m，桩径1.2m，桩长43.5m。桥梁桩基采用钻孔灌注桩。如图2-53、图2-54所示。

与左线距离最近的为NE匝道下的Pne1墩下桥桩（0.96m）。

与右线距离最近的为WN3匝道下的P3wn5墩下桥桩（2.6m）。

桥梁建设前与轨道交通工程配合，结构经过加强。

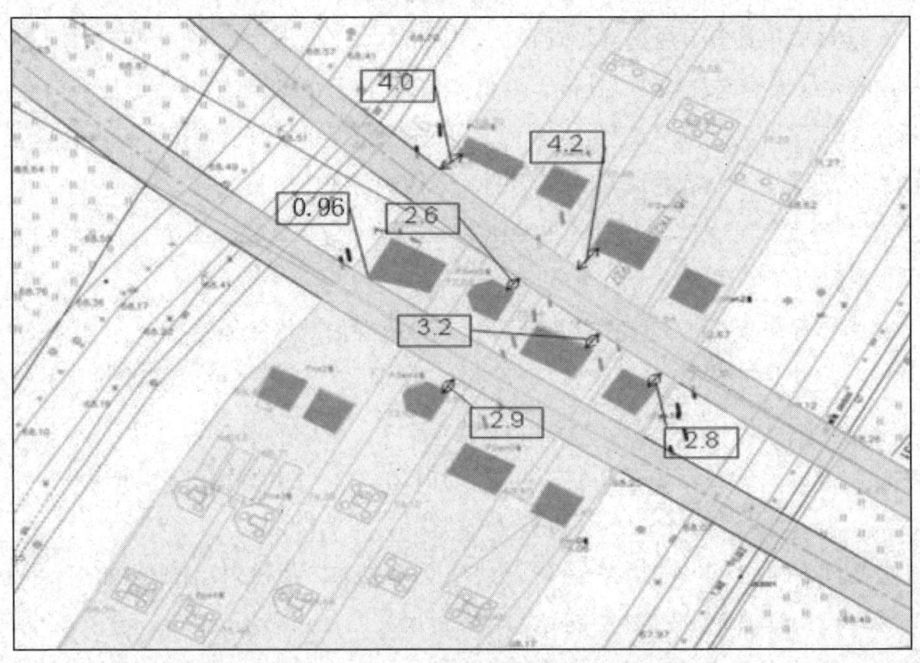

图 2-53　区间下穿南二环塔谈大街立交桥平面图

图 2-54　南二环塔谈大街立交桥现状

2.施工影响预测

本模型选用Midas GTS软件进行三维模拟。桥梁承台及桩基采用实体单元，管片采用板单元。土体模型选用摩尔库伦准则，衬砌模型选用线弹性准则。

荷载为土体本身自重，并在土体表面施加20kPa面荷载，用以模拟地面荷载。桥梁上部荷载及行车荷载等效为均布面荷载加载至承台处。

边界条件为固定模型侧面的水平位移，约束模型底面*XYZ*三个方向的位移。

（1）计算模型

模型尺寸为：80m×74m×60m，计算工况为推进右线→推进左线。如图2-55所示。

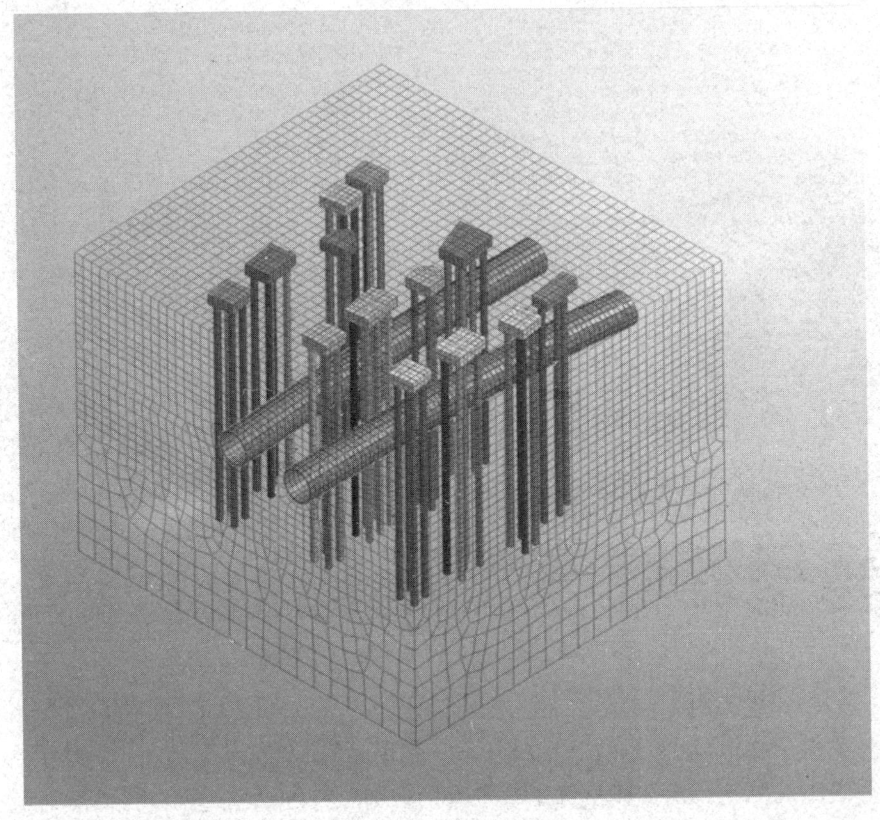

图 2-55　模型计算

（2）计算结果

计算结果如图2-56、图2-57、图2-58所示。

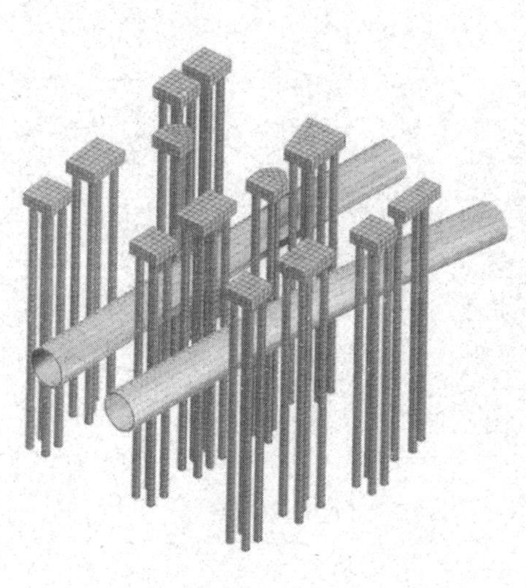

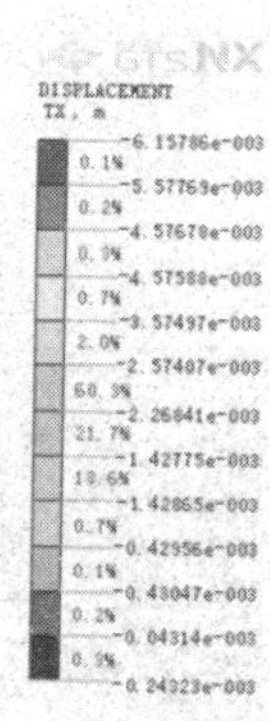

图 2-56　计算结果一

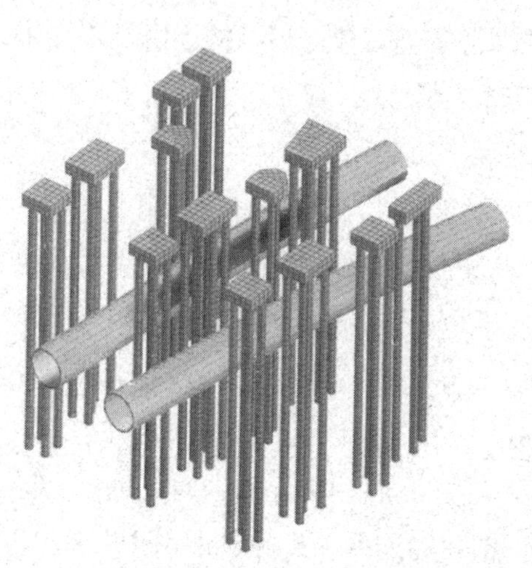

图 2-57　计算结果二

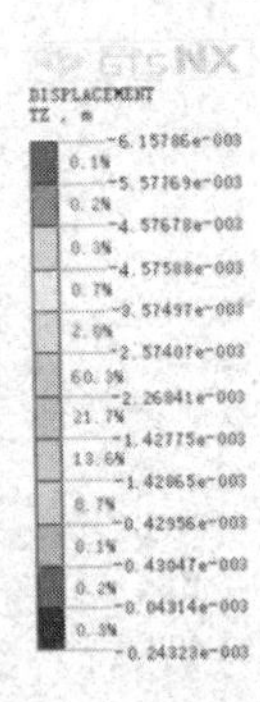

图 2-58　计算结果三

通过模拟计算，盾构隧道通过后，桥桩的水平向最大位移出现在桩顶，为1.2mm，最大竖向位移为2.3mm，为整体均匀沉降，满足桥梁的变形控制指标。桥区的地面最大沉降为2.5mm，考虑地面沉降的规律，可以得出由于盾构施工的地面沉降小于3mm，满足建筑物的沉降控制标准。

2.6.5.3 区间下穿京广东街立交桥 C 匝道桥

1.周边环境调查

京广东街C匝道修建于2011年，左线穿越段上部结构为两跨砼连续箱梁型式，跨径为27.5+27.5=55m，梁高2.0m，B类桥；右线穿越段上部结构为单跨钢结构简支箱梁型式，跨径为40m，梁高1.8m。Pc13采用五桩承台，承台尺寸为6.6m×6.6m×2.2m，桩径1.2m，桩长48m；Pc12、Pc14、Pc15采用四桩承台，承台尺寸为5.2m×5.2m×2.0m，桩径1.2m，桩长48m。P2wn14采用五桩承台，承台尺寸为9.2m×5.3m×2.0m，桩径1.2m，桩长43.5m；P2wn15采用四桩承台，承台尺寸为5.2m×5.2m×2.0m，桩径1.2m，桩长46.5m。桥梁桩基采用钻孔灌注桩。如图2-59、图2-60所示：

与左线距离最近的为Pc12墩下桥桩（1.38m）。

与右线距离最近的为P2wn14墩下桥桩（2.1m）。

桥梁建设前与轨道交通工程配合，结构经过加强。

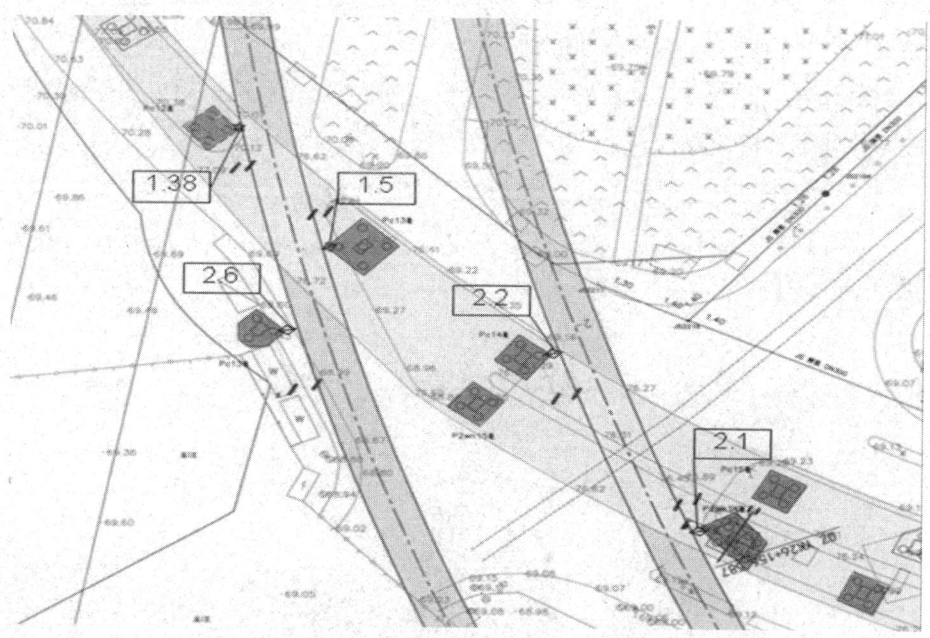

图 2-59 区间下穿京广东街立交桥 C 匝道桥平面图

图 2-60 京广东街立交桥 C 匝道桥现状

2.施工影响预测

本模型选用Midas GTS软件进行三维模拟，模型外观及网格划分如图2-62所示。桥梁承台及桩基采用实体单元，管片采用板单元。土体模型选用摩尔库伦准则，衬砌模型选用线弹性准则。

荷载为土体本身自重，并在土体表面施加20kPa面荷载，用以模拟地面荷载。桥梁上部荷载及行车荷载等效为均布面荷载加载至承台处。

边界条件为固定模型侧面的水平位移，约束模型底面*XYZ*三个方向的位移。

计算模型，模型尺寸为：120m×120m×60m，计算工况为推进右线→推进左线。如图2-61～图2-64所示。

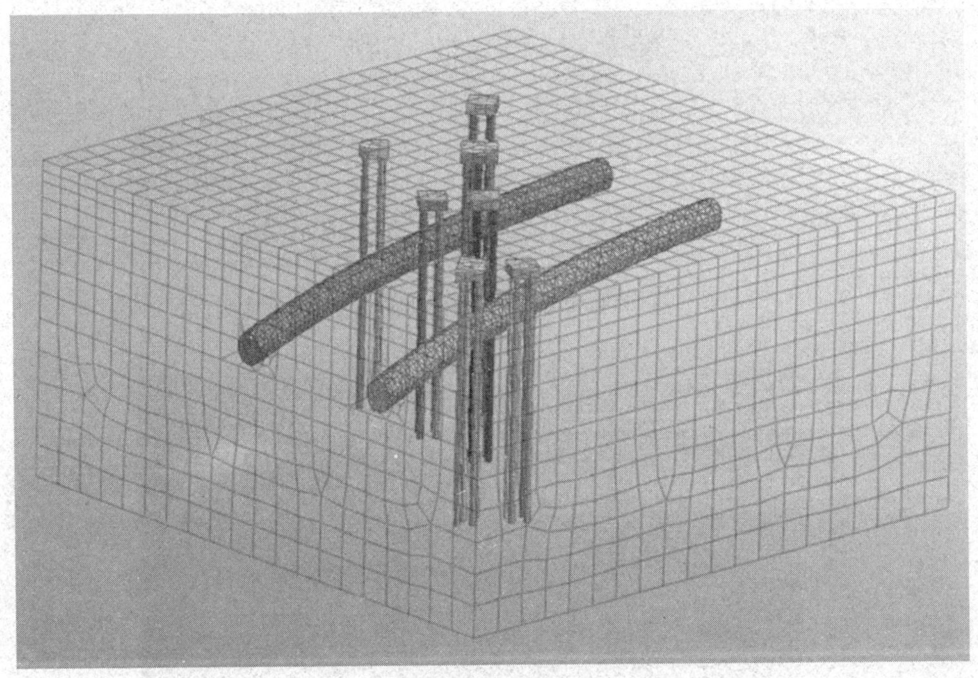

图 2-61　模型计算一

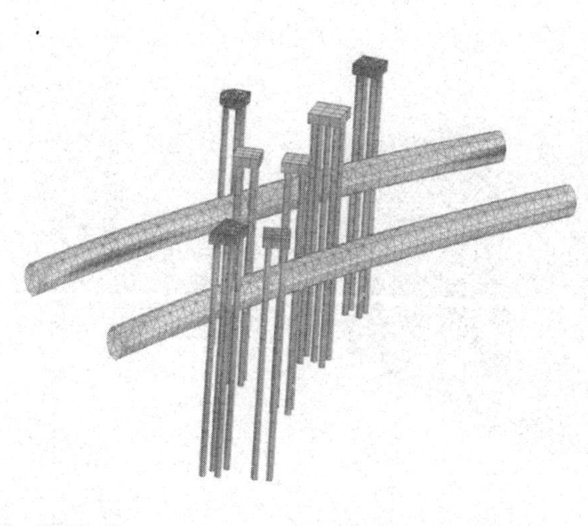

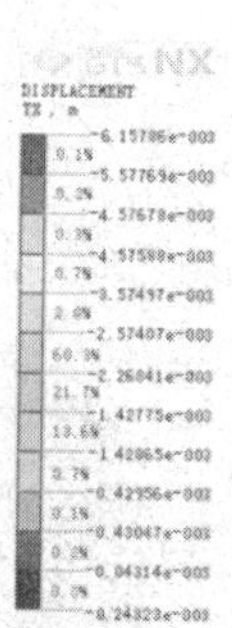

图 2-62　模型计算二

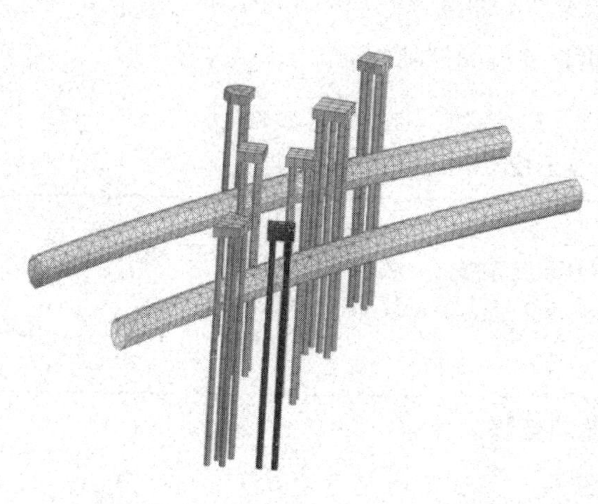

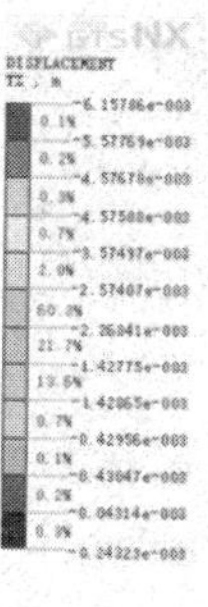

图 2-63　模型计算三

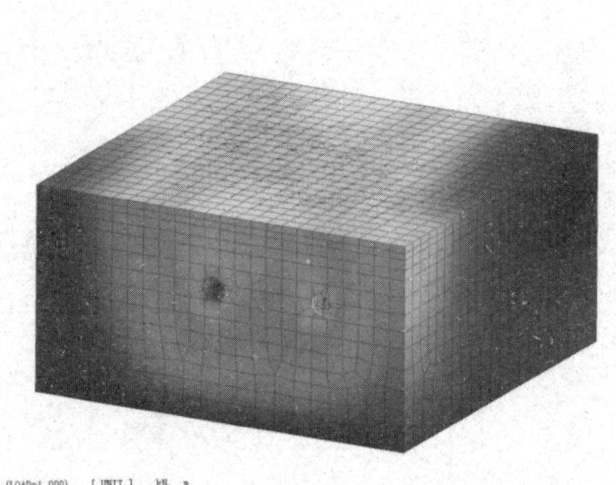

图 2-64　模型计算四

通过模拟计算，盾构隧道通过后，桥桩的水平向最大位移出现在桩顶，为3.5mm，最大竖向位移为3.0mm，为整体均匀沉降，满足桥梁的变形控制指标。桥区的地面最大沉降为3.6mm，考虑地面沉降的规律，可以得出由于盾构施工的地面沉降小于4mm，满足建筑物的沉降控制标准。

2.6.5.4 变形控制指标

表 2-3　变形控制指标（控制值）

项目	桥梁墩台允许沉降控制值（mm）	纵向相邻桥梁墩台间差异沉降控制值（mm）	横向相邻桥梁墩台间差异沉降控制值（mm）	墩柱倾斜率控制值
控制值	≤15	2	3	1‰

2.6.5.5 BIM+U3D 的桥梁沉降监测数据统计分析

1.监控量测平面布局

墩柱处布置竖向沉降观测：沿墩身底部在地面上布设2个测点，监测墩柱处地表竖向沉降。通过墩柱沉降计算桥桩倾斜率。如图2-65、图2-66、图2-67所示。

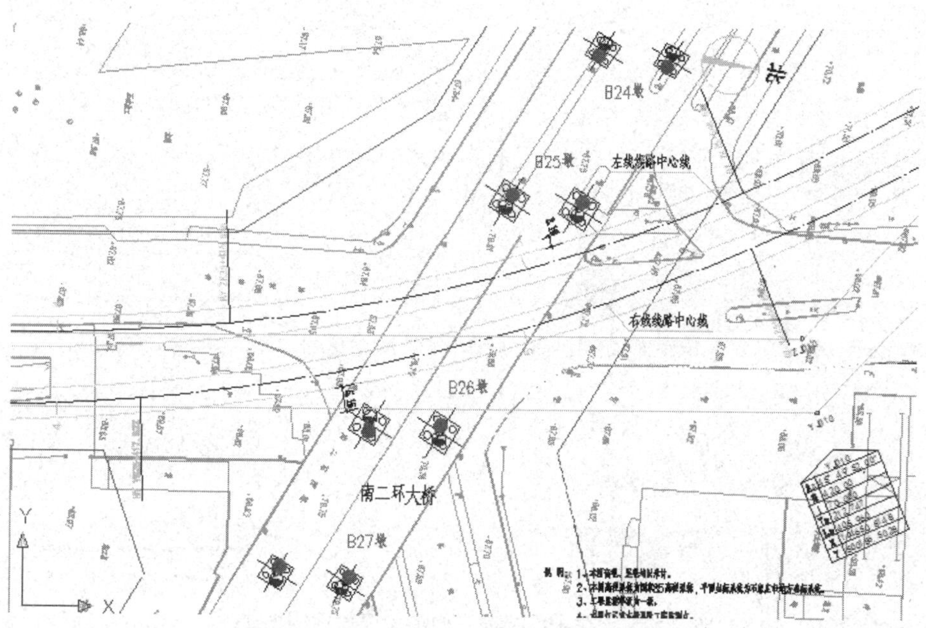

图 2-65 下穿南二环大桥监控量测平面图

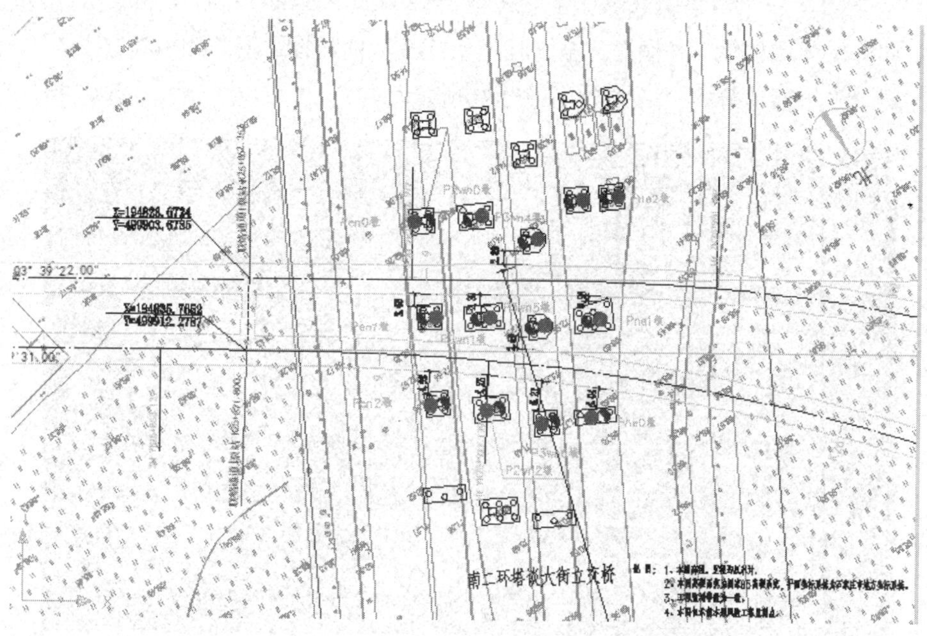

图 2-66 下穿南二环塔谈大街立交桥监控量测平面图

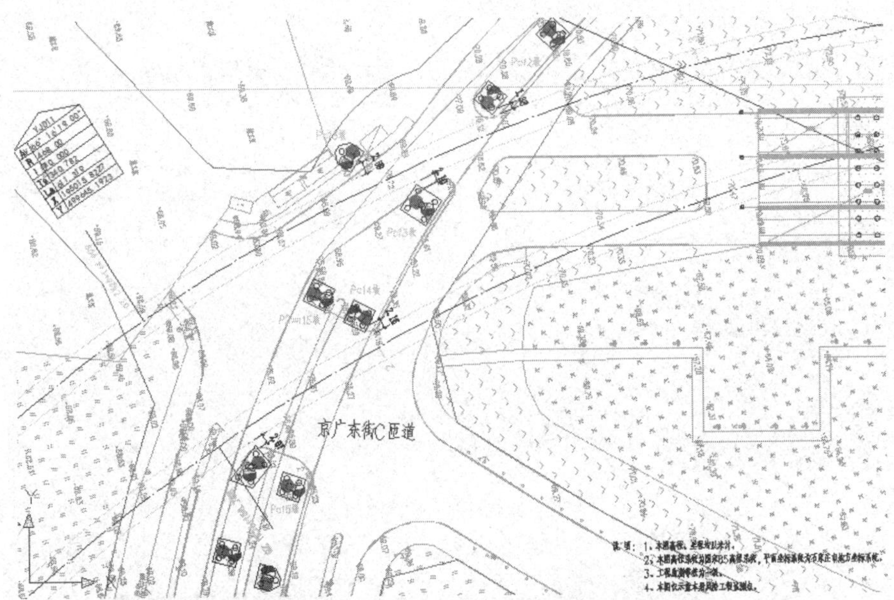

图 2-67　下穿京广东街 C 匝道桥监控量测平面图

2.数据分析与统计

通过对各个桥梁数据的采集，生成桥梁监测曲线图，进行直观展示。[如二环桥桥梁墩柱纵向（横向）差异沉降累计变形曲线图、京广东街桥TS12土体深层水平位移等等。]如图2-68～图2-90所示。

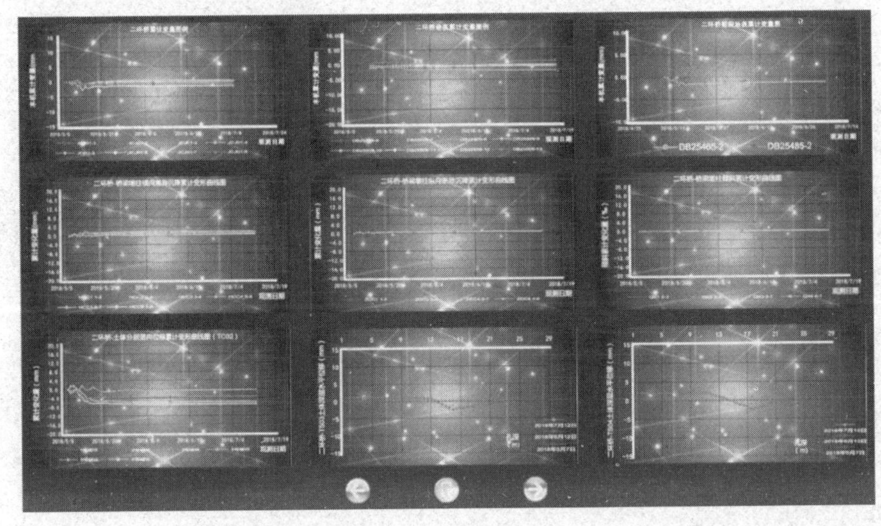

图 2-68　桥梁统计图总览

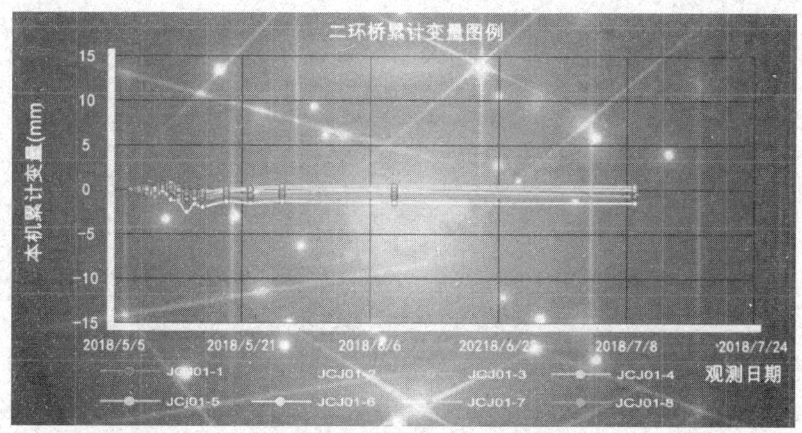

图 2-69　二环桥累计变量图例

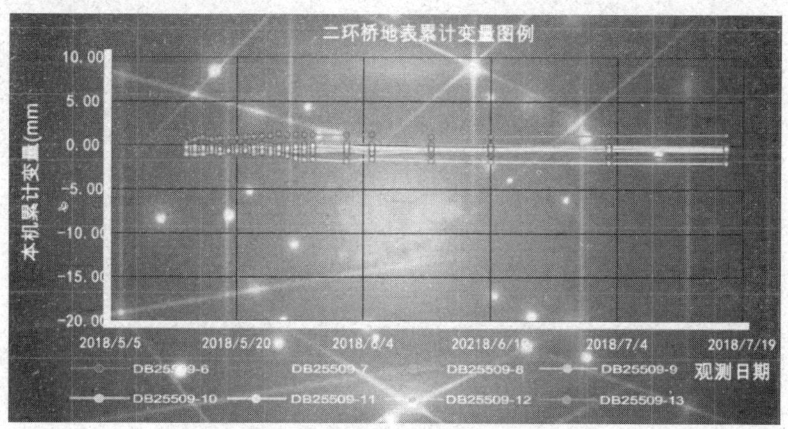

图 2-70　二环桥地表累计变量图

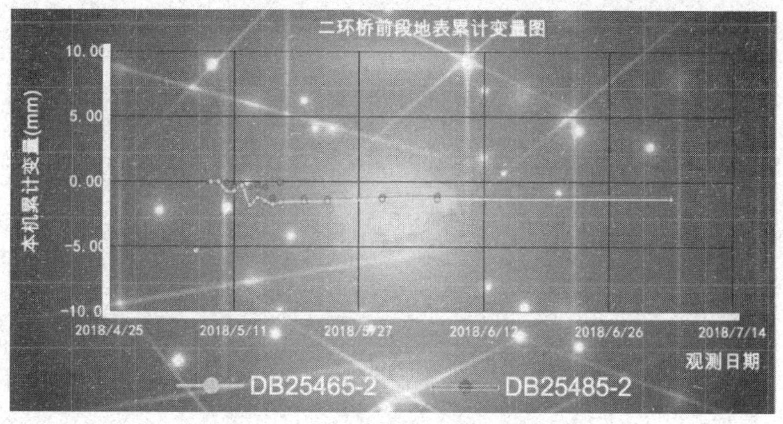

图 2-71　二环桥前段地表累计变量图

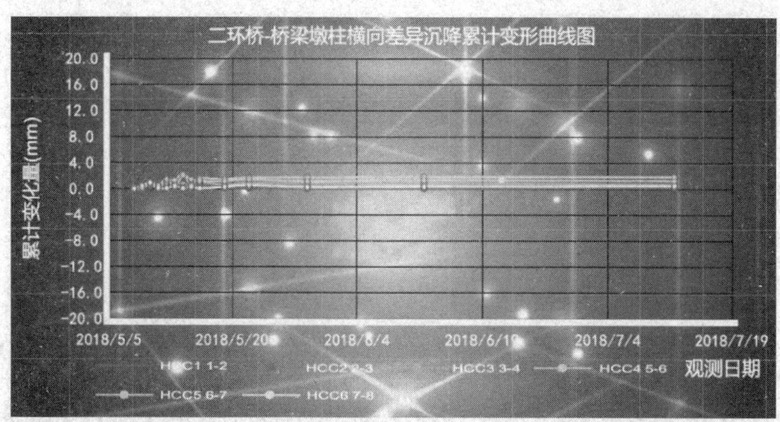

图 2-72　二环桥桥梁墩柱横向差异沉降累计变形曲线图

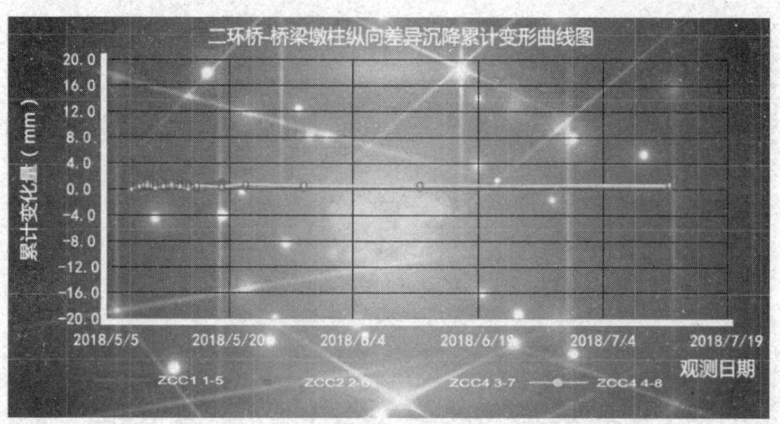

图 2-73　二环桥桥梁墩柱纵向差异沉降累计变形曲线图

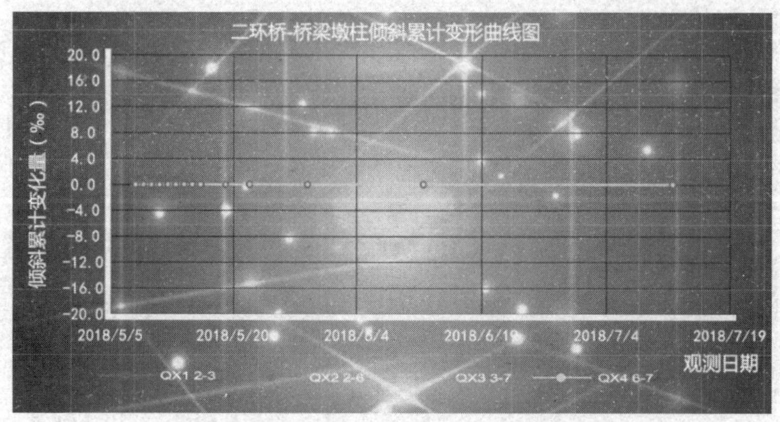

图 2-74　二环桥桥梁墩柱倾斜累计变形曲线图

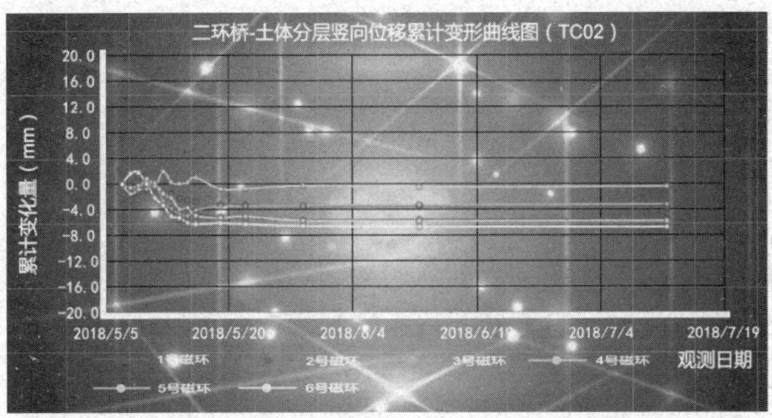

图 2-75　二环桥桥土体分层竖向位移累计变形曲线图（TC02）

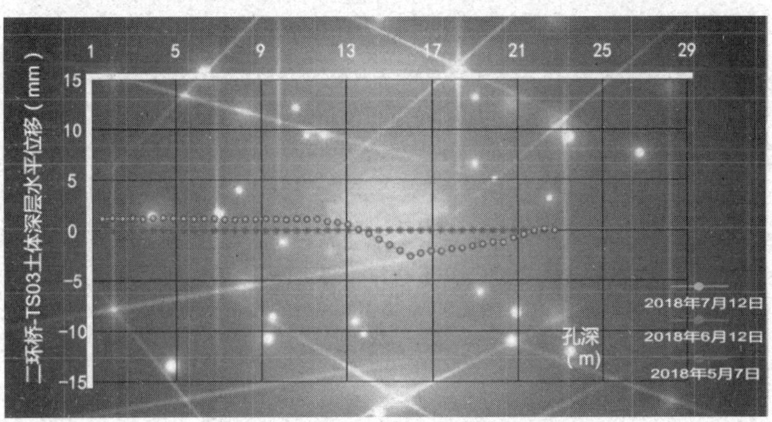

图 2-76　二环桥 TS03 土体深层水平位移

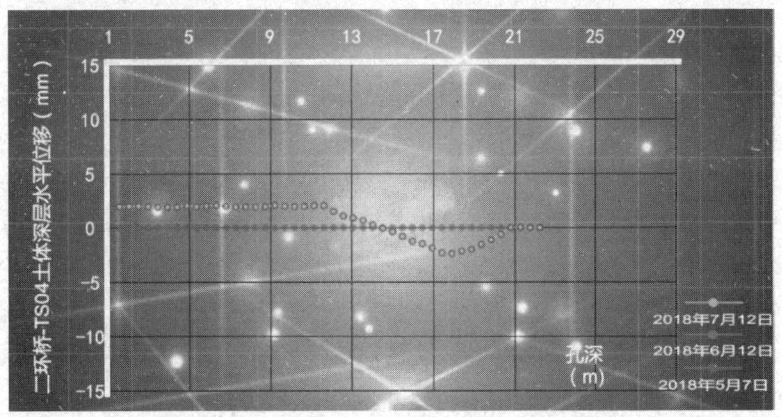

图 2-77　二环桥 TS04 土体深层水平位移

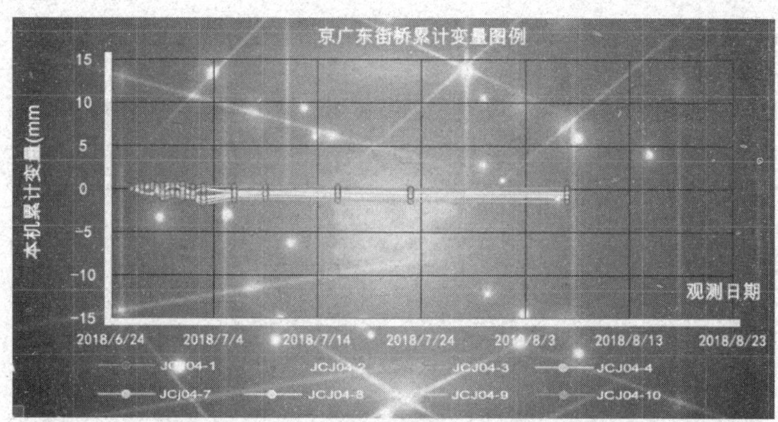

图 2-78　京广东街桥累计变量图例

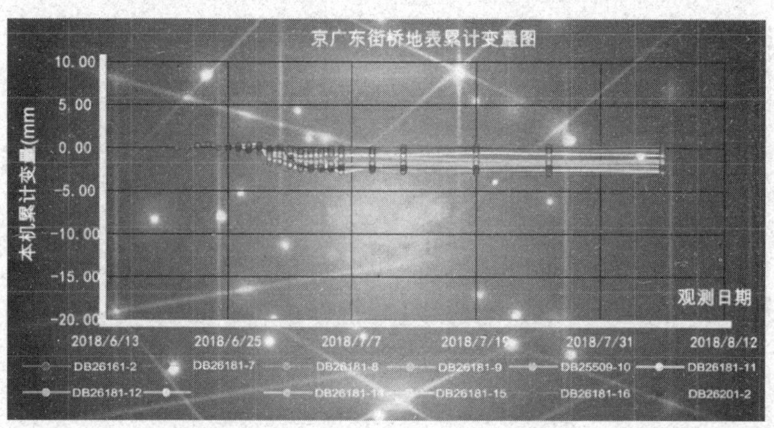

图 2-79　京广东街桥地表累计变量图

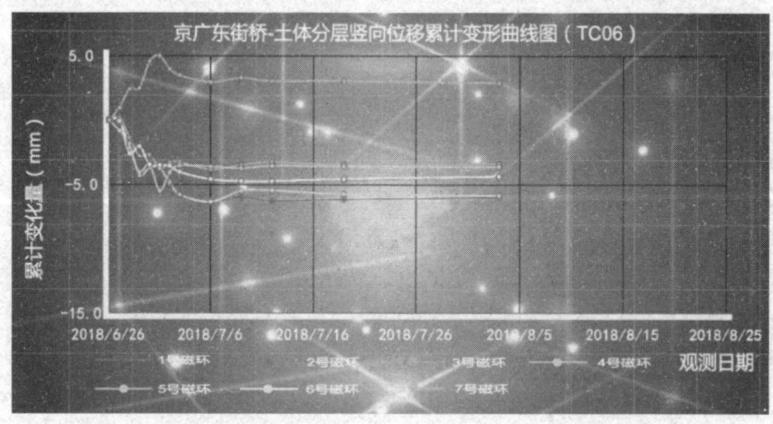

图 2-80　京广东街桥土体分层竖向位移累计变形曲线图

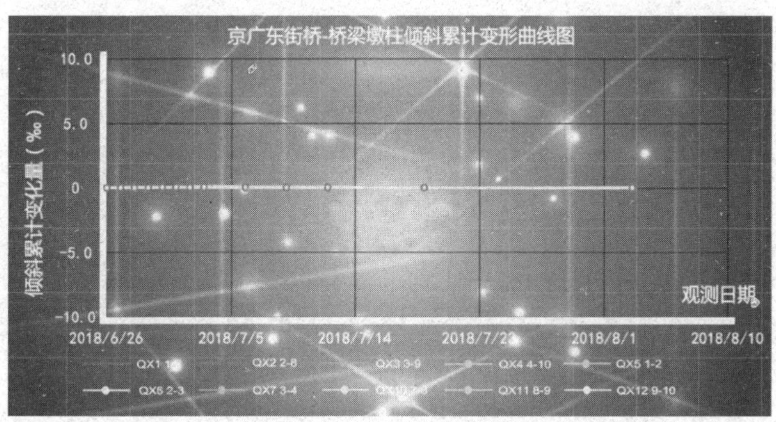

图 2-81　京广东街桥桥梁墩柱倾斜累计变形曲线图

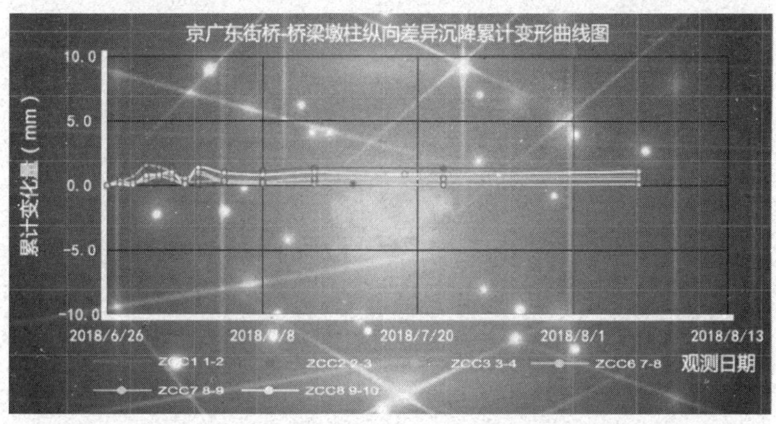

图 2-82　京广东街桥桥梁墩柱纵向差异沉降累计变形曲线图

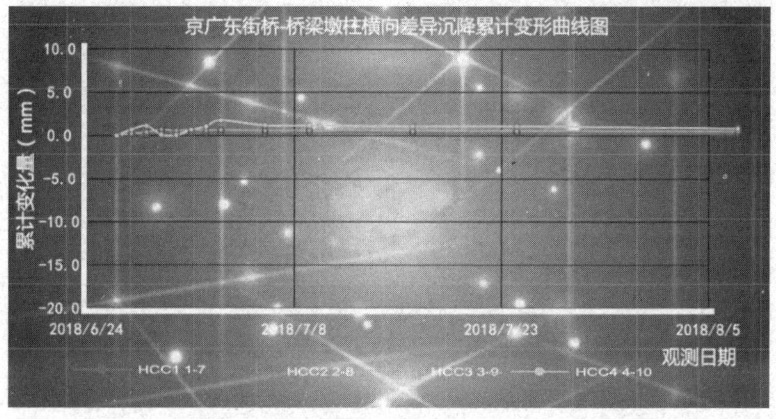

图 2-83　京广东街桥桥梁墩柱横向差异沉降累计变形曲线图

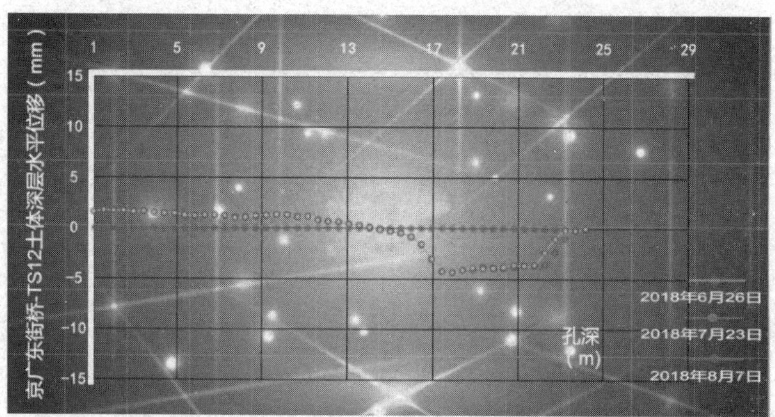

图 2-84　京广东街桥 TS12 土体深层水平位移

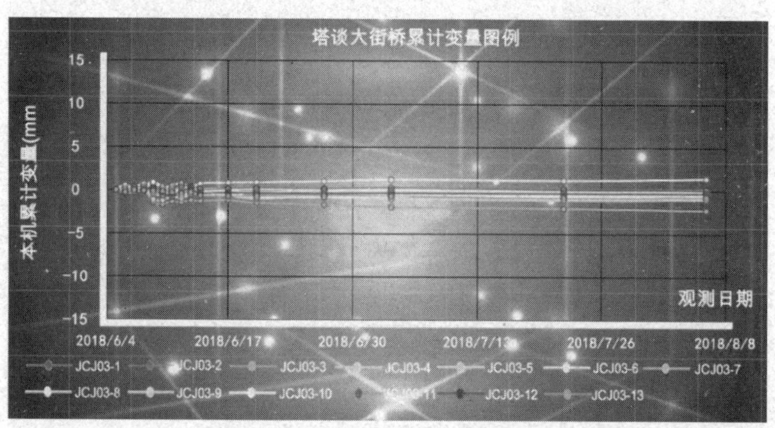

图 2-85　塔谈大街桥累计变量图例

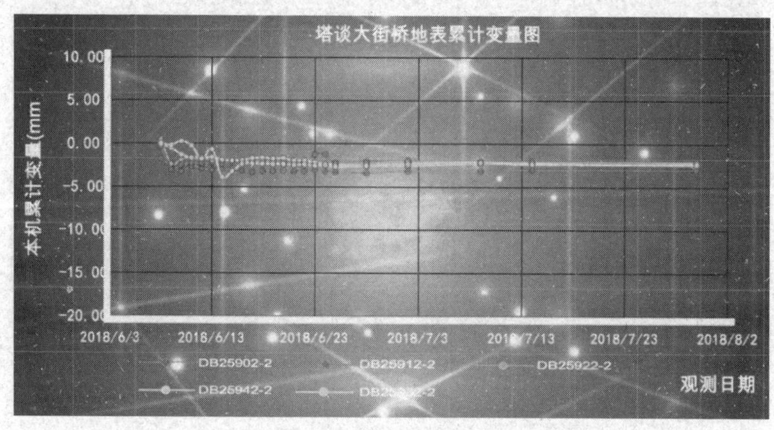

图 2-86　塔谈大街桥地表累计变量图

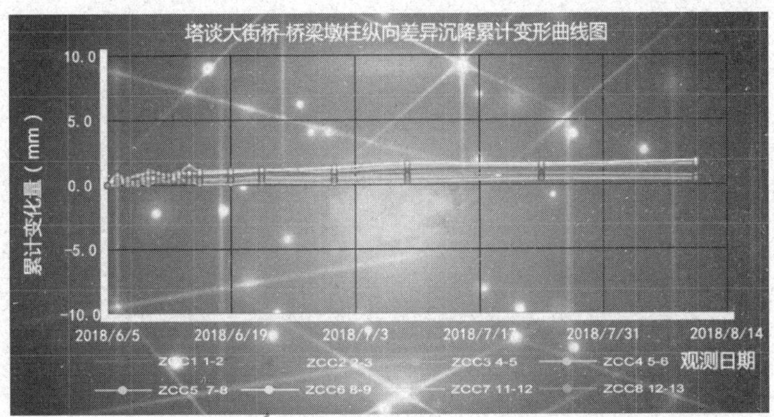

图 2-87　塔谈大街桥桥梁墩柱纵向差异沉降累计变形曲线图

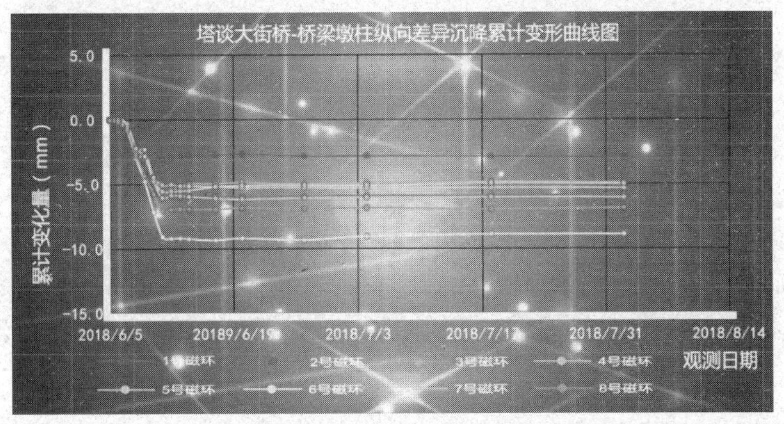

图 2-88　塔谈大街桥桥梁墩柱横向差异沉降累计变形曲线图

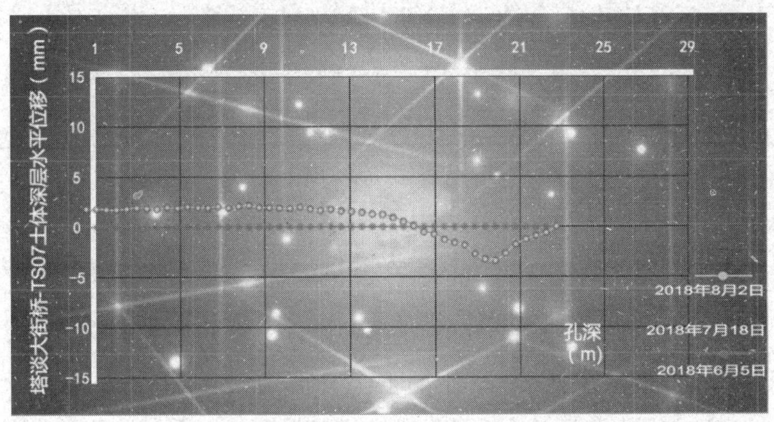

图 2-89　塔谈大街桥 TS07 土体深层水平位移

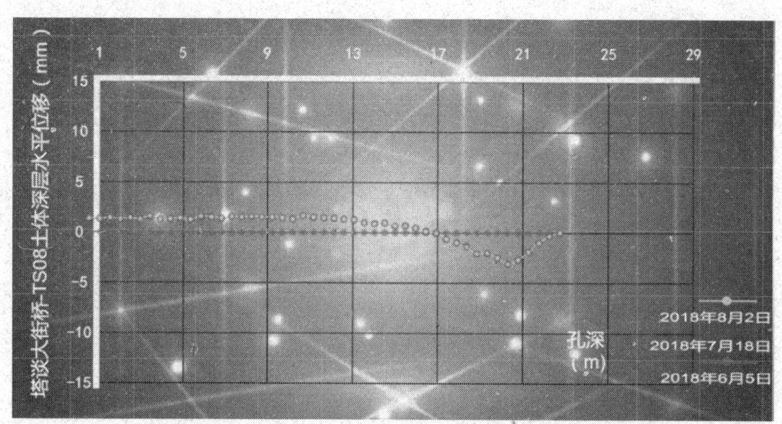

图 2-90　塔谈大街桥 TS08 土体深层水平位移

2.6.6 BIM+U3D同步注浆量统计与分析

2.6.6.1 注浆材料及配比设计

1.注浆材料

采用水泥砂浆作为同步注浆材料，该浆材具有结石率高、结石体强度高、耐久性好和能防止地下水浸析的特点。水泥采用P.O42.5水泥，以提高注浆结石体的耐腐蚀性，使管片处在耐腐蚀注浆结石体的包裹内，减弱地下水对管片混凝土的腐蚀。

2.浆液配比及主要物理力学指标

在施工中，根据地层条件、地下水情况及周边条件等，通过现场试验优化确定。同步注浆浆液的主要物理力学性能应满足表2-4所示的指标要求。

表 2-4　同步注浆材料配比和性能指标表

组别	水泥（kg）	粉煤灰（kg）	膨润土（kg）	砂（kg）	水（kg）	外加剂
1	180	371	35	780	400	按需要根据试验加入

（1）胶凝时间：一般为5～6h，根据地层条件和掘进速度，通过现场试验加入促凝剂及变更配比来调整胶凝时间。对于强透水地层和需要注浆提供较高的早期强度的地段，可通过现场试验进一步调整配比和加入早强剂，进一步缩

短胶凝时间。

（2）固结体强度：R7≥0.1MPa，R28≥0.5MPa。

（3）浆液结石率：>95%，即固结收缩率<5%。

（4）浆液稠度：10～11cm。

（5）泌水率<2.5ml。

2.6.6.2 同步注浆主要技术参数

1.注浆压力

为保证达到对环向空隙的有效充填，同时又能确保管片结构不因注浆产生变形和损坏，根据设计要求，注浆压力取值：0.2～0.3MPa。

2.注浆量

根据经验公式计算，注浆量取环形间隙理论体积的1.3～2.0倍，则每环（1.2m）注浆量Q=2.3～3.5m^3。

3.注浆速度

同步注浆速度应与掘进速度相匹配，按盾构完成一环1.2m掘进的时间内完成当环注浆量来确定其平均注浆速度。

4.注浆结束标准

采用注浆压力指标控制标准，即当注浆压力达到设定值，即可认为达到了质量要求。

2.6.6.3 同步注浆方法、工艺与设备

1.同步注浆方法与工艺

同步注浆方法及工艺如图2-91所示。

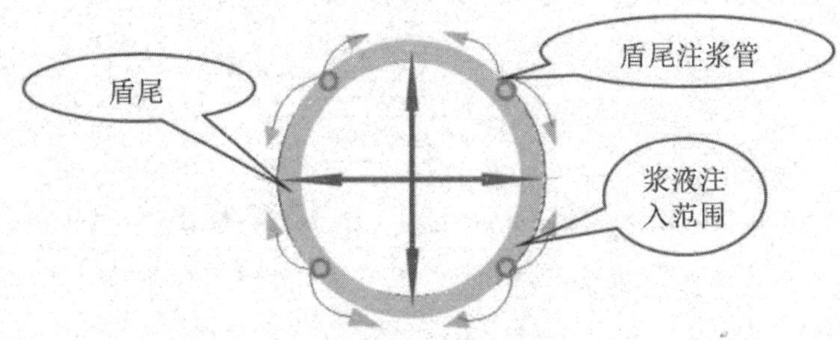

图 2-91　同步注浆示意图

同步注浆与盾构掘进同时进行，通过同步注浆系统及盾尾的内置注浆管，

在盾构向前推进盾尾空隙形成的同时进行，采用双泵四管路（四注入点）对称同时注浆（见图2-93）。注浆可根据需要采用自动控制或手动控制方式。自动控制方式即预先设定注浆压力，由控制程序自动调整注浆速度，当注浆压力达到设定值时，自行停止注浆。手动控制方式则由人工根据掘进情况随时调整注浆的流量、速度、压力。注浆工艺流程及管理程序如图2-92、图2-93所示。

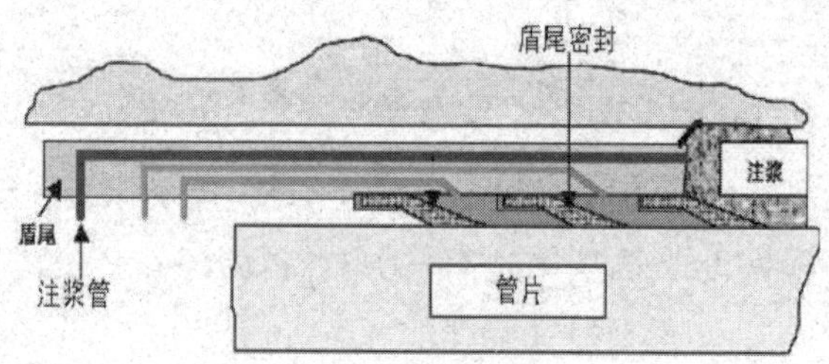

图 2-92　同步注浆示意图

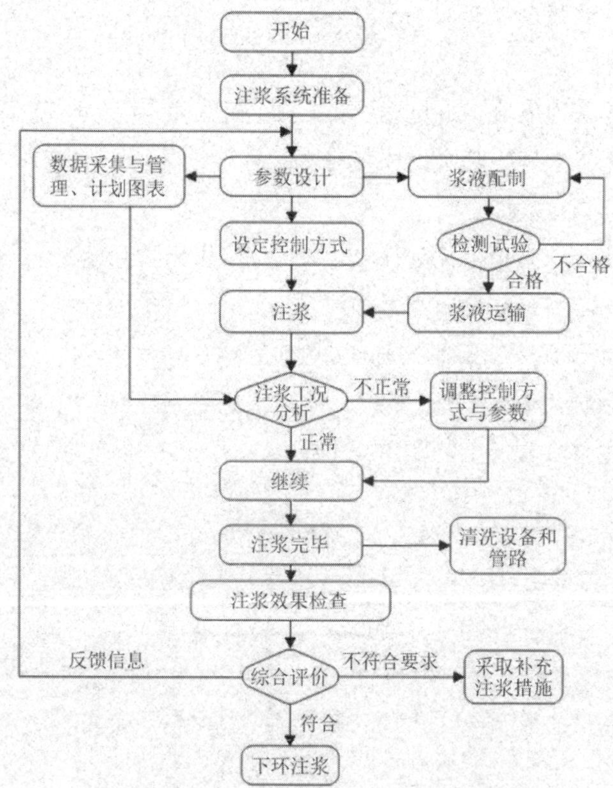

图 2-93　同步注浆工艺及管理程序图

2.设备配置

同步注浆砂浆采用商品砂浆。同步注浆系统：配备SWING KSP12液压注浆泵1台（盾构机上已配置），注浆能力2×12m³/h，8个盾尾注入管口（其中4个备用）及其配套管路。

2.6.6.4 注浆效果检查

1.注浆效果检查主要采用分析法，即根据*P-Q-t*曲线，结合掘进速度及衬砌、地表与周围建筑物变形量测结果进行综合分析判断。

2.必要时采用无损探测法进行效果检查。

3.浆液运输

拌浆站设在施工场地内南端头，由搅拌站将浆液搅拌好以后存放在顶板上的临时储浆罐中搅拌等待，再通过管道运输进入运浆罐内，然后由电瓶车运至前方台车上的储浆罐内，通过设在台车上的注浆泵，由盾构尾部四根同步注浆管注入空隙。工艺如图2-94所示。

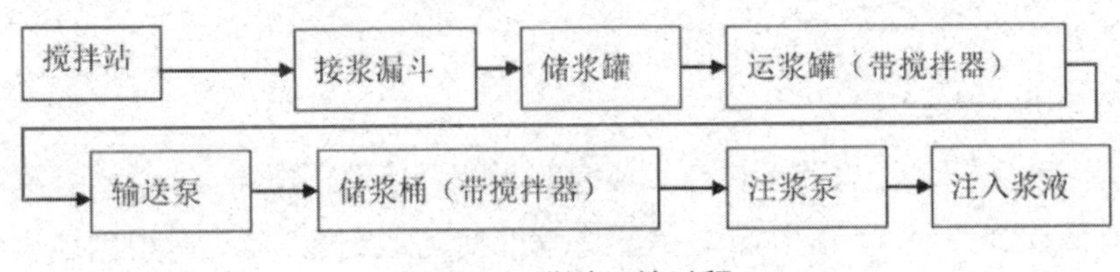

图 2-94　浆液运输过程

4.注浆顺序

隧道管片安装好后，由于隧道底部有积水，为防止管片上浮及偏移，因此采用先顶部后两侧、最后底部的注浆顺序。

盾构机穿越后考虑到环境保护和隧道稳定因素，通过监测地面沉降及隧道的变形情况，如沉降和变形接近控制预警值时，则说明同步注浆有不足的地方，通过管片中部的注浆孔进行二次补注浆，补充一次注浆未填充部分和体积减少部分，从而减少盾构机过后土体的后期沉降，减轻隧道的防水压力。同时对盾构推力导致的，在管片、注浆材料、围岩之间产生的剥离状态进行填充并使其一体化，提高止水效果。

5.同步注浆质量保证措施

（1）在开工前制定详细的注浆作业指导书，并进行详细的浆材配比试验，选定合适的注浆材料及浆液配比。

（2）制定详细的注浆施工设计和工艺流程及注浆质量控制程序，严格按要求实施注浆、检查、记录、分析，及时做出P（注浆压力）$-Q$（注浆量）$-t$（时间）曲线，分析注浆速度与掘进速度的关系，评价注浆效果，反馈指导下次注浆。

（3）成立专业注浆作业组，由富有经验的注浆工程师负责现场注浆技术和管理工作。

（4）根据洞内管片衬砌变形和地面及周围建筑物变形监测结果，及时进行信息反馈，修正注浆参数和施工工艺，发现情况及时解决。

（5）做好注浆设备的维修保养，注浆材料供应，定时对注浆管路及设备进行清洗，保证注浆作业顺利连续不中断进行。

（6）环形间隙充填不够、结构与地层变形不能得到有效控制或变形危及地面建筑物安全时，或存在地下水渗漏区段，在必要时通过吊装孔对管片背后进行补充注浆。

2.6.6.5 二次补强注浆

二次补强注浆一般在管片与土体间的空隙充填密实性差，致使地表沉降得不到有效控制或管片衬砌出现较严重渗漏的情况下实施。施工时根据地表沉降监测反馈信息，结合其他手段探测管片衬砌背后有无空洞的方法，综合判断是否需要进行二次注浆。

二次注浆采用双液浆作为注浆材料，能对同步注浆起到进一步补充和加强作用。同时也对管片周围的地层起到充填和加固作用。如表2-5、表2-6所示。

表 2-5　双液浆浆液初步配比表

浆液名称	水玻璃	水泥	稳定剂	减水剂	A、B液混合体积比
双液浆	35Be'	350kg	1.0	0	1∶1

表 2-6　浆液性能指标表

注浆方式	稠度（cm）	比重（g/cm³）	结石率（%）	凝胶时间（h）	1天抗压（MPa）	28天抗压（MPa）
二次注浆	12.5～13.0	1.43～1.55	>97	<4	>0.3	>4.5

注：水泥采用P.O42.5水泥。

补强注浆采用自备的KBY-50/70双液注浆泵。

二次补强注浆注浆管及孔口管自制，其加工应具有与管片吊装孔的配套能力，能够实现快速接卸以及密封不漏浆的功能，并配备泄浆阀。

1.注浆压力

二次注浆时要求在地层中的浆液压力大于该点的静止水压及土压力之和，做到尽量填补同时又不产生劈裂。注浆压力过大，管片周围土层将会被浆液扰动而造成后期地层沉降及隧道本身的沉降，并易造成跑浆；而注浆压力过小，浆液填充速度过慢，填充不充足，会使地表变形增大，通常同步注浆压力一般为1.1～1.2倍的静止土压力，二次注浆压力为0.3～0.5MPa。

2.浆量

二次补强注浆量根据地质情况及注浆记录情况，分析注浆效果，结合监测情况，由注浆压力控制。

3.注浆速度及时间

根据盾构机推进速度，在管片脱出盾尾5环之后根据地面监测情况选择进行二次补强注浆。

4.注浆顺序

补强注浆应先压注可能存在较大空隙的一侧。

5.注浆结束标准

采用注浆压力和注浆量双指标控制标准，即当注浆压力达到设定值时，即可认为达到了质量要求。

补强注浆一般情况下以压力控制，达到设计注浆压力则结束注浆，视注浆效果可再次进行注浆。

2.6.6.6 注浆量统计分析

Unity 3D平台加入盾构机管片每一环的注浆量数据统计。通过对注浆量进行采集，生成注浆量曲线图，不同地质阶段、不同施工工艺、不同的危险源处的注浆量不同，在曲线中明确进行了分析与统计。如图2-95～图2-114所示。

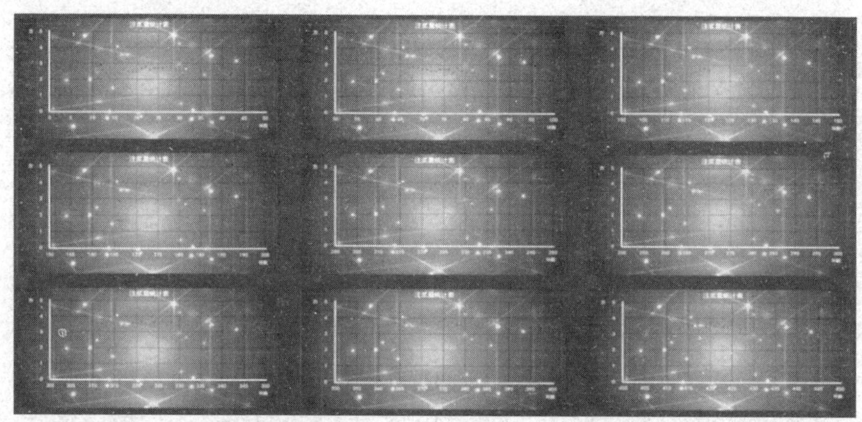

图 2-95　每 50 环一表的注浆量统计

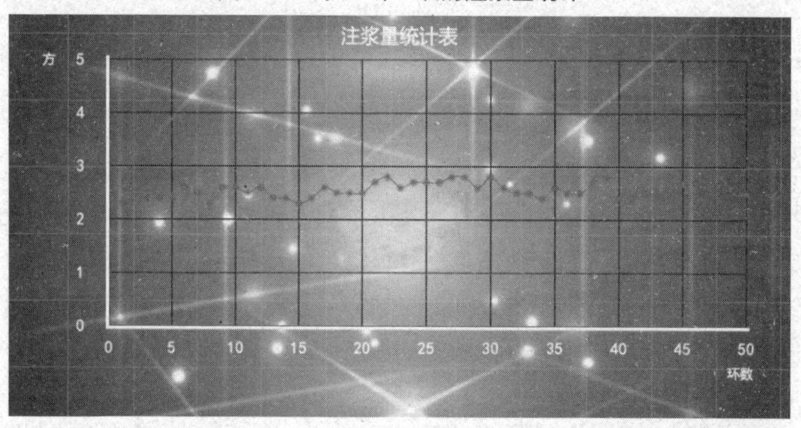

图 2-96　0～50 环注浆量统计（黏土层）

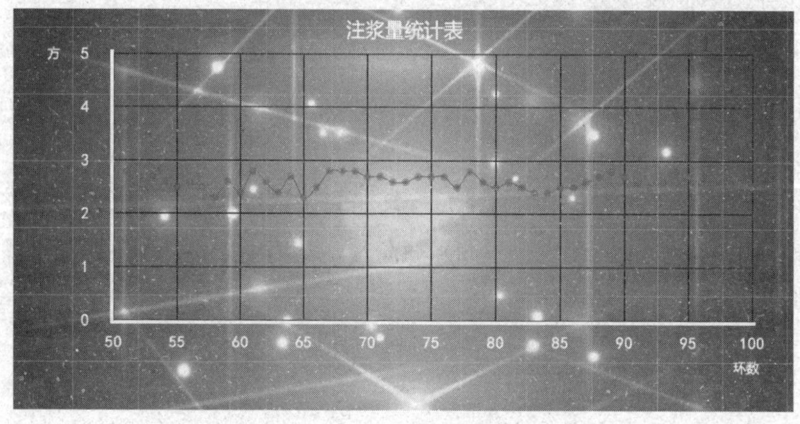

图 2-97　50～100 环注浆量统计（黏土层）

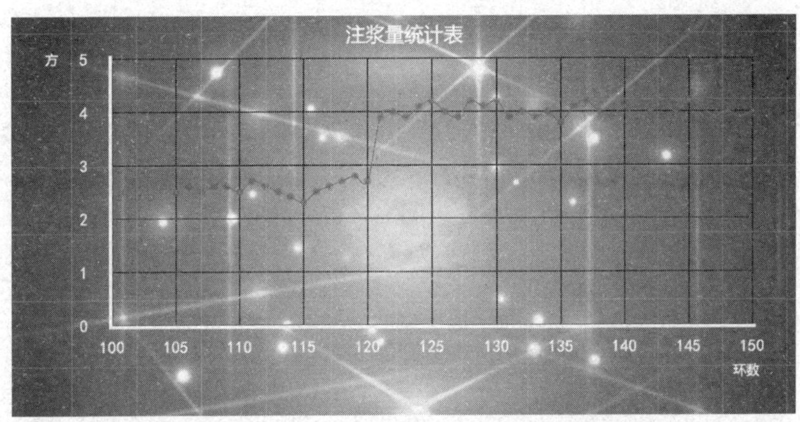

图 2-98　100～150 环注浆量统计（黏土层+危险源）

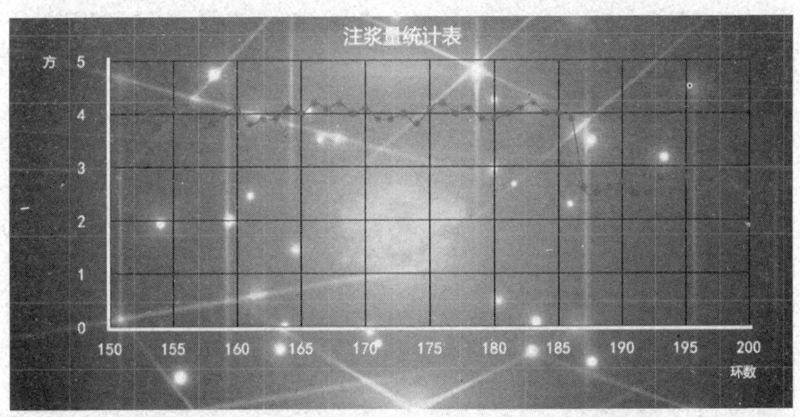

图 2-99　150～200 环注浆量统计（黏土层+危险源）

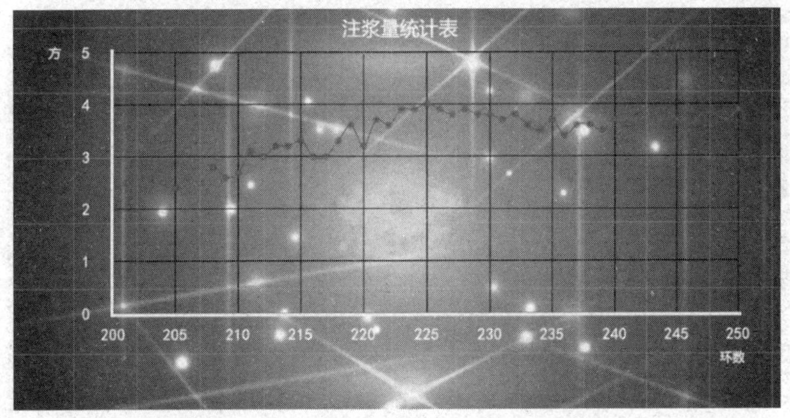

图 2-100　200～250 环注浆量统计（全断面砂层）

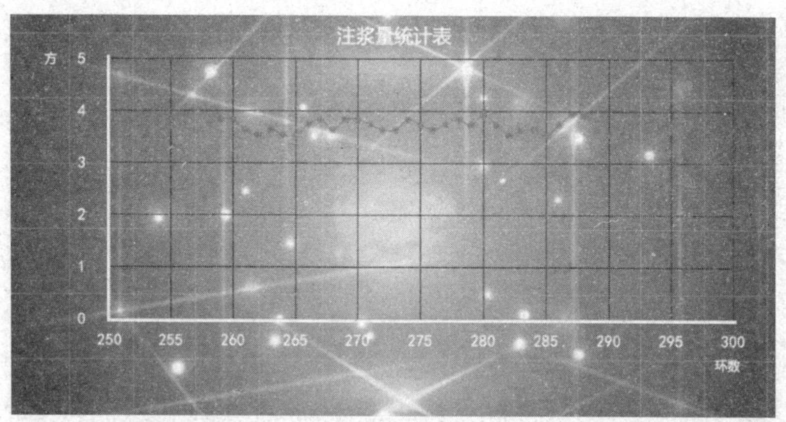

图 2-101　250～300 环注浆量统计（全断面砂层）

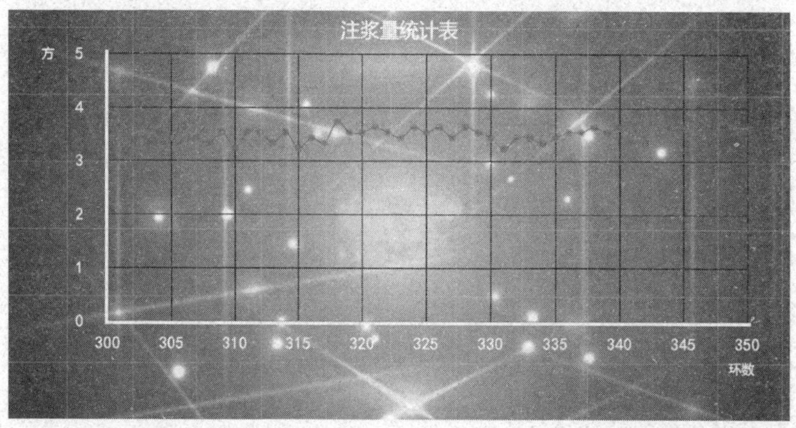

图 2-102　300～350 环注浆量统计（全断面砂层）

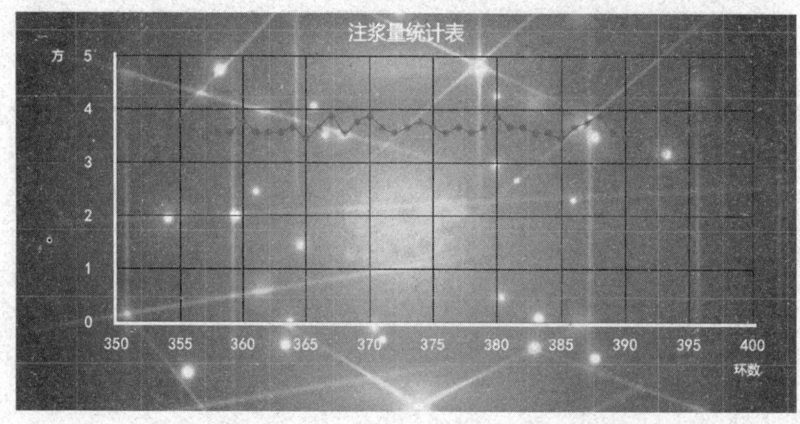

图 2-103　350～400 环注浆量统计（全断面砂层）

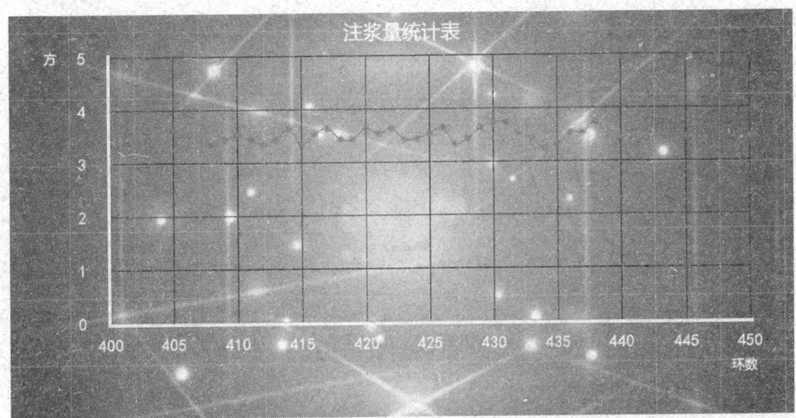

图 2-104　400～450 环注浆量统计（全断面砂层）

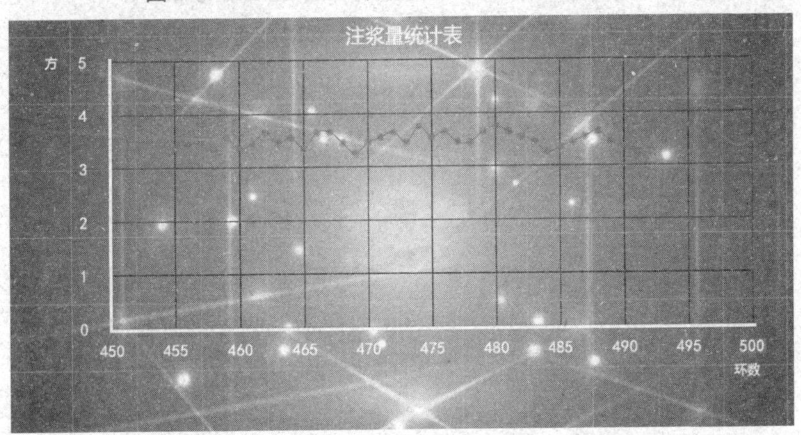

图 2-105　450～500 环注浆量统计（全断面砂层）

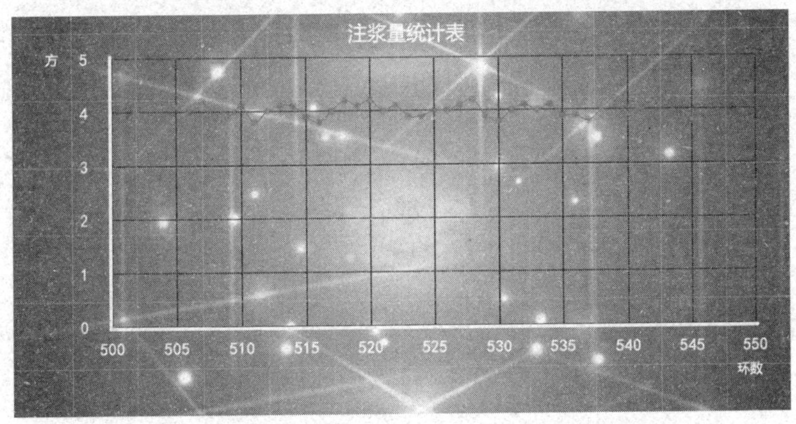

图 2-106　500～550 环注浆量统计（全断面砂层+危险源）

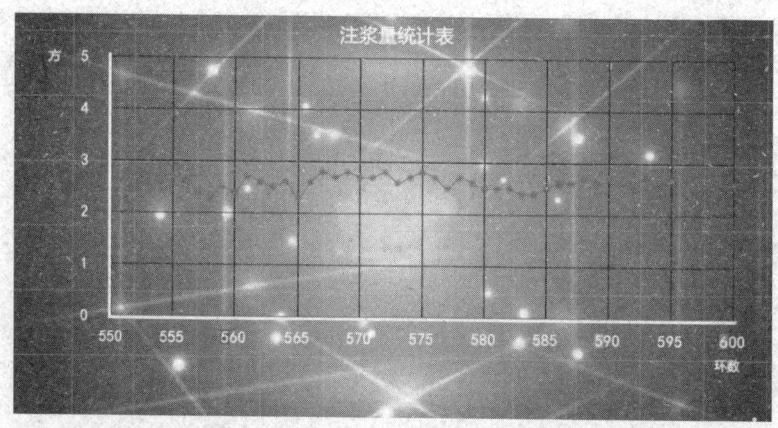

图 2-107　550～600 环注浆量统计（全断面砂层）

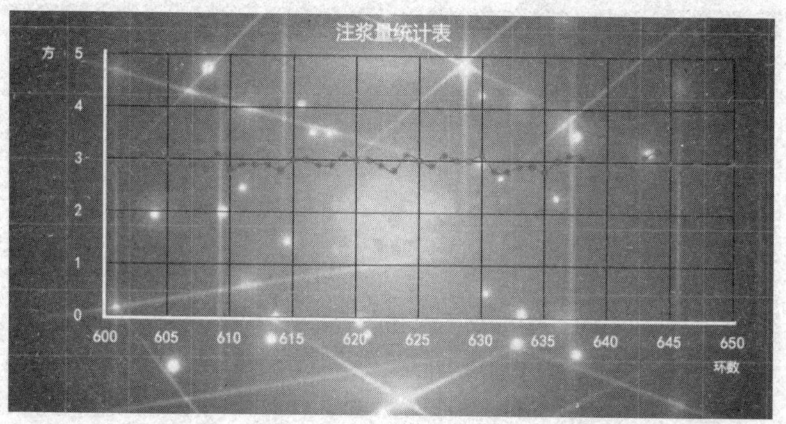

图 2-108　600～650 环注浆量统计（黏土层）

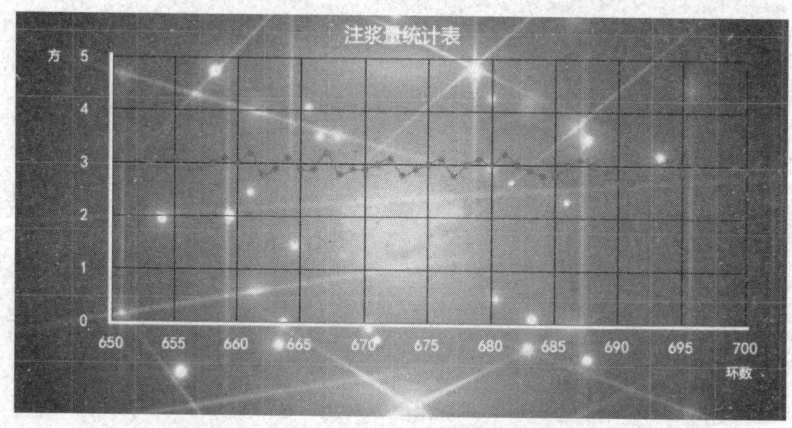

图 2-109　650～700 环注浆量统计（黏土层）

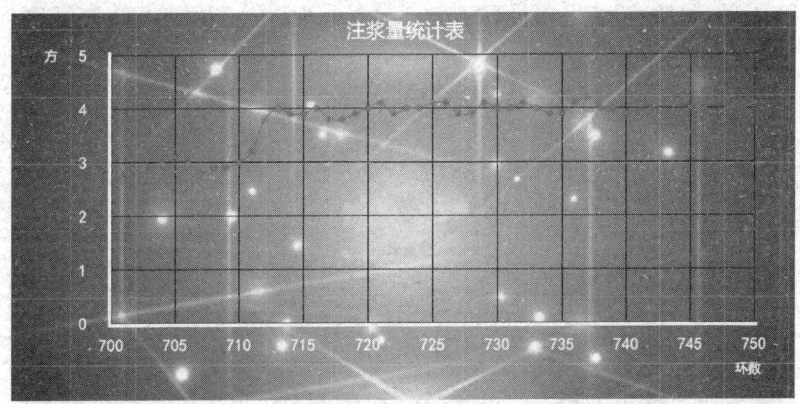

图 2-110　700～750 环注浆量统计（黏土层+危险源）

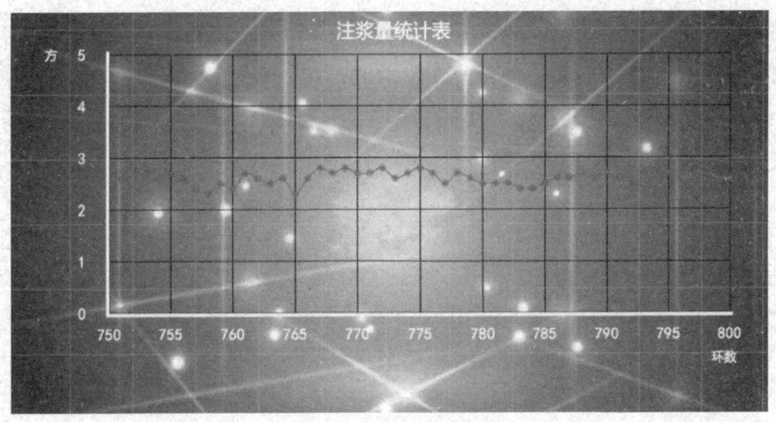

图 2-111　750～800 环注浆量统计（黏土层）

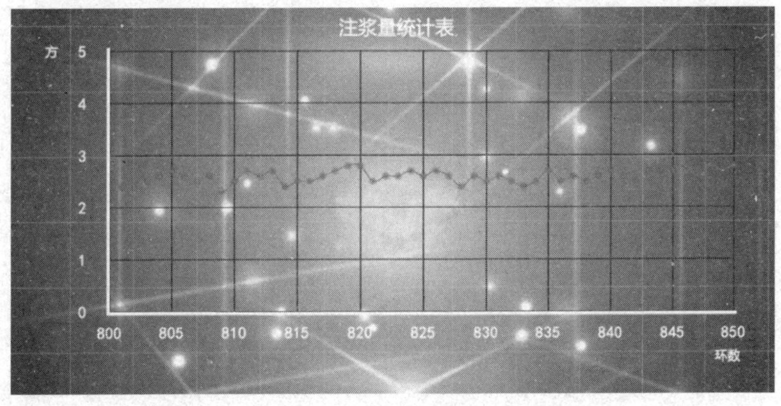

图 2-112　800～850 环注浆量统计（黏土层）

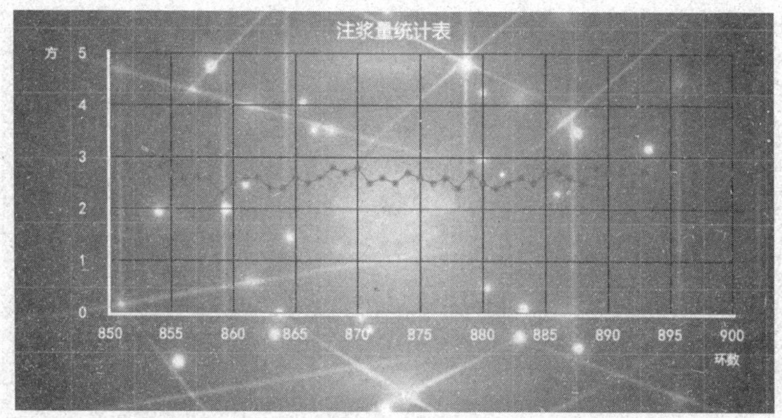

图 2-113 850～900 环注浆量统计（黏土层）

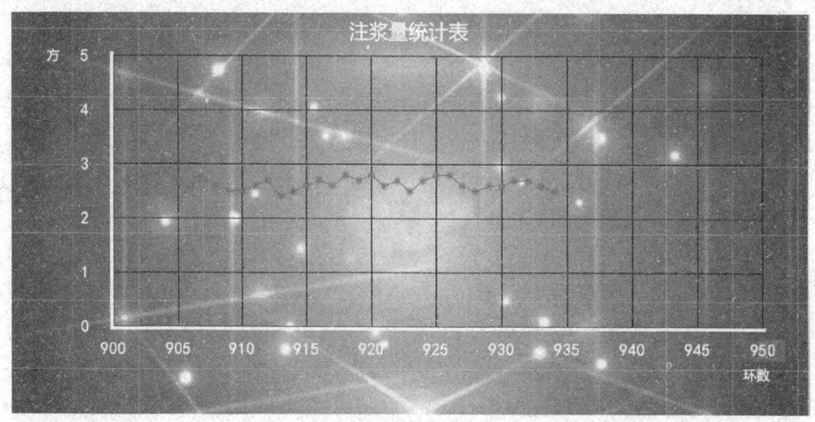

图 2-114 900～950 环注浆量统计（黏土层）

2.6.7 BIM+U3D三维管片选型

该三维管片选型的方案搭建以上述的管片选型分析为基础进行设计和实现。方案以中管环编号、管环起讫点编号、中线偏移、埋深、管径大小以及所处地质的位置进行建模。针对不同的方案展示其相应的信息与模型，如图2-115、图2-116、图2-117所示。

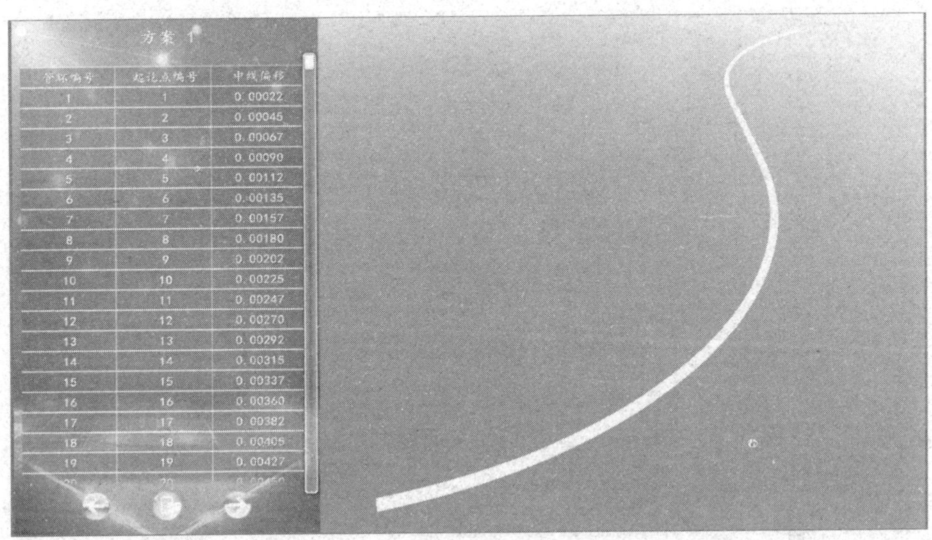

管环编号	起讫点编号	中线偏移
1	1	0.00022
2	2	0.00045
3	3	0.00067
4	4	0.00090
5	5	0.00112
6	6	0.00135
7	7	0.00157
8	8	0.00180
9	9	0.00202
10	10	0.00225
11	11	0.00247
12	12	0.00270
13	13	0.00292
14	14	0.00315
15	15	0.00337
16	16	0.00360
17	17	0.00382
18	18	0.00405
19	19	0.00427

图 2-115　方案 1

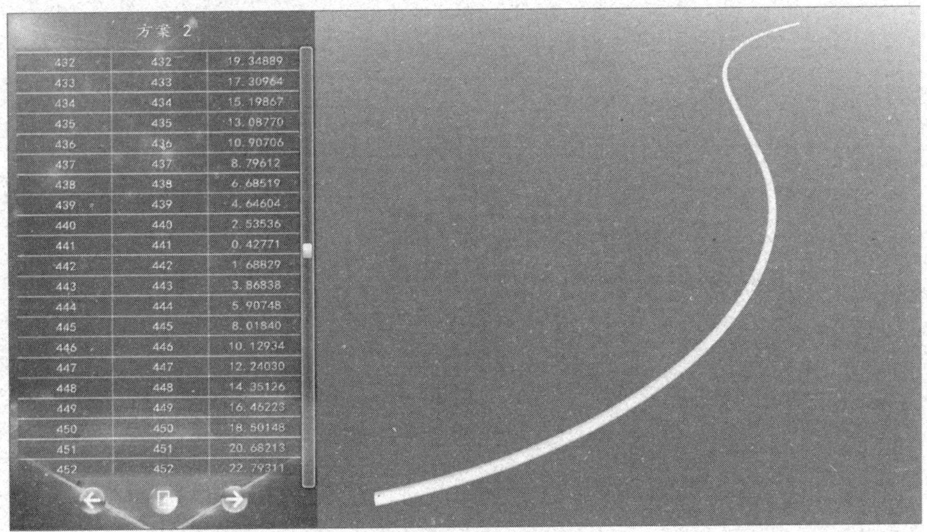

432	432	19.34889
433	433	17.30964
434	434	15.19867
435	435	13.08770
436	436	10.90706
437	437	8.79612
438	438	6.68519
439	439	4.64604
440	440	2.53536
441	441	0.42771
442	442	1.68829
443	443	3.86838
444	444	5.90748
445	445	8.01840
446	446	10.12934
447	447	12.24030
448	448	14.35126
449	449	16.46223
450	450	18.50148
451	451	20.68213
452	452	22.79311

图 2-116　方案 2

方案 3
926 926 2.16728
927 927 2.88553
928 928 1.57427
929 929 1.65470
930 930 6.98019
931 931 13.76984
932 932 12.67764
933 933 13.33250
934 934 15.79313
935 935 19.99649
右转环 02点位 2
右转环 15点位 136
左转环 02点位 1
左转环 03点位 4
左转环 11点位 2
左转环 15点位 101
直线环 01点位 357
直线环 02点位 2
直线环 15点位 157
直线环 16点位 173
总计 935

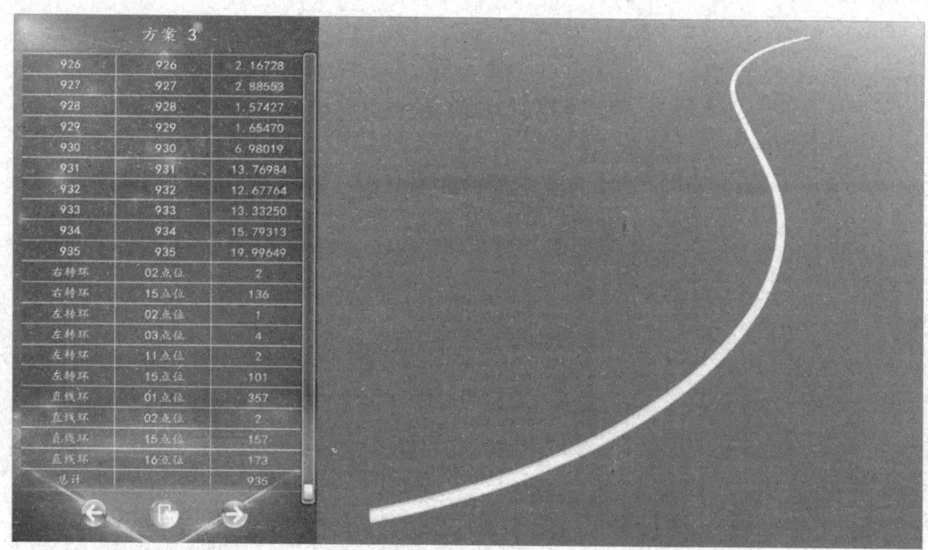

图2-117　方案3

第3章　人工智能数字孪生技术在智慧社区中的应用研究

数字孪生技术在智慧社区中的功能主要是利用三维建模技术，将全社区的人、房、事、物、情、组织、设备等囊括其中，不仅能真实还原社区场景，而且还可以模拟社区运行状态，为社区治理提供全景视角和全量数据分析。

数字孪生社区是智慧社区建设的一项成果，以社会治理和管理决策两大重点应用为切入点，构建数字孪生社区模型。数字孪生社区接入包括公安、工商、数据资源局等部门的数据，获取各方数据，让数据资源库储备海量数据资源。通过把社区事件中的位置、时间、人物、视频等信息结合时空技术关联起来，形成可查、可看、可选、可分析、可调度的“社区一张图”。全面实时汇聚监测社区运行数据，及时了解掌握社区运行态势，为社区治理提供技术支持和数据依据，为治理和决策导航。

3.1 基于BIM的智慧社区运维管理信息系统构建

智慧社区运维管理综合信息系统框架的数据层是一个集成运维管理所有相关数据的中央数据库，即BIM数据库。BIM数据库包含各种数据信息，可分为可检索的原始数据和即时更新的可编辑数据两部分内容。前者是设计、施工阶段累计的静态数据，主要包括BIM三维竣工模型、建筑墙体与结构信息、建筑门窗信息、建筑构件信息和设备参数等；后者是运维阶段累计的动态数据，主要包括监测安全数据、监控视频数据以及设备运行状态信息等。BIM数据库充当了存储和交互平台的角色，它使项目各阶段、不同参与者都能够随时随地从数据库中调取所需信息。

社区项目涉及参与方众多，信息量大且来源广、形式复杂，因此，数据层的关键作用就是实现社区项目运维管理中各种信息数据的存储、交换和共享。

3.1.1 数据存储

通过对社区项目运维管理中的信息进行分析可知，其信息类型复杂，数据形式多样。可见，合理高效地将这些数据进行存储和管理是数据层要实现的一个主要功能。而由于项目各阶段信息的差异化，因此具有多种分类标准。

根据前文的信息分析可知，社区项目的信息主要包括设计、施工和运维三个阶段产生的信息，以及其他的项目公共信息，环境、市政信息和社区运维管理信息等一切因项目建设而产生的原始信息。这些信息的内容、形式互异，通常有各类数字、图表、文字、图纸、照片、视频和声音等，所以除了结构化的信息，还有非结构化或半结构化的信息。

为更好地实现数据存储，还需要进行以下工作：

（1）数据集成。从设计和施工阶段继承的BIM模型的信息涵盖面不全，没有包含社区运维期间所需的必要元素属性以及各元素之间的关系。这些属性包括：社区管理（快递、停车、消防等），设备状态（开关状态、健康情况、故障类型等），环境管理（温度、湿度、$PM_{2.5}$等）以及交通情况等。这些属性集成于不同的数据源（如：结构传感数据、监控数据、小神探设备管理信息系统和日常运维系统等），通过定义各数据之间的关系来进行数据集成，并与BIM数据库结合，形成全面、完整的运维数据库。各种来源的数据都将先进入数据库，然后经过筛选、调整，显示在系统中。

（2）唯一且精确的实体编码设置。为了精确地将运维信息与BIM模型进行无缝对接，从而实现可视化展示功能，还需对存储数据进行实体编码设置，即确保所有的模型构建都有一个精确且唯一的可识别编码。

（3）逻辑和空间关系的定义。定义建筑元素之间关系的基础为捕捉建筑属性。

通常建筑元素属关系分为：1）逻辑关系是指元素之间的相互层级关系，既指有直接相接的元素，也包括间接相关的元素；2）空间关系是指元素之间的位置空间关系和时间关系，据此可将BIM数据库中所有信息归为三个类别：逻辑型、空间型以及空间-逻辑型。

（4）BIM数据库管理。将BIM模型中的静态数据和动态数据进行链接捆绑，继而形成完整的运维管理数据库。其中，对于所有的非几何数据，由数据库进行管理，充分发挥其处理海量数据的优势，实现几何数据与非几何数据的分布式管理。

综上可知，在进行信息的存储时，要充分考量信息的产生时期、形式、专业、属性等类型，然后分别进行保存，以便于数据的存储和检索，其目的是可以确保所有介入方或专业人员在BIM数据库中进行快捷高效的查找，并搜索到所需的任何信息。

3.1.2 数据交换

数据交换指的是可以将有效数据在各类BIM软件与相应数据库之间进行交互沟通。虽然多数数据都来源于Revit等软件构建的基础信息模型，然而仍然有众多信息是由各专业通过相关的专业数据软件进行分析后产生的。因此，BIM数据层应具备的基本功能是处理多参与方、多专业间的信息交换问题。

实现信息之间的交互必须设定为业界认可的一致交换规则和标准。目前，大多数软件工具都支持国际IFC（Industry Foundation Class）标准格式的数据。BIM数据库可使数据实现集成和共享。在项目建设实施阶段，相关的信息由BIM模型提供，而在运维阶段，可能会使用其他专业的软件和系统来储存数据。软件不同，数据的格式不同，会导致数据无法实现共享，而BIM能够打破这种障碍实现数据的共享。基于IFC标准的基准信息来确保BIM数据库能够实现数据的交互和沟通功能。图3-1表示BIM数据集成的结构。

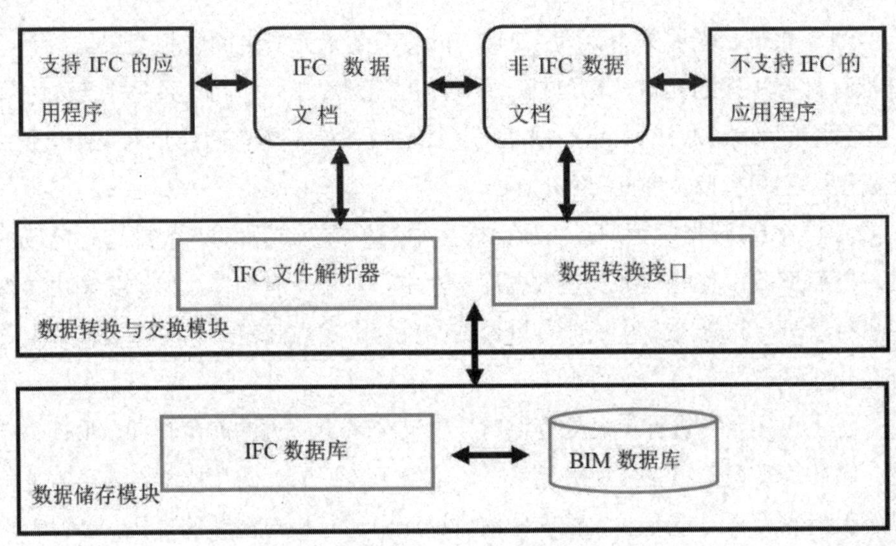

图 3-1　基于 IFC 的 BIM 数据集成平台组织

（1）数据交换和转换模块：处理IFC数据文件，IFC文件解析器可对数据文件进行读写。如果应用软件符合IFC的标准，则能够实现数据间的交换和进出口；如果应用软件不符合IFC的标准，则不能实现信息的互换和共享，必须对数据进行转换。

（2）数据储存模块：在这一模块中，可利用IFC数据库查询器，实现BIM数据库中信息的存取。

3.1.3 BIM模型的数据整合及轻量化

1.运维BIM模型

社区运维管理需要对整个社区内的建筑、市政、环境、设备、物业、应急、能耗等进行全面的管理。基于BIM的智慧社区运维管理信息模型，集成了策划、设计、施工和运维阶段的地理位置以及楼宇、构件、设备、市政、环境和社区等管理信息。运维BIM模型中的信息主要包括两部分：静态信息和动态信息，具体内容如下所示：

（1）静态信息，主要包括楼宇或构件的实体信息，市政基础设施信息，其他设备和管道管线信息等。

（2）动态信息，主要包括性能分析、施工管理、租赁情况、环境管理计划、设备维修计划、快递管理情况、资产管理数据、天气模拟和检查和维护计划等实时动态信息。

2.BIM模型的数据整合

竣工BIM模型由BIM设计模型和施工模型整合而成。BIM模型的数据整合包括BIM信息的生成、传递及应用。其中，设计模型经过传递和修改深化成为施工模型；而施工模型则经过深化设计并添加采购和建造信息后成为竣工模型；竣工模型去除建造信息和施工信息后成为运维模型，并获得运维动态数据。同时，该模型的静态数据将与运维动态数据形成闭环，不断优化并拓展出新的应用。设备的运行状态和维护信息，设备的异常报警查看和定位，都可以在运维平台中进行查询。

3.BIM模型的轻量化处理

BIM模型的轻量化处理按照流程分为3个过程（见图3-2）：

（1）BIM模型二次，即基于运营管理业务的需求兼顾模型交互平台本身的功能，对施工交付的BIM模型进行初步优化以满足下一程序的需求；

（2）创建基础BIM运维模型；

（3）在基础运维模型的基础上创建低耦合度的模型即运维BIM模型，降低不同阶段建立的数据间的依赖程度以满足最终运维管理的需求。

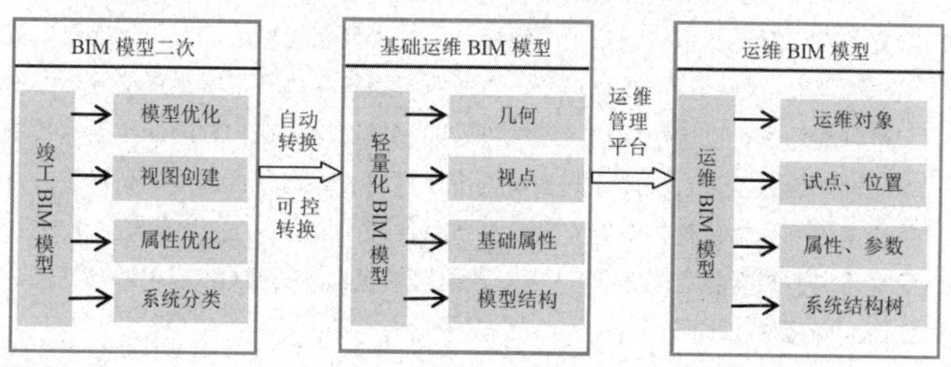

图3-2　BIM进化模型

3.2 GIS与BIM融合数字孪生技术应用

GIS与BIM结合技术主要体现在数据互联，二、三维GIS平台上搭载BIM数据。具体在规划阶段，在实景三维平台上，地上三维GIS平台上规划的路网图，通过轨迹数据、人们的出行规律，得到最佳的交通流线。在真实的三维平台中，进行竖向分析。加载BIM的地下管线数据，分析爆管性、流通性等，合理设置管线位置。

3.2.1 BIM模型在实景三维GIS平台上分析

通过自主研发二、三维一体化GIS内核，使GIS强大的功能和三维可视化效果有机地结合在一起，突破三维可视化软件功能单一的缺点。

全平台二、三维一体化，使与其相关的一系列产品都具有二维与三维功能，使其具有同时操作、管理二、三维数据的功能，压低成本，提高工作效率。GIS在倾斜摄影模型方面的应用：可直接把倾斜摄影模型数据加载进去，使其动态投影与其他GIS数据相叠加，能够对倾斜摄影模型进行三维空间分析。全系列产品支持倾斜摄影模型。

真实感的三维体验。支持骨骼动画模型、节点动画、视频投放到三维场景、碰撞检测等功能，能显著增加人们的视觉真实感，丰富人们的操作体验。丰富的三维符号。三维场景中的绿植、路灯等要素均可用三维符号展现。提供水面填充符号、三维线型符号、自适应管点符号以及带状跟踪符号等，使三维管线场景得以快速构建。三维符号的大量应用，在大幅降低数据建模成本的同时兼顾了平台性能，利于场景快速构建和查询分析应用。高性能。可以快速流畅地搭建数据量庞大且要求高的精细模型，以直接加载与显示TB级的地形和影像数据、TB级倾斜摄影数据等，保证了三维GIS应用的高性能。如图3-3和图3-4所示。

图 3-3　地上三维鸟瞰

图 3-4　BIM+GIS 模型结合

3.2.2 BIM与GIS数据交互

BIM与GIS的集成主要体现其技术方面，其一是因为二者的数据库管理和图形图像处理等技术具有相似性，这为实现BIM与GIS的可视化功能提供了较好的基础。这两者数字信息处理的方式是相同的，二者可以转换成在统一标准下的数字化数据，可将BIM数据导入GIS中，也可将GIS中的数据导入BIM中，成为彼此的数据源。

BIM能够对建筑内部的信息进行三维可视化管理，BIM模型能够从建筑的设计、施工到运营等阶段进行统一化、标准化的管理，贯穿建筑全生命周期，解决以往各专业各自为战的情况，对各专业进行协同管理，统一的BIM模型和标准还有一个好处就是可以完整地记录整个建筑建设数据，对其信息进行信息集中管理，这会为后期建筑资料的管理和存档提供极大的便利。此外，BIM模型还可以为后期建筑的智能化运营提供最基本的模型平台。GIS管理区域空间，或者说管理宏观空间。可以理解为，BIM是对城市建筑的微观管理，GIS是对城市的宏观管理，包括建筑、土地、城市基础设施、交通设施、绿化等，不过其是通过体量的方式对建筑的进行管理的，更多的是对电子二维图纸的管理。总体来说，GIS管理的是建筑外部的信息，BIM管理的是建筑内部的信息。

3.3 基于数字孪生的智慧社区运维管理信息系统实施方案研究

基于数字孪生的智慧社区运维管理信息系统框架建立后，为了保障基于数字孪生的智慧社区运维管理信息系统的顺利实施，本章研究将根据前文制定如图3-5所示的实施技术路线，并从以下几个方面展开对智慧社区运维管理信息系统的开发设计。

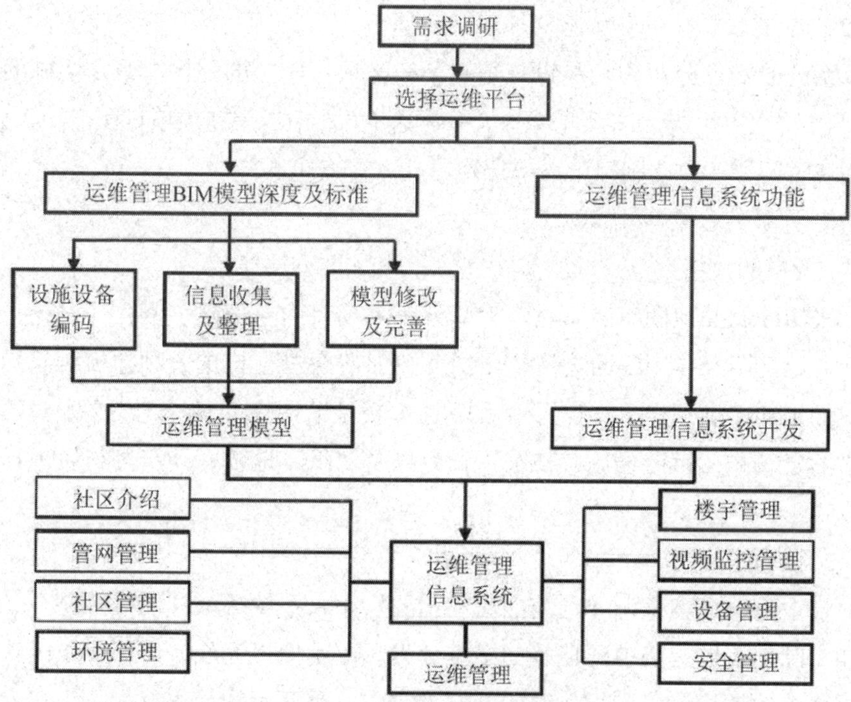

图 3-5　智慧社区系统实施技术路线图

3.3.1 基于BIM的智慧社区运维管理信息系统实现的技术支持

通过整合BIM软件，并与其他先进信息技术相结合，进而来开发相应的软件和平台接口，最后则对软件进行二次开发，从而实现BIM模型信息的集成、共享与传递，以达到实现社区项目的运维管理的目的。本项目通过研究大量与BIM运维管理相关的文献和案例，计划实施技术方案如下：（1）BIM+GIS；（2）BIM+传感技术；（3）BIM+FIM系统；（4）BIM+物联网。

3.3.2 实施步骤

基于BIM技术的智慧社区运维管理信息系统以沧州南大港项目为原型，使用Revit、3DS Max等三维模型软件进行建模以及GIS等软件进行编程来进行开发设计，其具体实施步骤如下：

3.3.2.1 系统需求分析和功能设想

系统的需求分析和功能设想是整个社区项目实施的前提，也是实施的关键。既要关注项目最终实现的效果，还需要多方面地考虑完成项目所需的人力、物力和时间等，由此制订出系统开发的具体实施计划。

3.3.2.2 资料的收集和处理

1.资料的收集

采用Google地图等工具收集沧州南大港项目的全部建筑资料（设计平面图等），为建立各社区三维模型作准备。为了将各社区内的各种建模对象描述得更加生动准确和逼真，也为给后期的3D模型贴图提供素材，还必须对各社区内的建筑物、市政设施、植被、设备以及墙纸、地板、天花等材质进行拍照取样。

2.图片的处理

模型的纹理多来源于选用的材料和取样照片，拍摄取样的照片整合了相机和实际建筑以及当前环境等的多重效果。但是由于光线、磨损等原因致使拍摄出来的效果达不到材质贴图的要求，因此需要对图片进行大小调整、杂质去除、对比度和亮度等的效果处理，制作成相应模型的材质贴图，并储存于纹理数据库。

3.3.2.3 BIM 三维建模

3D模型以及相应三维场景的构建是系统研发中极其重要的一项工作，也是实现系统研发的基础，更是所有应用实施的关键一环与支撑技术。社区中所有建筑、设施、植被、空间等的建模都根据CAD平面图纸来进行三维建模。

1.建立地形地貌及建筑物

社区建模先从构建地形地貌开始。一般采用Revit、3DS Max等主流BIM建模软件根据社区项目实际的CAD设计图纸来建立三维模型，并赋予BIM模型各种属性和参数信息等，同时也将具体的地形数据和建筑高程数据赋予给地形和建筑，以实现BIM与GIS的综合应用。在建模时要使模型数据库的构造简单化以及尽可能地减少模型的多边形数量，以减少重复操作。在保障真实度的情况下，所有对象要尽量降低模型的精细程度，单个物体面数控制在8000个面以下，以便于用户进行快速浏览。

2.材质和贴图

使用前面拍照取样处理后的图片作为3D模型的材质贴图来设置场景中对象的材质。

3.灯光和烘培

模型的效果是否逼真、美观，也与灯光的设置有关。可采用贴图烘焙技术来处理光影信息，也可利用处理明暗度、架设灯光等措施来使场景更具立体感和真实感。

4.角色建模

虚拟人物角色的建模步骤是：角色框架—添加材质贴图—构建内部骨骼—蒙皮设置—运动设置等。角色的骨架采用Character Studio的Piped骨架系统。

5.模型渲染输出

本项目在建模完成后，采用3DS Max中的最终渲染模式对社区模型进行加工处理，并利用3DS Max的插件（Virtools Max Exporter）保存场景和角色模型文件（.NMO格式）。BIM三维建模的一般流程如图3-6所示，BIM三维建模一般流程及导入系统后的模型实例如图3-7所示。

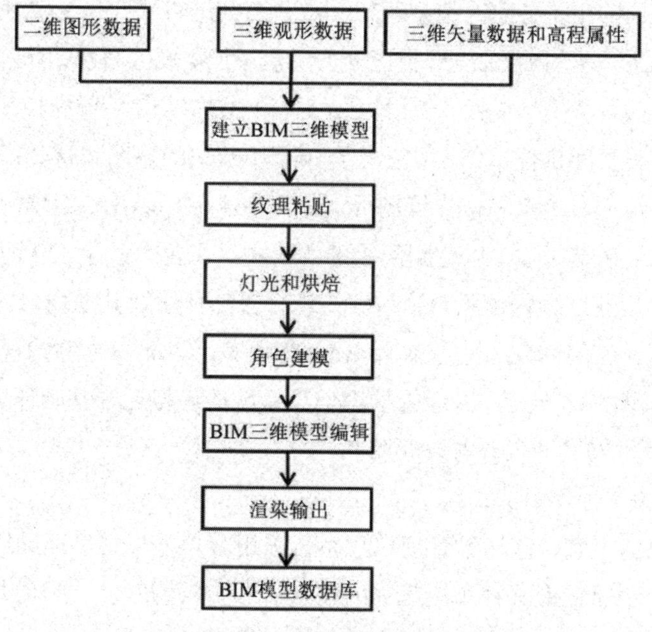

图 3-6　BIM 三维建模一般流程图

图 3-7　BIM 三维建模一般流程及导入系统后的模型实例

3.3.2.4 基于 Urity 3D 引擎搭载 3D 智慧社区虚拟环境

首先运行U3D，然后建立社区项目，再采用Layers选择合适的窗口模式进行设计。在U3D中，还可对模型进行如下几点处理方式：（1）对地形、灯光等进行完善和进一步的加工处理，也可为天空盒添加需要的材质贴图；（2）将3DS Max软件导出的各类模型文件（.fbx格式）导入U3D中，并用鼠标将其拖动到相应场景中进行设置和定位；（3）重新指定模型中缺失的贴图和材质；（4）对植被、天花板、地面、墙壁和楼梯等场景添加碰撞组件，防止“穿墙”等错误效果的发生；（5）调节光线，以达到所需的照度和灯光色彩效果，从而体现空间层次感；（6）创建及编辑角色动画；（7）进行自然环境及其他场景的模拟。

最后，应用GIS技术及C#、Java编程语言，以第三人称为视角开始构建基于U3D引擎的3D智慧社区运维管理信息系统的虚拟运行基础环境。

3.3.2.5 管理功能的设计与逻辑结构

1.GUI管理界面的作用

本书的智慧社区运维管理信息系统采用客户端形式呈现最终效果。用户通过鼠标控制第三人称视角，在360度视角内观察建筑物，且通过可视化，用户能够充分地了解三维建筑模型的相关信息。

在智慧社区运维管理信息系统中，界面是用户与系统之间的桥梁，通过界面的引导，用户可以快速了解系统的各项功能，并熟悉系统的操作方法，同时用户还能点击管理界面以达到运维管理的目的。

2.管理界面中功能模块的设计

在本系统的管理界面中，计划创建七个主要管理功能选项，而每个主要管理功能选项又包括多个与之密切相关的后台功能选项。

（1）主要管理功能

主要管理功能包括社区介绍、市政管理、社区管理、环境管理、楼宇管理、工程管理、实用工具等功能。

（2）后台管理功能

系统后台管理功能主要是对各项后台功能进行各种操作，即各项后台管理功能与BIM数据库相连接，提供如查询、浏览、更新、添加、删除等操作，其具体连接方式见社区介绍的结构图（见图3-8），其他各项主管理功能的具体后台管理功能与BIM数据库的连接方式与图3-8类似，不再加以赘述，具体内容如图3-8所示。

1）社区介绍

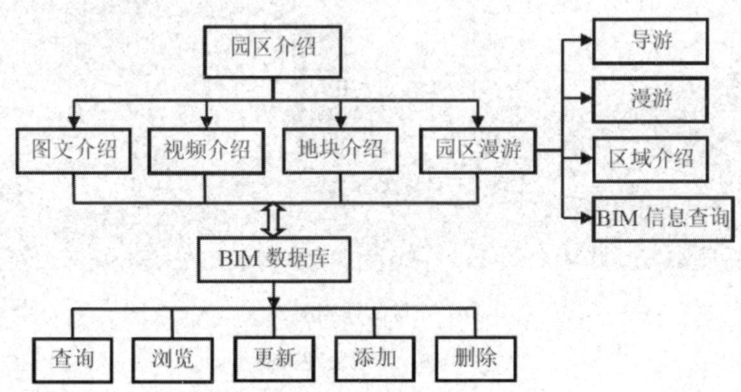

图 3-8　社区介绍的功能结构图

2）市政管理

社区市政管理包括：井盖、路灯、管线、水闸、监控等子管理功能，可对整个社区内的市政基础设施进行实时管控。点击任一个子管理功能，系统将会定位其中的设施位置，并显示相关信息，查看实时监控画面等实时更新信息，具体结构如图3-9所示，实例如图3-10所示。

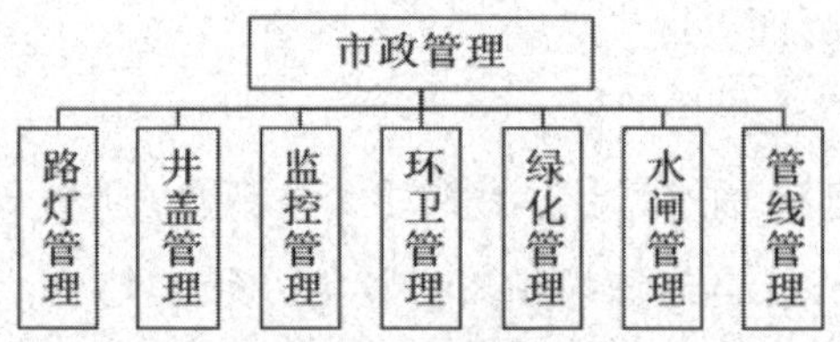

图 3-9　功能结构

a）市政管理实例 1

b）市政管理实例 2

图 3-10　市政管理实例

3）社区管理

社区管理包括：基站、能耗、租赁等子管理功能，且可对各项子管理进行查询、定位、更新和追寻历史信息等控制措施。如点击能耗管理功能，系统将会显示社区中各建筑物和设施的电、水量消耗信息，并且还能查询实时能耗信息，具体结构如图3-11所示，实例如图3-12所示。

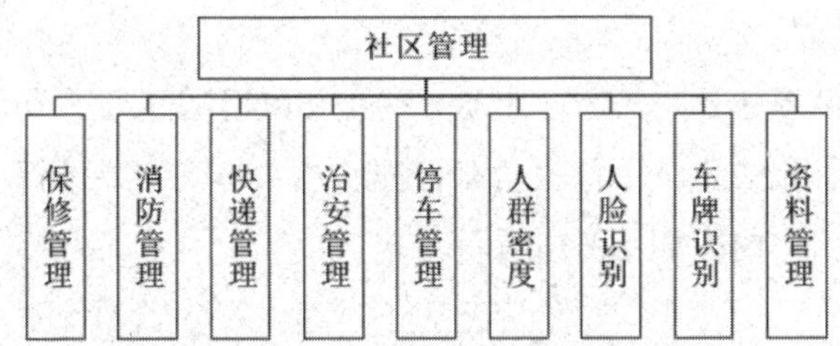

图 3-11　社区管理功能结构

a）社区管理功能实例 1

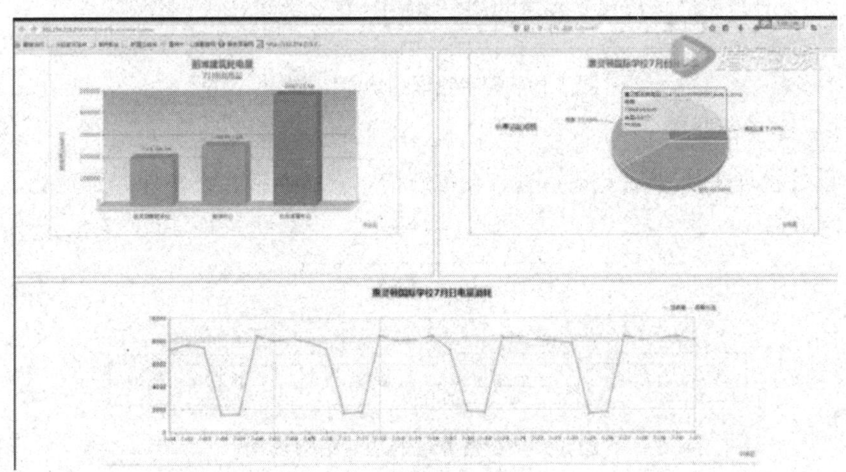

b）社区管理功能实例 2

图 3-12　社区管理功能实例

4）环境管理

社区环境管理包括：气象、水质、扬尘、噪音等子管理功能。点击任一个子管理功能，系统将会显示各项功能管理的相关信息，并可查询当前的实时相关信息，具体结构内容如图3-13所示。

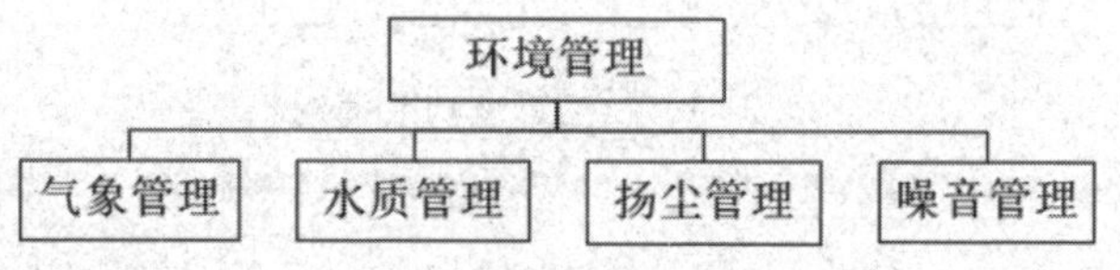

图 3-13　环境管理的功能结构图

5）楼宇管理

社区楼宇管理主要包括：楼宇信息、楼宇漫游、楼宇设备、楼宇监控、租赁和物业管理等多项子管理功能。点击其界面中的租赁管理功能，系统将会直接显示其管理的相关信息：入住率、出租率、住户数量以及即将到期的租户等信息，以便于社区管理者进行管理和决策，具体结构及示例如图3-14所示。

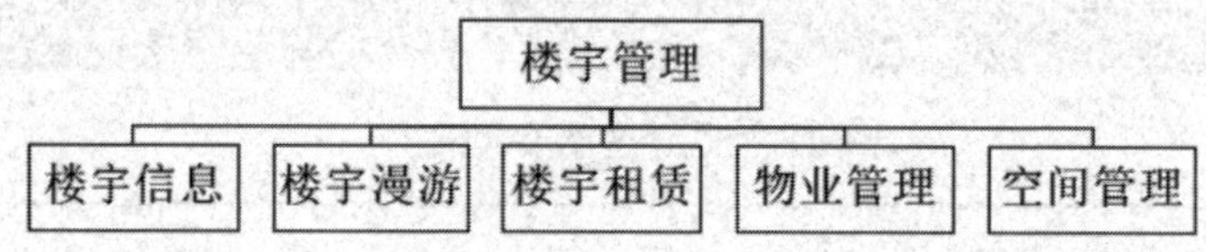

图 3-14　楼宇管理的功能结构图

6）设备管理

设备管理主要包括设备信息、设备维护、设备监控、设备保养等功能，如图3-15所示。

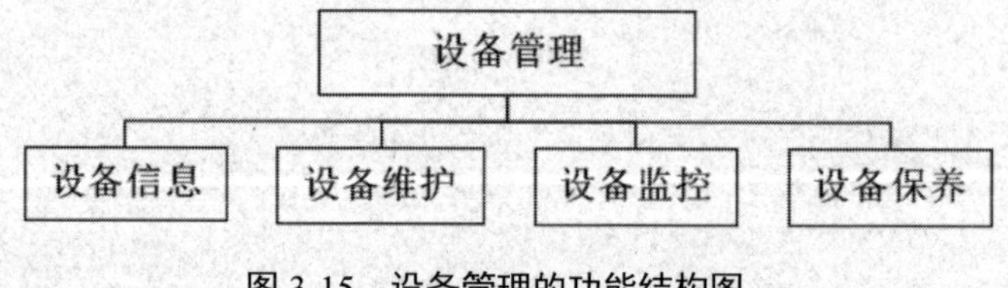

图 3-15　设备管理的功能结构图

7）安全管理

安全管理主要体现视频监控、应急处理和报警信息，其中应急处理又包括应急预案、应急图、应急演示视频、应急集合点标注等信息，如图3-16所示。

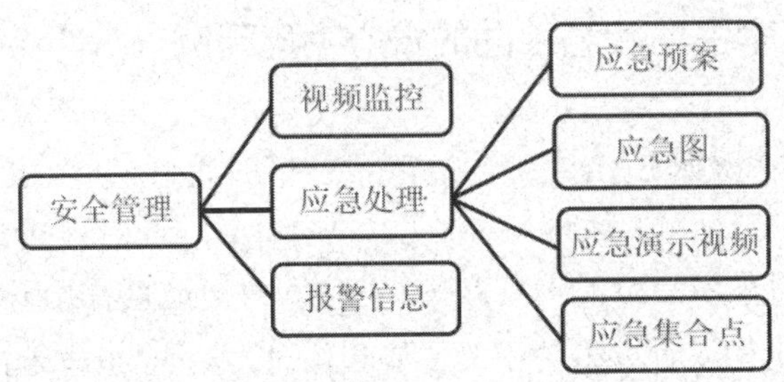

图 3-16　安全管理的功能结构图

8）运维管理

运维管理主要包括运维计划、告警日志、运维知识库、和服务查询等信息，如图3-17所示。

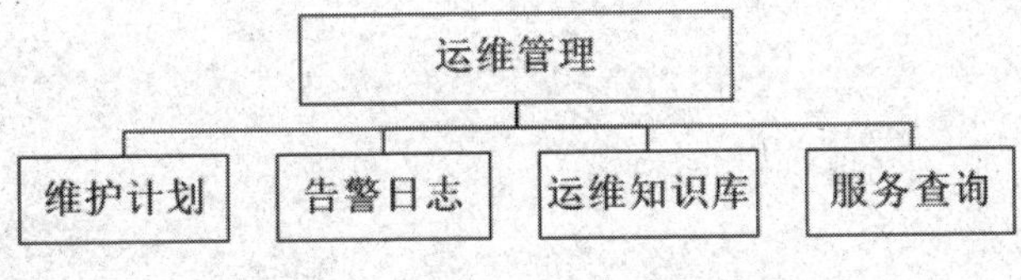

图 3-17　运维管理的功能结构图

9）实用工具

实用工具主要包括天气模拟、距离测量、高度测量、3D模式、系统配音等信息，如图3-18所示。

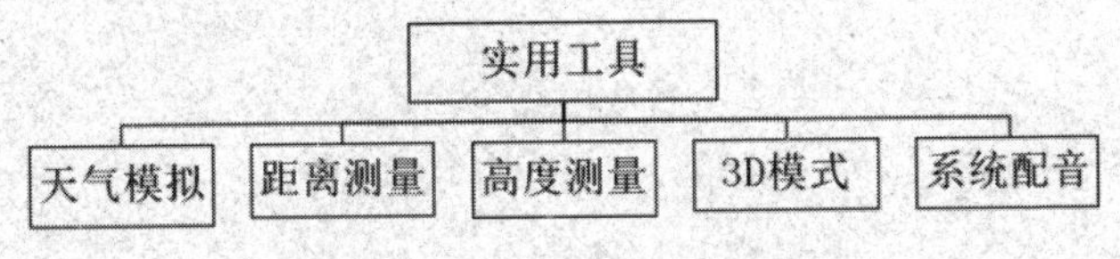

图 3-18　实用工具的功能结构图

10）系统管理

系统管理主要实现系统管理的部分功能，包括模型维护、数据处理、信息录入、用户管理、权限管理、数据备份和接口配置等信息，如图3-19所示。

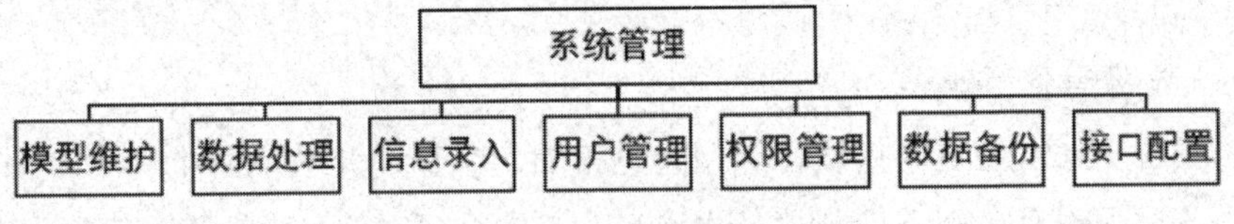

图 3-19　系统管理的功能结构图

3.4 基于数字孪生的智慧社区的核心功能研究

3.4.1 三维可视化漫游

在系统中可采用漫游模式来直观、方便和快捷地查看社区的各个区域，并可即点即查建筑物或者设施的相关资料和信息，结合VR技术，还能使观察更为真实和深入。同时，通过传感装置也可以动态获取和实时展示采集到的监控状态信息。系统还能根据用户的选择范围生成三维浏览图，从不同角度观察各工程的空间位置、相互关系等信息，通过改变参数来模拟社区运维管理的变化情况。如图3-20所示。

图 3-20 BIM+VR 结合

3.4.2 设备管理

1.设备信息管理

设备信息管理主要指设备等相关设施的信息查询及维护，用户可以在模型的浏览过程中直接查看设备的基本信息，点击“详细信息”按钮，可以查看相关联的设备检测计划、检测记录及维修记录等数据，并可以对设备基本信息进行编辑。

2.设施空间管理

利用BIM技术，建立虚拟现实空间进行模型浏览。

3.设备维护与保养

查看验收单、供应商信息、维护作业手册，并以流程控制的形式进行维修申请、派工、维修、完工验收、反馈与统计以及更新建筑设备运维管理系统数据库等过程化管理。设备维护与保养如图3-21所示。

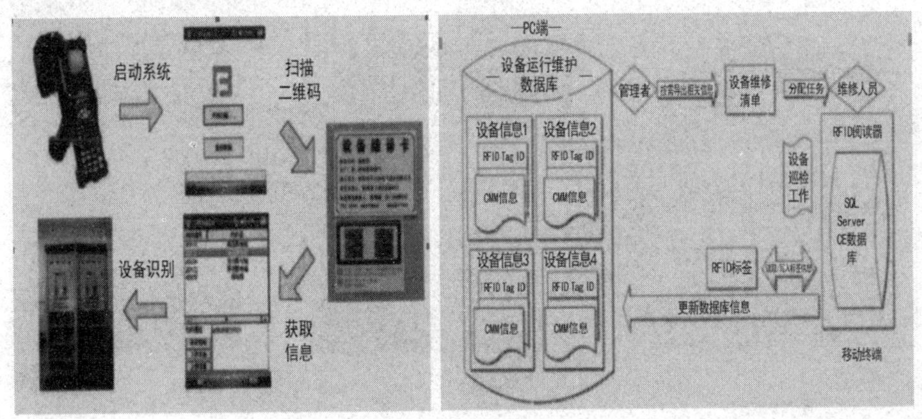

图 3-21　设备维护与保养

4.设备运行监控与设备数显功能

通过与监控摄像头进行集成，在模型上查看监控摄像头实时捕捉的画面和视频等，同时实时获取设备运行参数，反映在BIM模型展示界面上。并且还可在移动端检索信息数据，上报处理问题，故障拍照，二维码设备确认、定位保修等进行移动和现场办公。

3.4.3 安全管理

该运维管理信息系统提供与视频监控设备、消防报警设备等设备的开放式接口，从而能实时地采集、查看和监控运维管理信息系统中相关信息，在设备报警后可以做到及时处理等。

1.应急管理的虚拟现实应用

通过GIS及其他专业软件对BIM运营维护模型进行处理，可以实现各类灾害分析仿真及灾害情况下人员的疏散等虚拟现实技术应用，模拟灾害应急处置措施以及时提供合理的应急处置预案。警报响起的时候，不仅安防监控的屏幕可以调用相应的视频监控，还可以把仿真模拟出的最优疏散路线推送到疏散对象的移动端。其具体业务应用系统工程包括：接处警系统及报警管理平台、预案管理系统、三维仿真系统、视频监控系统和指挥调度系统。如图3-22所示。

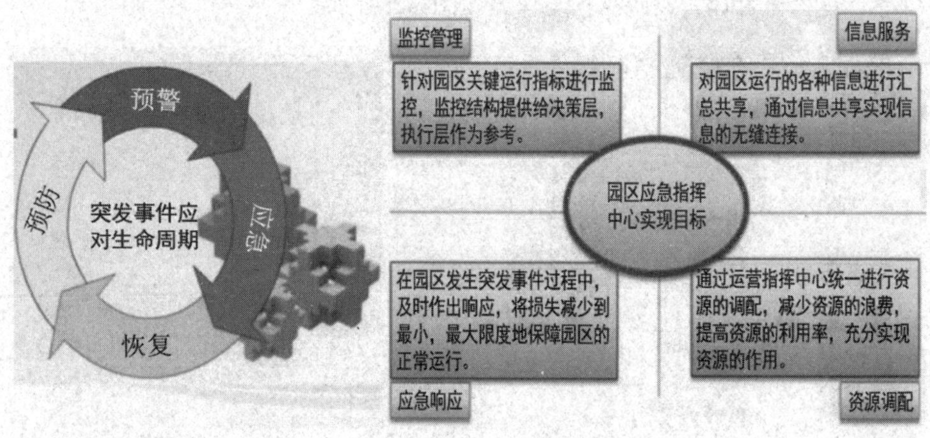

图 3-22　智慧社区应急管理指挥图

2.视频监控管理

通过将社区内的监控探头数据源的传输信号接入该系统，改变了传统监控信息的展示方式，将实时监控信息直观地显示在三维场景上，如具体位置、时间等。这使管理人员在三维系统中就能够总揽全局，观测社区发生的各种状况。基于宽带网的视频远程监控、传输、存储、管理的系统，为社区管理决策者提供直观快速掌握社区状态的管理和安防工具。它结合了GIS地图能力，可以帮助社区管理者快速地掌握社区实时情况和建设进展（宏观）和现场实时状况（微观）。如图3-23所示。

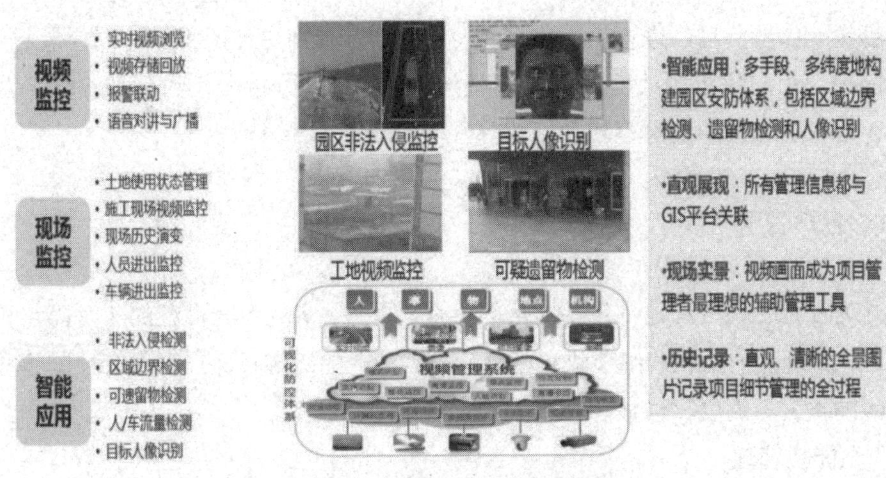

图 3-23　智慧社区监控管理功能

3.4.4 楼宇管理

室内、室外综合展示，用户可以通过自定义视点位置、视线方向、视点高度、俯仰角大小以及漫游速度任意进行室内外漫游浏览。通过外部信息接入，对楼宇内设备实施运行状况、实时数据、属性信息等进行综合展示；通过视频信号的接入，全面监控楼宇内部情况；通过不同的查询方式，如楼层、房间、系统、资源等，对楼宇整体结构、管线系统进行三维展示和属性信息查询。

1.空间管理

将建筑物的空间数据与公司的组织架构、人力资源整合进行管理，随时掌握各个部门和人员的空间使用情况，并查看房间分布情况及相关信息，360度全景图，真实场景还原等。

2.空间分配

通过BIM模型继承设计和施工海量信息，空间自动分配计算，提升空间利用率，减少空间使用费用和优化空间利用。

3.租赁管理

因为本系统与GIS结合，故用户可利用百度地图的站点信息随时定位查找每个租户的空间所在位置以及租户的各类信息，例如租户名称、租约区间、租金情况、建筑面积和物业管理等情况。同时可以根据实际需要、配套设施和座位容量等参考信息，进一步优化空间使用效率，提出更佳的租赁计划。最后，还能根据租户信息的改变对租赁情况自动进行统计分析和租约到期提醒等功能，实现对数据的及时更新和调整。

3.4.5 社区管理

为社区各种资源建立生动逼真的可视化展现，实现社区资源的实时盘点和管理；对社区的全貌和细节进行推介；根据社区的运维目标，实现对社区各种资源的整合、调度、评估和社区大物管统筹提供服务。

1.能耗管理

与物联网技术相结合，通过安装具有传感功能的电、水、煤气表等，实时监控楼宇能源使用状态，有效降低能源浪费和运行成本。基于该系统可及时采集所有的能耗信息，并通过BIM模型实时监控社区的能源消耗情况和进行自动统计分析。同时利用能源使用状态分析软件对收集信息等进行分析，以对异常能源使用情况进行警告或者标识，最终达到协助技术人员拟订能源使用计划和方案的目的。

2.报修管理

在设施检测时及时记录需要维修的设备或部位，同时语音通知相应的部门对需要维修的部位进行维修，自动记录保修时间、维修时间、故障信息无损传递（文字、语音、图片和视频等）。用户可以在线填写报修单，系统会自动提醒维修责任部门启动维修流程，维修责任部门完成维修任务后提交维修结果，审核通过后进行验收和取消。

3.查询统计

通过选中三维模型的子区域，可查看区域基本状态，然后在此区域内，通过进一步点选可细分到每个楼层、每个构件，最终以标识标明或以表格数据输出达到查询的目的，并且在查询过程中还能定位到相关联的所有设备或构件。

统计分析：让用户能从数据库中快捷地获取相关信息，也可以根据输出的图表（设备资产统计表、故障分析处理统计表、备件情况表、设备损毁分析表、维修费用统计表、空间利用情况统计表等）进行数据分析，并得到多种统计图表以便于用户实时进行查看和检查。

4.节能管理

主要实现了能耗动态监控，实时掌握能耗状况。能耗趋势分析，有效追溯用能过程。能耗数据查询，有效利用能耗数据，进一步挖掘能耗数据，多角度辅助决策，帮助社区节能降耗。通过楼宇信息化、智能化技术，结合物联网、云计算技术实现社区整体的节能减排。通过优化整合社区内各设备的资源，实现整个社区的节能减排。

总体智慧社区功能如图3-24所示。

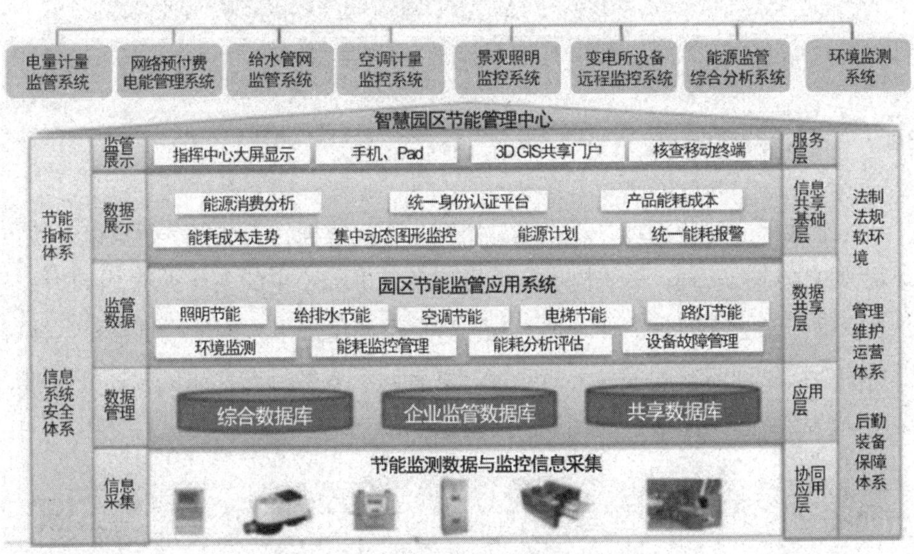

图 3-24 智慧社区节能管理功能

3.4.6 环境管理

基于物联网传感和无线传输技术，对社区内的空气质量、水源质量以及环境噪声进行动态采集和实时监测，便于社区管理者了解社区环境动态，创造舒适的社区生活环境。如图3-25所示。

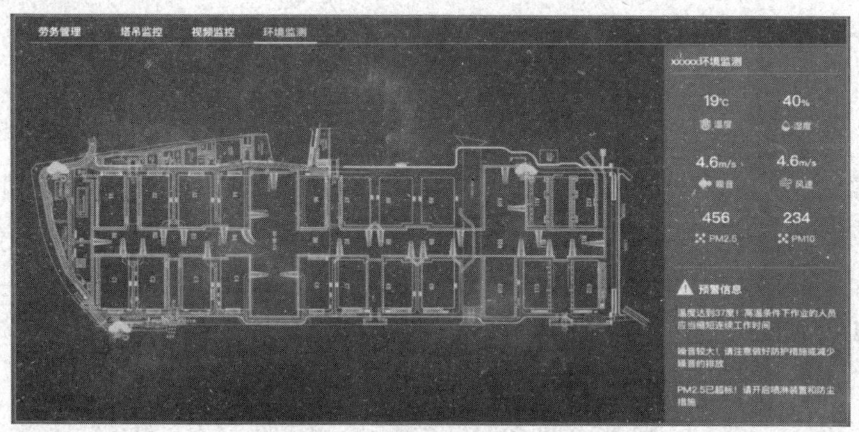

图 3-25　智慧社区环境管理功能

3.4.7 综合管网管理

地上地下一体化管理，三维设施数据、管线数据、三维地表数据以及城市景观数据的综合管理。系统提供根据属性条件进行约束的条件查询、区域内全要素查询、专题查询等多种查询方式，满足不同用户多方面的查询需求。针对用户的不同管理需求的多种分析功能，如针对大多数用户需求的横断面分析、纵断面分析、管线比对。如图3-26～图3-28所示。

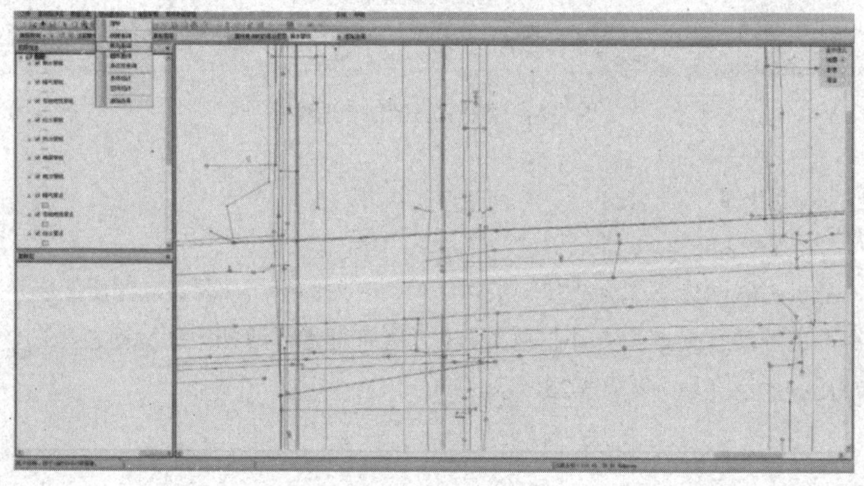

图 3-26　二维管线查询

图 3-27　三维管线查询

图 3-28　任意管线信息查询

3.5 本章小结

智慧社区就是一种新型的社区管理模式，是将数字孪生技术（物联网、云计算、BIM、GIS等）结合智能楼宇IBMS应用于社区管理当中，以改善民生为最终目的，为居民提供更加安全、舒适、便利的智慧化服务的社区。本章主要内容总结如下：

1.数字孪生技术实现多方协作，全过程控制

建筑信息模型（BIM）包括从项目、设计、施工、竣工阶段、改造阶段等的包括各设计方（建筑、结构、水暖电）、监理方、施工方等所有参与方的数据信息，具有强大的信息整合能力。建筑信息模型包含设计阶段的计划进度、预算信息；施工阶段的实际进度、成本费用和质量控制信息；运营阶段的建筑物性能、使用情况及资产管理等信息。通过BIM数据共享平台，我们可以随时随地访问这些信息。通过多专业的协同合作，我们还能尽早地发现问题，避免返工、造成浪费和工期拖延。

BIM技术数据共享平台的建立，使得各专业都可以随时提取和添加信息，实现各专业协同合作，且协作模式也从之前的杂乱无序变得直接高效，如图3-29所示。在运维阶段，社区管理者可以通过BIM模型随时查询建筑物不同阶段工程师对某一事件的处理信息，并且存储、实时更新设备管线的维修信息等。与此同时，我们还可以在BIM模型里加入人员的信息，以加强社区人员信息化管理。

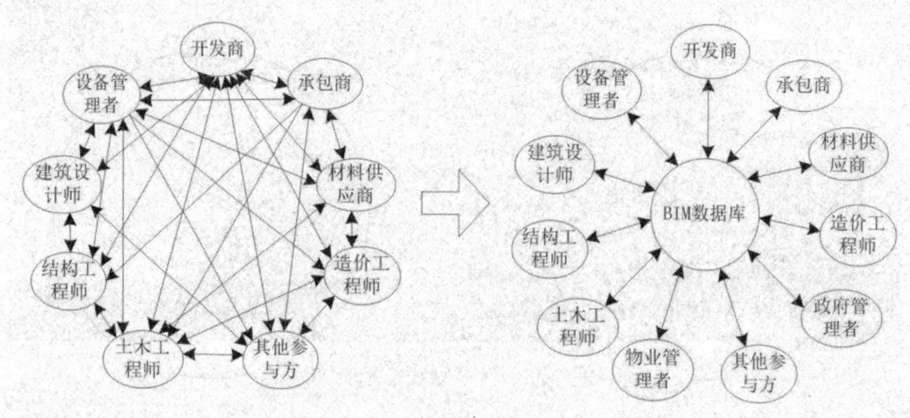

图 3-29　BIM 对各专业协作模式的改变

2.智慧社区的三维可视化管理

数字孪生技术的三维可视化相比之前，各个构件的信息都以线条表达，更加直观。而且BIM的三维模型是依靠构件所包含的信息自动生成的，构件之间具有互动性和反馈性。BIM技术可以将社区建筑信息精确到构件级别，并且可以用三维模型将整个社区环境展示出来，使得数据更为精确地表达了现实状

况，这是BIM软件相对于二维图纸、CAD等软件来说它得天独厚的优势，如图3-30所示。

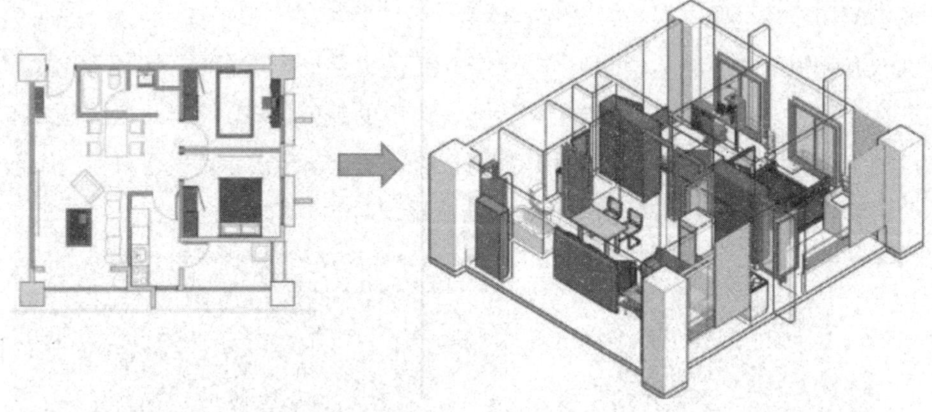

图 3-30　BIM 三维可视化室内布置

3.信息多元化

BIM模型包含了建筑物详细的信息，在创建构件的同时，构件的所有物理信息、化学信息及采购信息等都会同时生成，并可随时提取材料的明细表，如图3-31所示，有结构柱、墙、梁、板等的明细表，包括材料的强度及用量等具体属性。

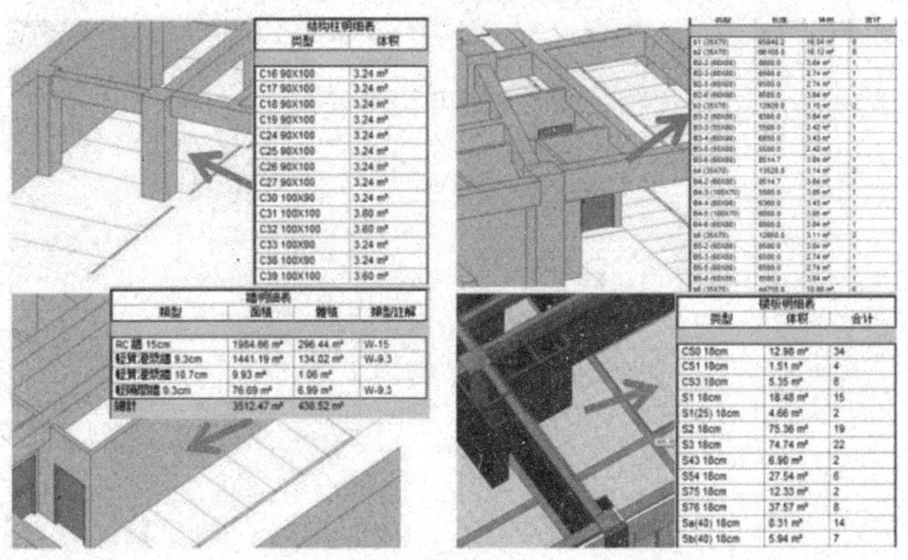

图 3-31　BIM 模型各专业信息集成

4.仿真模拟

数字孪生技术在社区运维管理中可以基于4D（3D+Time）日照分析、声环境模拟、碰撞检验、人员紧急疏散模拟、节能分析等。基于5D（3D+Time+成本）进行施工动态成本模拟。如在装修、管线设备维护更新时，可以利用BIM进行拟安装设备、管线的碰撞检验及施工方案的虚拟预演，这样可以降低施工过程中事故率、变更等等。利用BIM进行居民安全疏散演示，既可以减少疏散演习的人力、财力，又可以减少紧急情况出现时意外情况的发生。

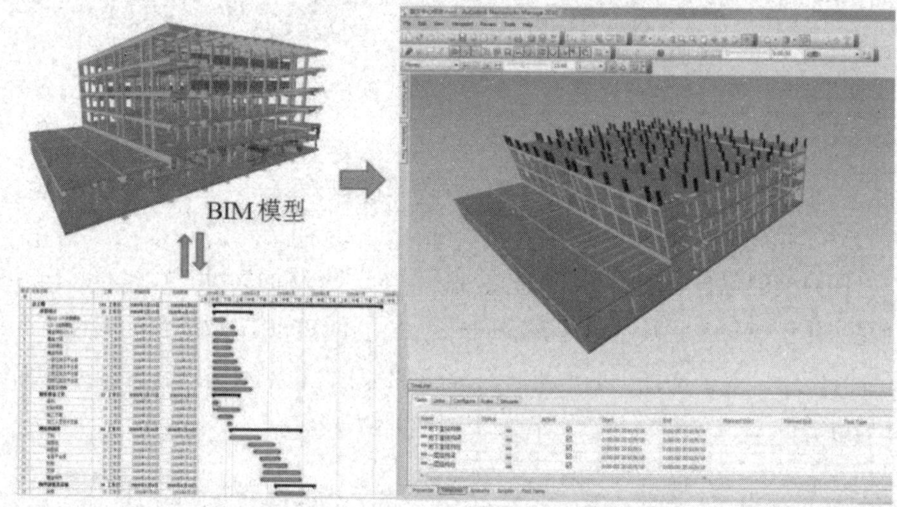

图 3-32　施工进度模拟

第4章　数字孪生在地铁深基坑施工中的协同管理应用研究

地铁建设过程中基坑建设尤其是深基坑的建设尤为重要，在深基坑建设过程中存在很大的可变性和复杂性，因深基坑周边紧邻高楼、有错综复杂的地下管线等多重复杂因素，因此在深基坑建设之初充分利用数字孪生技术实现基坑开挖三维可视化用研究有很大的现实意义。主要根据地质资料和周边环境，使用Revit和3D Max软件完成三维地质和基坑支护的模型创建和整合。利用数字孪生技术实现基坑信息化施工管理系统，将BIM模型导入BIM系统平台中，进行可视化管理，包括进度管理、安全管理、成本管理和监测管理等。

本章根据协同管理平台及其具体实施流程，通过依托具体的工程项目——石家庄地铁嘉华站施工过程验证，包括建筑信息模型（BIM）及相关管理信息系统组成（计划管理、质量管理、成本管理等），各部门是如何通过上述模型及信息系统进行工程信息的共享和沟通，从而提高项目的生产效率并且避免过度浪费，进而更好地实现工程建设的各项目标。

4.1 BIM模型搭建

4.1.1 施工场地及周边

施工场地临建BIM模型，用于反映施工场地布置和临时建筑规划、场地周边交通疏导方案。主要模型结构类型包括场地内外交通及主要结构，能够完整反映场地平面和空间关系以及主要道路的路宽和转角范围。临建效果如图4-1所示。

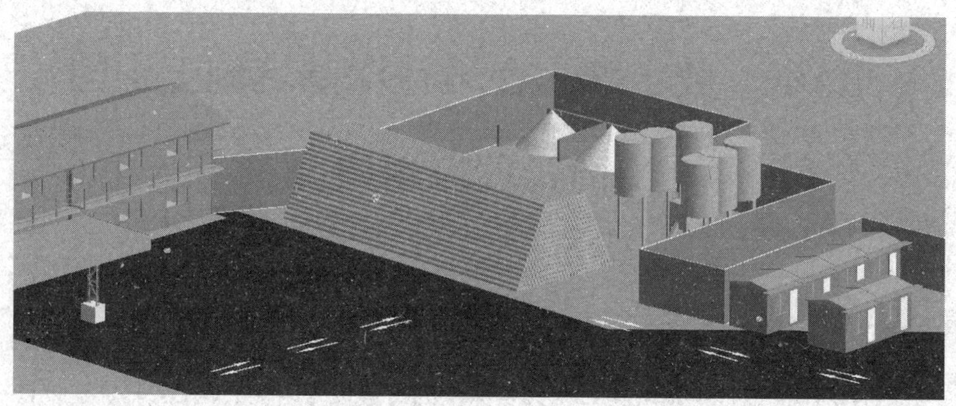

图 4-1　地铁站施工场地模型

4.1.2 主体工程

地铁枢纽BIM模型，主要支撑全线工程施工进展的反映和全景综合信息应用，应包站厅、站台层、附属结构BIM模型。车站模型应按竖向分层划分，并建立附属结构模型。

车站各个区域按施工阶段建立主要模型，后期可以利用不同的结构模型，直观地展示各个区域所处的施工阶段状态。部分阶段如不宜建模可以通过效果优化的贴图或文字信息（如装饰工程、设备安装）来表现。如图4-2、图4-3所示。

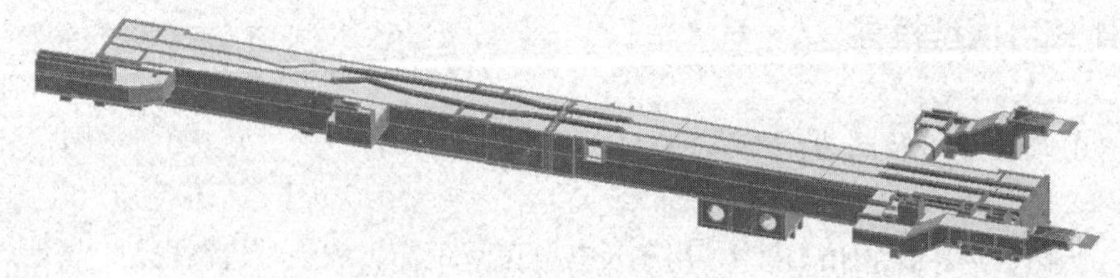

图 4-2　地铁土建模型

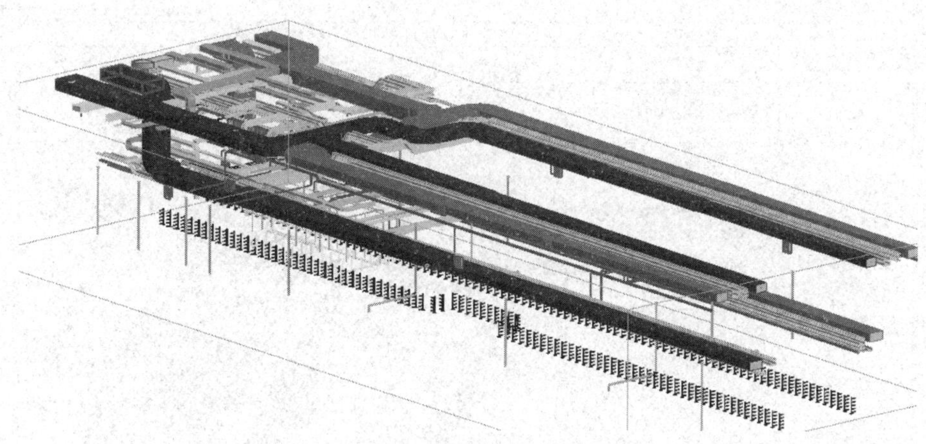

图 4-3　某地铁站机电模型（局部）

4.2 图纸审核

建模过程问题。建模需要将二维图纸转化为三维模型。该过程需要对图纸的细节进行了解，能发现图纸中的很多问题，问题大致分为设计错误、设计未明确、标高冲突、建筑结构冲突等。

漫游过程中发现的问题。模型漫游是在模型建立以后，进人模型内部观察模型的虚拟效果。通对人工观察发现虚拟模型中的问题，进而找到设计图纸的问题。模型漫游一般在土建模型建立以后进行。该技术手段不能发现钢筋和安装过程中的问题。这些问题有三种：

（1）构件的布置不合理，影响使用功能；

（2）设计不合理，与常规习惯冲突；

（3）建模过程中未发现的构件标高和位置错误。

碰撞检查主要是把钢筋、土建、安装模型集成到一体以后，检查不同专业之间的相互冲突，发现的问题主要是土建专业与设备专业之间的冲突，安装中水电专业、暖通专业、消防专业之间的相互冲突。图纸问题报告如图4-4所示。

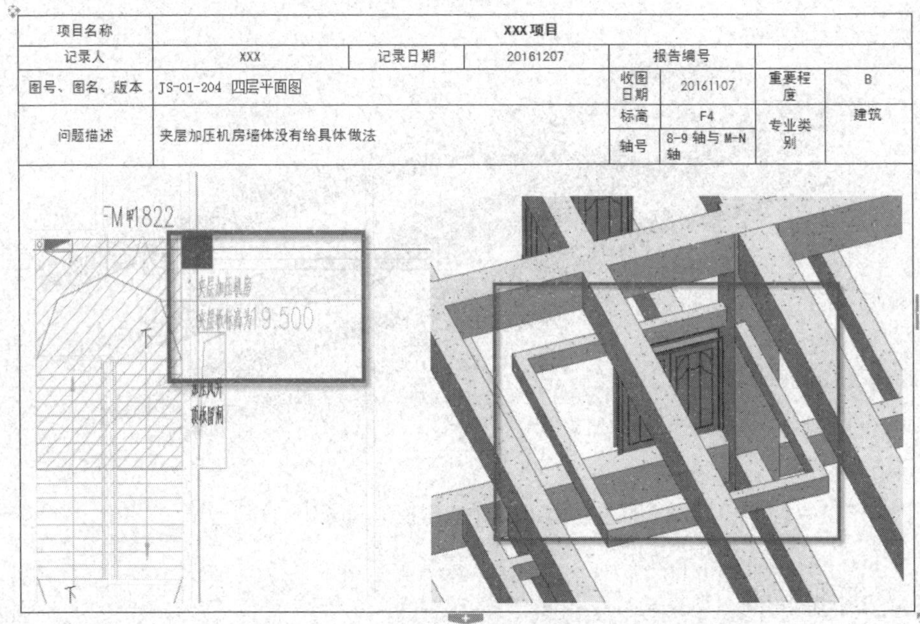

项目名称	XXX项目				
记录人	XXX	记录日期	20161207	报告编号	
图号、图名、版本	JS-01-204 四层平面图	收图日期	20161107	重要程度	B
问题描述	夹层加压机房墙体没有给具体做法	标高	F4	专业类别	建筑
		轴号	8-9 轴与 M-N 轴		

图 4-4　某项目图纸问题报告

这些碰撞主要是水电管线与梁的冲突，暖通管线与梁的冲突，桥架与梁的冲突，水电专业、暖通专业、消防专业之间的相互冲突。

将上述问题进行汇总用于设计变更。

4.3 碰撞分析及碰撞报告出具

建模工作完成后，BIM技术人员将利用BIM模型对项目的关键点进行3D模拟，并通过软件系统自动完成碰撞检查，生成碰撞报告。事前对图纸设计错误进行预警并修正，避免因此而导致的成本增加与工期延误所造成的经济损失。

按照检查层次分为以下两种：

硬碰撞分析：发现两个以上构件占用同一物理空间，比如通风管道和排水管道碰撞在一起。碰撞检查如图4-5所示。

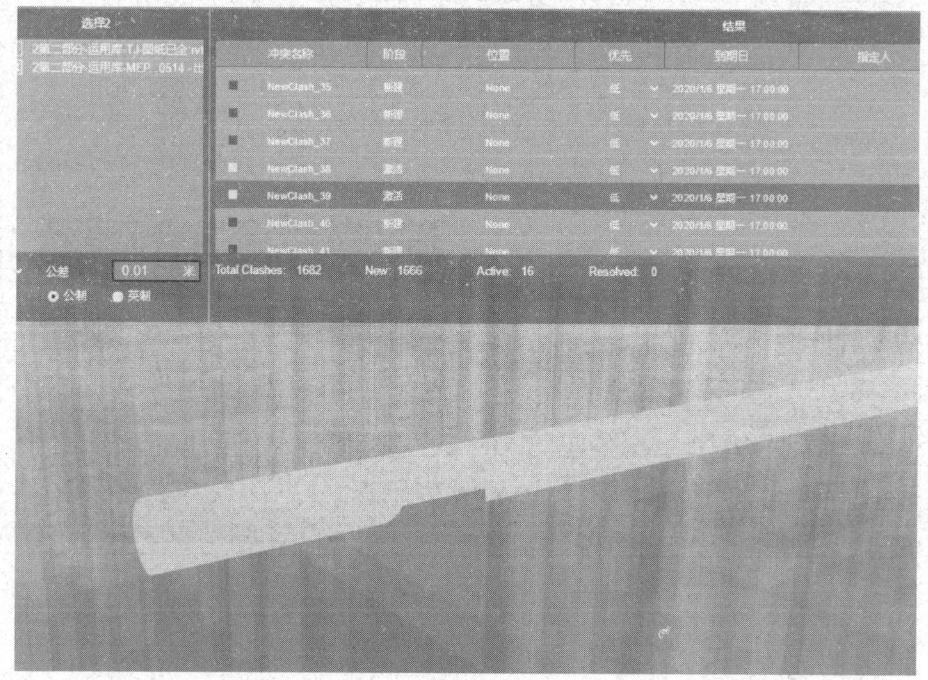

图 4-5　碰撞检查图示

软碰撞分析：检查设计违反净空条件要求的情况、按照检修空间的大小等，比如检修净空要求等。

根据碰撞检查的结果，BIM工程师需继续优化管线或者与相关设计师沟通解决。直到各处管线满足安装施工需求，土建模型没有明显错误。

建模过程也是设计图纸二次校审的过程，在建模过程中，总是会发现一些问题，如局部做法不明、梁高度与门窗或者楼梯冲突等。这些问题是需要与相关专业设计师沟通确认才能解决的，模型完成后，对模型进行详细审查，包括各专业图纸审查，防火分区面积统计以及连续性检查，建筑面积的统计，管道井、风井是否连贯，坡道、楼梯的检查，集水坑及电梯基坑的检查、百叶窗检查以及预留预埋件的检查等。发现的问题整理成报告，在图纸会审时可作为参考。设计变更后，及时修改模型，对变更进行二次审核。某项目问题报告如图4-6所示。

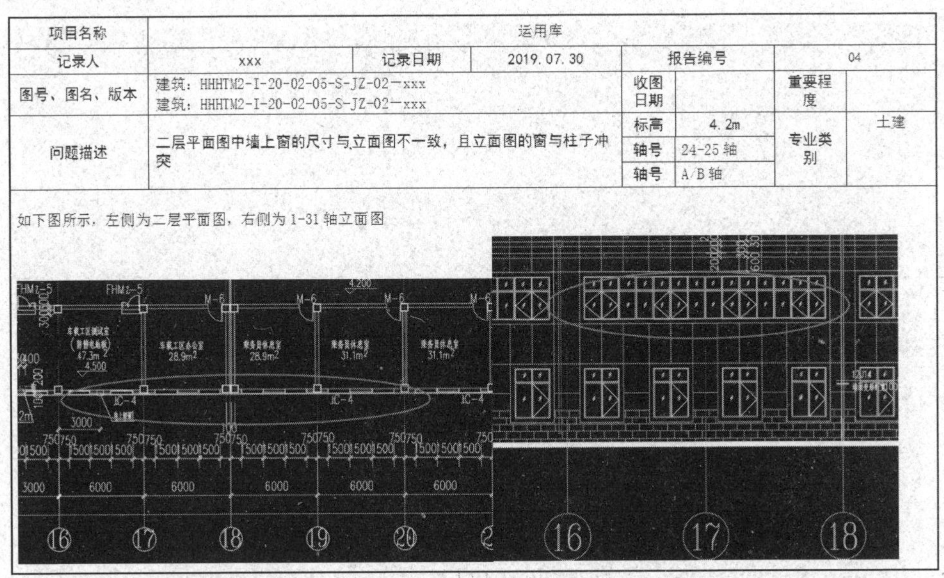

项目名称	运用库				
记录人	xxx	记录日期	2019.07.30	报告编号	04
图号、图名、版本	建筑：HHHTM2-I-20-02-05-S-JZ-02—xxx 建筑：HHHTM2-I-20-02-05-S-JZ-02—xxx	收图日期		重要程度	
问题描述	二层平面图中墙上窗的尺寸与立面图不一致，且立面图的窗与柱子冲突	标高	4.2m	专业类别	土建
		轴号	24-25 轴		
		轴号	A/B 轴		

如下图所示，左侧为二层平面图，右侧为 1-31 轴立面图

图 4-6　某项目问题报告

4.4 管线综合优化

设备管线的综合排布将所有管线全部合成在一个图上，找出复杂的交叉位置，发现各项专业在设计上存在的矛盾，对单项工程原来布置的走向、位置有不合理或与其他工程发生冲突的现象，提出调整位置和相互协调的意见（根据布管原则），会同各部门、各施工单位商讨解决。使各项管线在建筑空间上占有合理的位置，然后再画详细的大样图，出图后再到现场认真核对，再进一步修改，最终完成管线综合图。

机电安装专业的管线综合排布一直是困扰施工企业深化设计部门的一个难题。传统的二维CAD工具，仍然停留在平面翻图的层面，深化设计人员的工作负担大、精度低，且效率低下。本工程利用BIM技术可以大幅提升深化设计的准确性，并且可以三维直观反映深化设计的美观程度，实现3D漫游与可视化设计，大大提高施工人员对图纸理解的准确度及工作效率。

BIM技术人员和设计单位要勤于沟通，根据模型的不断更新进行管线综合优化工作，直至管线综合优化成果可满足建筑要求，设计团队再根据满足建筑要求的管线综合成果调整设计图。

业主方总体组织会签综合管线图纸后，设计团队各专业按照管线综合优化成果调整各专业设计施工图，并在审核完成后，发给甲方，用于指导现场施工。

施工人员可以利用碰撞优化后的三维管线方案，进行工序可视化技术及安全交底、施工模拟，提高施工质量，同时也提高了与业主沟通的能力。在例行会议中通过BIM模型上的提醒对施工质量问题讨论，并且进行现场照片与模型的对比查看，讨论改进意见，然后直接向班组进行施工交底和作业指导，效果更加直观、方便。管线优化前后对比如图4-7所示。

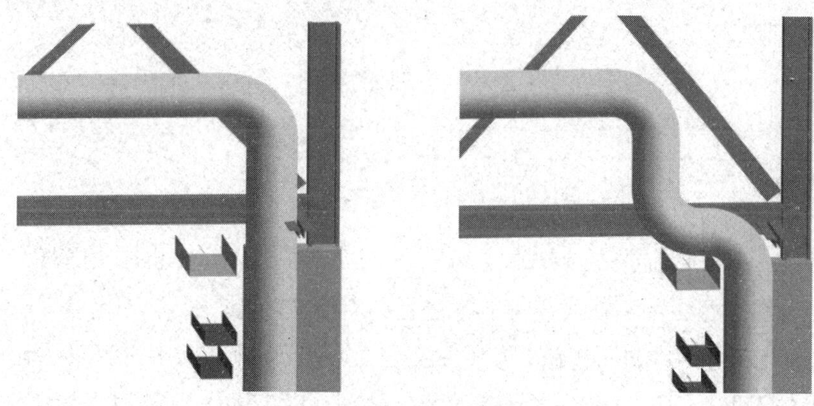

图 4-7　管线优化前后对比

4.5 场地漫游

利用FUZOR对场地进行三维场地漫游（见图4-8），对设计方案进行预演。

图 4-8　三维漫游

4.6 施工方案模拟

利用三维平台提供的虚拟真实场景，结合工点BIM模型、机械设备模型等，构件一个虚拟施工环境，对施工方案进行动态模拟演练。

根据施工方提供的细节施工方案生成施工动画附带施工文字说明，对施工现场作业人员进行交底。模拟塔吊安装工序、塔吊作业范围，及模拟塔吊不同高度的安全作业范围。通过BIM模拟施工方案（见图4-9）并对施工过程进行优化。

图 4-9　施工方案模拟

4.7 精装修

4.7.1 天花板、地砖综合模拟排砖

依据精装图纸进行重要空间墙砖、地砖、天花的对缝调整优化工作，从而提高装修的质量和降低成本，指导装修施工（见图4-10）。

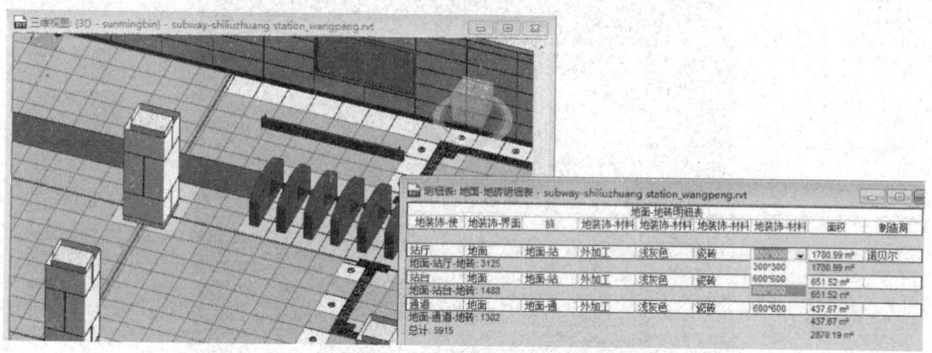

图 4-10　模型中核对地砖对缝

4.7.2 装饰工程可视化交底

配合渲染与漫游，可以直观地展示出装修后的效果（见图4-11）。

图 4-11　车站换乘通道装修效果图

4.7.3 装修工程量统计

根据装修进度分区、分专业、分阶段进行BIM模型量统计工作，为工期进度计划、采购计划提供参考依据（见图4-12）。

类型	结构材质	[illegible]	[illegible]	长度	合计
30*30*3镀锌角钢					
标高 5					
840 mm					
30*30*3镀锌角钢	金属-钢	标高 5	840 mm	186.31 m	374
845 mm					
30*30*3镀锌角钢	金属-钢	标高 5	845 mm	13.47 m	27
1453 mm					
30*30*3镀锌角钢	金属-钢	标高 5	1453 mm	90.00 m	100
1458 mm					
30*30*3镀锌角钢	金属-钢	标高 5	1458 mm	9.41 m	18
2055 mm					
30*30*3镀锌角钢	金属-钢	标高 5	2055 mm	50.00 m	100
L50*50*5镀锌角钢					
标高 5					
125 mm					
L50*50*5镀锌角	金属-钢	标高 5	125 mm	13.50 m	130
730 mm					
L50*50*5镀锌角	金属-钢	标高 5	730 mm	7.60 m	76
840 mm					
L50*50*5镀锌角	金属-钢	标高 5	840 mm	129.96 m	171
1340 mm					
L50*50*5镀锌角	金属-钢	标高 5	1340 mm	1.60 m	18
1453 mm					
L50*50*5镀锌角	金属-钢	标高 5	1453 mm	68.18 m	80
1458 mm					
L50*50*5镀锌角	金属-钢	标高 5	1458 mm	1.53 m	2
2055 mm					
L50*50*5镀锌角	金属-钢	标高 5	2055 mm	36.42 m	40
4822 mm					
L50*50*5镀锌角	金属-钢	标高 5	4822 mm	552.48 m	192
总计: 1498				1160.14 m	1498

图 4-12　竖向钢材用量统计

4.7.4 周边管线改迁

通过建立周边建筑、道路、管线与地铁工程主体结构BIM模型，利用BIM技术辅助管线搬迁与道路翻交方案，提前做好保护措施。通过对周边的环境与建筑物的实时展示，使得站台出入口与周边新老管线的关系更加直观，实时调整。管线改迁模型如图4-13所示。

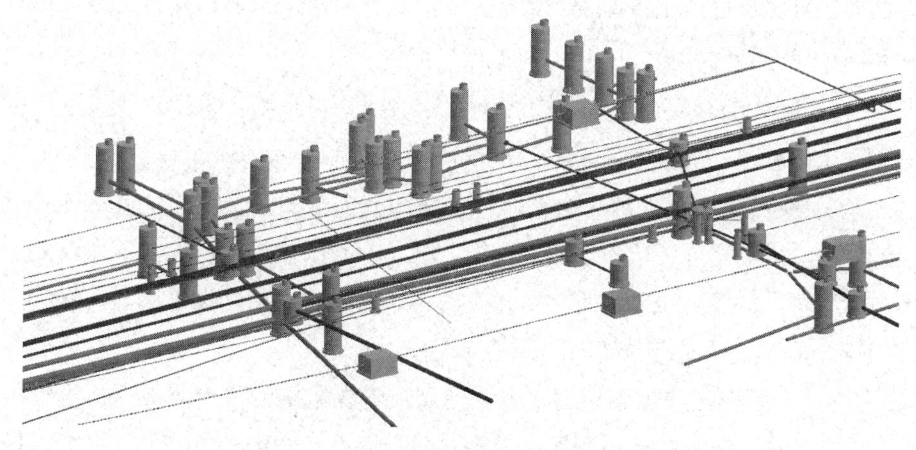

图 4-13　管线改迁模型

4.8 支吊架综合布置深化

通过BIM与综合支吊架在该地铁项目的结合应用，有效地实现了管线科学、系统的布置，提升了多方沟通协调效率，取得了良好的综合效益。

支吊架的安装是基于建筑的机电系统，由于其系统多、设备管线复杂、设计图纸信息不充分，以及支架的安装对建筑物的主体结构依赖性强。后续安装时增加安装难度，浪费安装空间。

利用BIM技术进行有效综合与深化，预先对其安装部位模拟安装，节约管线与支吊架材料，增加建筑净空间，对综合管线进行碰撞检查。另外，利用BIM技术显示成品支吊架及抗震支吊架的斜撑杆，确定锚栓的安装位置，运用点荷载绘图使结构的受力范围可视化，使锚栓之间保持必要的间距，保证锚栓发挥必要的性能，避免对结构造成伤害。

抗震支吊架深化设计布置：

首先，应引入建筑对象，反映建筑空间、结构、构件的位置关系。此外，BIM技术对于安装支吊架的后期材料统计带来的极大便利是传统CAD所不具备的，从材料数量的统计，到每一个支吊架类型的属性。基于BIM的材料管理不仅仅只是一个深化设计→预制加工→物流追踪→现场安装的物流管理流程，而是一个建造全过程的信息管理。

综合管线布排应考虑暖通、给排水、电气各专业安装的空间位置关系以及与装饰专业之间的关系，一般应遵循以下原则：

（1）管线综合协调过程中应根据实际情况综合布置，遵循避让原则：有压管让无压管，小管让大管，施工容易的避让施工难度大的。

（2）支吊架节点图最终出图时，剖面图、平面图所表现的位置、标高应保持一致，需要充分考虑管线周围的梁、柱、墙等构筑物并详细展示在节点图中。标高时，一般有压管标管中，排水管标、风管、桥架都标管底。在管线综合布排过程中，平面图与剖面图调整应同步。

（3）支吊架应考虑到空调水管、空调风管保温层的厚度，考虑与电气桥架、水管外壁、墙柱的最小净距，考虑支吊架垂直槽钢的放置空间。根据现场实际情况确定各管线间的距离。抗震支吊架还应考虑斜撑形式与斜撑放置空间，这也是抗震支吊架设计安装中的难点。

（4）空调冷、热水管布置时应考虑管道坡度，考虑设备、管路的操作空间及检修空间。水管与桥架的空间位置还应考虑平行净距与交叉净距。

（5）对支吊架周围的建筑结构，因为其作为支吊架的生根点，直接决定支吊架是否牢靠，必须有清晰的了解，特别是板厚，再选用适当的锚固方式与锚栓。

具体的实施方式有以下几种：

（1）利用BIM技术对走廊管线进行三维建模，根据三维模型生成剖面图；生成剖面图时，自动附着、捕捉系统中的管道截面及标高。

（2）根据空间要求及不能调节的管线（譬如排水管线），必要时可更改有压管走向（在剖面中上下左右调节位置），风管形状规格（譬如800×750可改为1000×600，这样可节约吊顶空间），强电还需考虑放置电缆空间与检修空间。

（3）更改完剖面图后通过BIM技术对更改后的各专业管线再次进行碰撞检查，检查各管线是否与建筑结构碰撞，各专业间是否碰撞，进行再次协调整合，如此往复多次。最后生成的平面图中管线走向同步作相应的改变。

（4）综合支吊架模型是由各种单个零件族组装而成，属于一种嵌套族。拼装依据采用厂家深化后的综合管线图纸中的剖面图，根据厂家提供的配件清单拼装完成。

（5）综合支吊架模型在定位完成后，利用Revit剖面视图进行碰撞检测。检测支吊架与结构碰撞、支吊架与管线碰撞以及综合支吊架排布是否合理。

（6）在完成碰撞检测并根据碰撞检测调整模型后，进入模型的应用阶段。可根据施工需求，导出各支架剖面图，利用各剖面图指导现场施工。

图 4-14　支吊架综合布置

4.9 可视化技术交底

实现施工工艺过程的可视化，施工人员易读、易理解，直观指导施工过程。发现施工过程的盲点与问题，提前提出解决方案。验证重难点施工工艺的可行性，为施工方案优化提供依据。统计施工材料、施工设备的使用情况，为备料、设备调配提供依据。针对人员作业、物料吊装进行详细仿真，用于指导现场施工。

利用BIM三维可视化功能，在方案实施前采用动态三维模式进行技术交底，使交底更直观、生动、形象，确保参与施工人员均能快速、明确、清晰地理解相关工艺工法。

通过对施工过程的模拟仿真，使作业人员明白施工作业要点，优化施工工序，预防安全风险。针对比较复杂的工程构件或难以二维表达的施工部位，建立BIM模型，将模型图片加入技术交底书面资料中，便于施工班组的理解。同时利用技术交底协调会，将重要工序、质量检查重要部位在电脑上进行模型交底和动画模拟，直观地讨论和确定质量保证的相关措施，实现交底内容的无缝传递。例如：钢筋工程、模板工程、支护工程、围护桩基施工、支撑架设工程、盾构掘进等进行可视化技术交底。

所有可视化交底制作成二维码，张贴在项目现场相应位置，作业人员手机扫码即可实时查看，以保证所有作业人员充分了解相应内容。

图 4-15　某项目可视化交底二维码

4.10 施工BIM模型工程量统计应用

以土石方工程、基础、混凝土构件、钢筋、墙体、门窗工程为例。土石方工程算量利用BIM模型可以直接进行。对于平整场地的工程量，可以根据模型中建筑物首层面积计算。挖土方量和回填土量按结构基础的体积、所占面积以及所处的层高进行工程算量。

基础算量。BIM自带表单功能可以自动统计出基础的工程量，也可以通过属性窗口获取任意位置的基础工程量。大多类型的基础都可按特定的基础族模板建模，利于工程量的数据统计。

混凝土构件算量。BIM软件能够精确计算混凝土梁、板、柱和墙的工程量且与国内工程计量规范基本一致。对单个混凝土构件，BIM能直接根据表单得出相应工程量，但对混凝土板和墙进行算量时，其预留孔洞所占体积均被扣除。

钢筋算量。BIM结构设计软件提供了用于为混凝土柱、梁、墙、基础和结构楼板中的钢筋建模的工具，可以调入钢筋系统族或创建新的族来选择钢筋类型。计算钢筋质量所需要的长度都是按照考虑钢筋量度差值的精确长度。通过钢筋布置图，进行钢筋算量，不仅能计算出不同类型的钢筋总长度，还能通过设置分区得出不同区域的钢筋工程量。

墙体算量。通过设置，BIM可以精确计算出墙体面积和体积。墙体有多种建模方式。一种是在已知结构构件位置和尺寸的情况下，以墙体实际设计尺寸进行建模，将墙体与结构构件边界线对齐，但这种方式有悖常规建筑设计顺序，并且建模效率很低，出现误差的概率较大。

门窗工程。从BIM模型中可以提取门窗工程量和其他门窗构件的附带信息，包括各种型号的门窗数量、尺寸规格、板框材面积、门窗所在墙体的厚度、楼层位置以及其他造价管理和估价所需信息（如供应商等）。此外还可以自动统计出门窗五金配件的数量等详细信息。

建设方应鼓励和要求设计单位采用BIM技术进行设计，并交付BIM设计成果模型和基于BIM技术的工程量单，实现项目成本控制的快速、高效，同时也可以培养设计师成本意识，更好地在设计阶段为项目总体成本控制贡献力量。某项目明细表如图4-16所示。

<门明细表>

A	B	C	D	E
族	标高	高度	宽度	底高度
防火门A-单扇1	建筑B1-3.000	2100	1100	0
防火门A-单扇1	建筑B1-3.000	2100	1100	0
防火门A-单扇1	建筑B1-3.000	2100	1100	0
防火门A-单扇1	建筑B1-3.000	2100	1100	0
防火门A-单扇1	建筑B1-3.000	2100	1100	0
防火门A-单扇1	建筑B1-3.000	2100	1100	0
防火门A-单扇1	建筑B1-3.000	2100	1100	0
防火门A-单扇1	建筑B1-3.000	2100	1100	0
防火门A-单扇1	建筑B1-3.000	2100	1100	0
防火门A-单扇1	建筑B1-3.000	2100	1100	0
防火门A-单扇1	建筑B1-3.000	2100	1100	0

图 4-16　某项目门明细表

4.11 基于数字孪生技术的地铁深基坑协同管理基本架构与平台设计

4.11.1 BIM平台原理

由于现代信息技术的发展，本研究协同平台指建立在云服务器上的BIM平台。基于云端的BIM平台的工作原理：将这个施工项目所需要的各种资源及软件等都存储到云端的服务器上。接着使用各种本地端的设备，包含电脑、智能手机与iPad等，将信息数据以指令形式输入。例如，在电脑上通过使用鼠标或者键盘把信息以各种指令的形式通过网络传到处于云端的服务器上，再由服务器对相关指令进行计算，把处理好的数据又以指令形式重新通过网络传回本地端显示。数据最终的形式三维模型和文件也都存于云端，可以由具有相应权限的参与方登录云端查阅。这个平台为各个客户端提供了建模的软件、计算能力和存储能力，从而提高协同能力。

流程如图4-17所示。

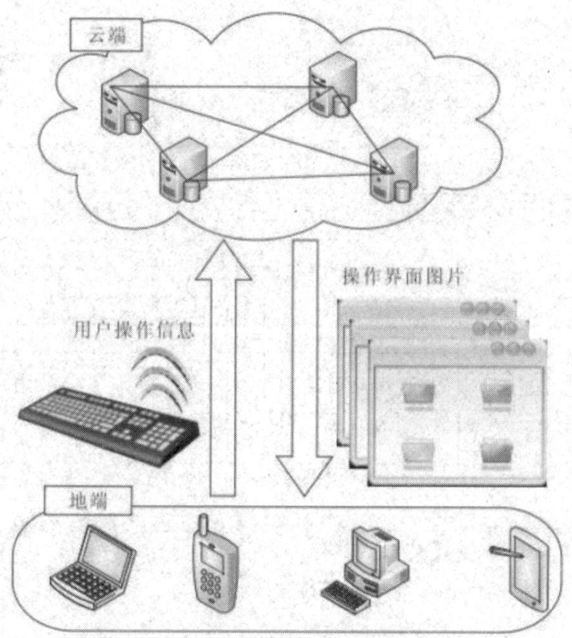

图 4-17　BIM 云平台工作原理

4.11.2 平台基本架构

嘉华站项目BIM云平台的基本架构：存储层、基础管理层、应用接口层、应用服务层和访问层，如图4-18所示。

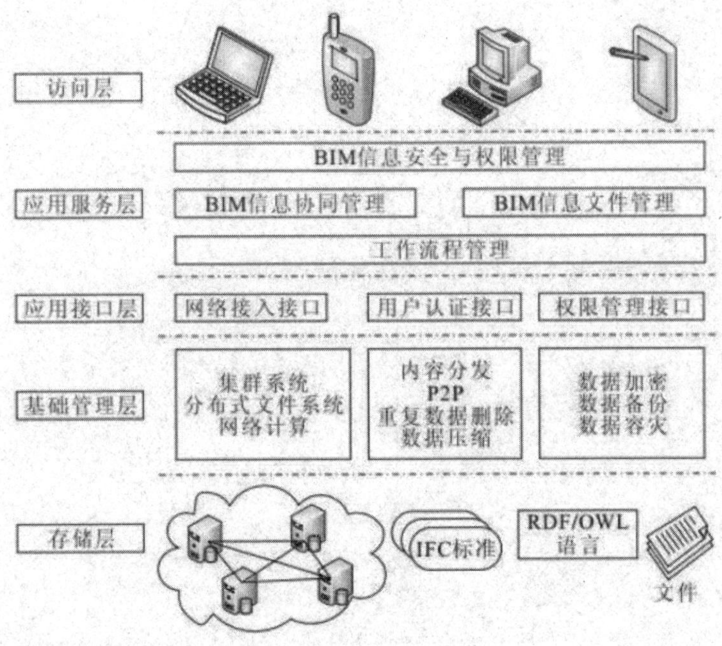

图 4-18　BIM 云平台框架

4.11.3 协同管理平台基本工作方式

4.11.3.1 合模

用专门的建模工具如常用的Revit、Civil 3D等软件依照一定的建模标准，准确高效地建立围护结构、建筑、结构、既有铁路路基、轨道等专业模型。再同主体结构模型进行合模，如图4-19所示，合模后再有效地修正模型，以待日后的协同。

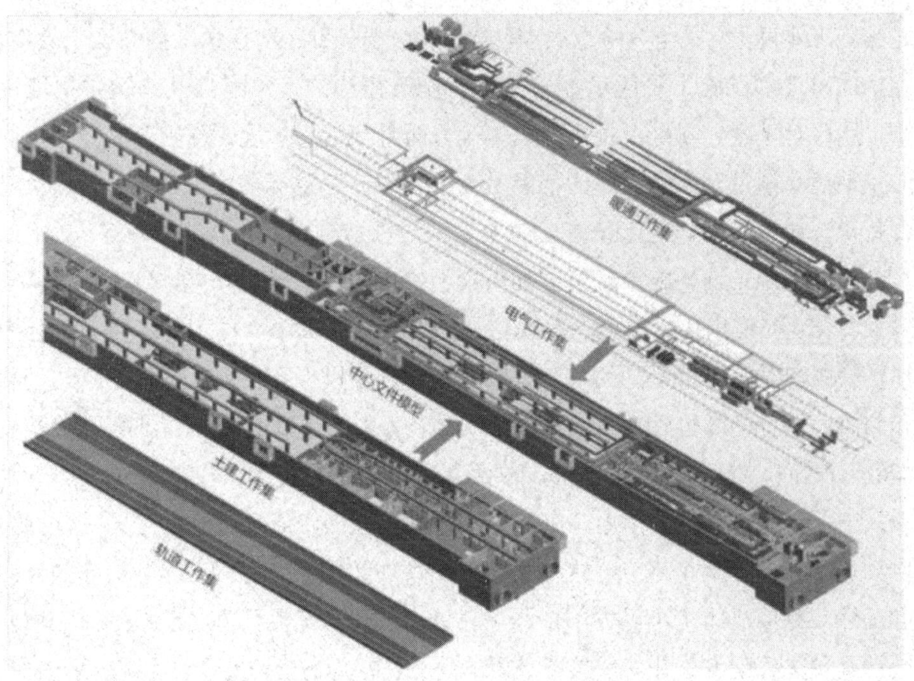

图 4-19　合模

4.11.3.2 协同管理平台规划

在协同管理平台中建立各个专项模块，如项目漫游、施工模拟、进度管理、质量管理及安全管理、成本管理、施工监测等模块，方便项目部各部门能更直观地理解设计目的，也方便进行协同完成各项工作。

4.12 嘉华站施工协同管理平台研究

4.12.1 基于BIM技术的施工协同管理平台需求

嘉华站是石家庄地铁2号线站体规模最大的车站，嘉华地铁站施工的地区位于市中心建筑物密集且交通情况异常复杂的地段，具有施工场地狭小、施工图纸设计精细化不足、设计变更频繁、安全质量要求高、管理协调难度大等特点。同时，车站邻近建（构）筑物、管线保护和沉降监测任务重，邻近既有线施工难度大、风险高，存在许多不可以预见的因素。可见，嘉华地铁站施工不光是施工难度大，安全风险也很高，非常有必要借助BIM技术来提高施工效率。利用BIM技术在施工阶段可以轻松地将施工需要的信息直接从模型中提取出来，然后对进度、安全、质量与成本等方面进行信息扩展，逐步建立施工阶段的车站信息模型。这些扩展的信息是为了完成施工目标而增加的，它包括了进度管理、质量管理、施工信息、安全管理、资金与成本和监测管理等。

一般在施工前，施工人员会利用模型提供的施工模拟功能，预先虚拟施工一次，表现在使用BIM模型的可视化功能对预料施工中会出现的各专业进行模拟，检测和对比多种不同的施工方案，通过这种模拟和优化，进行不断的调整和修改，从而最终达到减少返工的情况。施工中为提高效率，更会把3D建筑模型和4D时间、5D成本结合起来，进行直观的5D施工管理。在整个5D施工管理系统中，设计、成本、计划三个部分是相互关联的，任意一个部分的变化都会自动反映在另外两个部分。这将大大缩短评估和预算的时间，显著提高预算的准确性，更重要的是可以大大增强项目施工的可预见性。施工阶段运用BIM协同达到预先管理的作用，减少不必要的返工，提高施工的安全性，减少了浪费，提高施工的质量和精度，成为有效施工。

4.12.2 平台模块组成

为了实现施工阶段的基于云的BIM施工协同管理平台，本书在该平台上设置如下七个功能模块：项目漫游模块、施工模拟模块、进度管理模块、质量管理模块、安全管理模块、成本管理模块及施工监测管理模块。具体框架如图4-20所示。

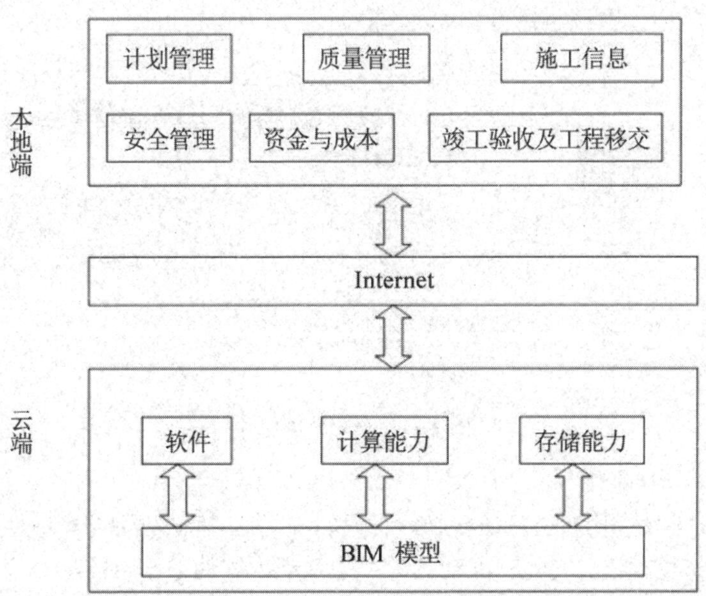

图 4-20　BIM 施工管理平台框架

4.12.2.1 项目漫游模块介绍

项目漫游模块通过可视化界面使操作人员能够观察、操纵、研究、浏览、探索、过滤、发现、理解大规模数据，并与之方便交互、自由浏览，从而极其有效地发现、核准、校验内部的信息特征和规律，为项目建设提供技术支撑，实现“所见即所得”。

BIM模型解决了建筑项目全生命周期中多工种、多阶段的信息共享问题，但它也有缺点，即空间和时间感比较弱，相关人员不能直观全面地认识和理解建筑师的设计意图，仅通过三维图像和动画很可能会导致“所见非所得”。“VR”的中文为“虚拟现实”，是一种依靠计算机技术，通过在虚拟背景或环境下创造可交互的三维动态效果，让参与者在虚拟现实中体验并实时互动的技术。参与者通过佩戴VR硬件设备，即可探索虚拟建筑模型的内部和外部空间。

结合“BIM+VR”，将两种技术优势互补、相互融合，通过构建三维虚拟展示，为使用者提供交互交融的设计过程，其沉浸式的体验加强了可视化和具象性，提升了BIM应用效果。在地铁施工中，应用BIM+VR技术实现实时漫游观察，再通过沉浸式体验发现问题，及时在三维模型中修改，降低错误概率，提高工作效率。系统整体设计如图4-21所示。

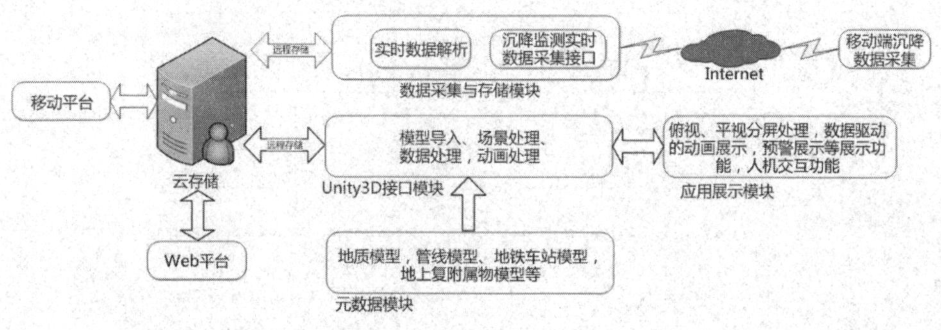

图 4-21　系统整体设计

1.Unity 3D简介

Unity 3D是由Unity Technologies开发的一个让玩家轻松创建诸如三维视频游戏、建筑可视化、实时三维动画等类型互动内容的多平台的综合型游戏开发工具，同时也是一款综合性VR开发平台，是一个全面整合的专业引擎。其编辑器可发布游戏至Windows、Mac、Wii、iPhone、WebGL、Windows Phone8和Android平台。

Unity 3D能够实现与BIM的高效对接，开发者能够通过编写C#脚本来实现不同的VR交互体验。以Unity 3D为平台的虚拟仿真已经在装饰、测绘、矿山、船舶等方面进行了相关的开发与应用，并取得了不错的效果。

2.BIM+ Unity 3D可行性分析

BIM是一个技术层面的概念，支持该技术的BIM软件Revit同Unity 3D一样属于专业工具。BIM模型是以3D模型附带工程信息的形式封装在某种固定格式文件中而保存下来。Unity 3D凭借其强大的文件兼容性可以读取BIM文件中的信息，并为己所用，同时还可以额外定制其他个性化功能，因此BIM技术结合Unity 3D的思路是可行的，可胜任嘉华站漫游任务。另一方面，以目前BIM技术的发展水平，数据信息在BIM平台之间的数据传递效果并不是很好，不同阵营软件之间的数据传递常会出现丢失，即使是同阵营的软件也常会发生这种情况，而Unity 3D有很好的编译能力，丢失的信息可以在Unity 3D上重新添加回来。

3.总体设计思路

相比传统单纯依托BIM模型实现项目漫游技术方法，本研究提出一种新的技术实现思路：将前述地质模型及车站模型、既有铁路模型进行数据转换，导入Unity 3D引擎中，基于Unity 3D以C#为开发语言进行开发实现三维联动、手动自动两种形式的漫游、施工模拟，在传统漫游模式的基础上还增加了人机互动功能，在改进漫游体验效果的同时，还能通过互动功能实现人机交互。

4.漫游模块组成

嘉华站漫游模块包括场景元数据模块、Unity 3D接口模块、应用展示模块、数据分析与展示模块，从而满足时间、空间的全方位实时监控和展示，为施工提供实时的信息支撑。

（1）场景元数据模块，主要通过Revit、Civil 3D等建模软件构建地质、车站、地面的附属建筑等模型，实现对嘉华站的全方位360度空间可视化展示。

（2）Unity 3D接口模块，主要指业务流程的运行逻辑，包括实现对场景的放大、缩小、移动、场景分屏。

（3）应用展示模块，主要是对实时数据和三维场景的可视化展示，包括实现对地铁基坑及结构的平视、俯视等三维形象实时展示，以及各种危险源、标注信息的预警展示等。

5.嘉华站漫游模块总体展示

该项目BIM+VR平台的整体效果如图4-22所示，该平台中包括模拟施工展示，以及手动和自动两种形式的漫游以及车站内部的漫游展示，同时包括安全风险源部分。

图 4-22　BIM 平台整体效果

6.超长基坑施工场地布置及场地漫游（VR发布）

超长深基坑建设效果及开挖情况通过BIM+VR的形式进行展示，旨在通过BIM的形式精细化、三维化展示项目的建设情况，图4-23为深基坑的建设情况。

图 4-23　深基坑建设效果

该虚拟施工漫游旨在让用户直观项目周边的环境以及项目本身的研究与应用，通过漫游的形式展示深基坑的施工作业情况，以及施工场地的布局和周边的布局。其一，通过设置漫游路线的形式实现自动漫游，漫游过程中实现对项目的整体浏览的效果；其二，通过手动的形式实现随意漫游，通过键盘上“W、A、S、D”键以及空格和Shift键实现漫游控制。效果如图4-24和图4-25所示。

图 4-24　自动漫游

图 4-25　手动漫游

7.车站内漫游（VR发布）

车站内漫游旨在通过车站漫游的形式对车站的BIM建模进行检查以及通过VR漫游的形式体验车站内部结构。车站内部漫游如图4-26和图4-27所示。

图 4-26 车　车站内漫游效果图 1

图 4-27　车站内漫游效果图 2

4.12.2.2 项目施工模拟模块介绍

本模块基于BIM的施工模拟就是利用BIM技术构建详细的模型，根据施工工艺进行展示，建立周围场景，建筑结构构件和机械设备等三维模型，对施工阶段进行优化、提前评估，取得低费用、短工期、低耗材、高利用率以及最优的项目施工方案。

以往基于BIM模型进行施工模拟主要是运用Navisworks软件单纯赋予模型时间属性进行施工模拟，其只能针对模型结构体来进行，而无法考虑模型所在的空间影响。本研究在该模块创新性地提出采用Unity 3D引擎提取BIM模型中的物理参数，并结合现场实际施工情况来实现更加个性化的基坑开挖与围护结构施工及施工组织对既有线运营安全的影响，尤其是吊装施工时对既有线安全运营的影响的施工模拟过程。

1.BIM+Unity 3D施工模拟的优势

Unity 3D调用BIM模型信息进行的施工模拟，相比于BIM软件程式化生产的施工模拟具有更高的个性化定制特征，这是基于Revit软件使用应用程序编程接口（Application Programming Interface，API）进行二次开发所不能比拟的。在Unity 3D中可以按施工单位的需求定制各自所需的功能模块，而且施工模拟的成果能跨平台一键发布，可有效满足个人计算机及移动端服务对象的需求。

2.施工模拟模块实现

在施工模拟互动设计中，第一步需由Unity 3D读取BIM模型中的数据，并在Unity 3D中以可视化的方式展现出来。第二步是模型优化，通过减少模型的总面数和总角点数来加快程序的运行速度。通过Polygon Cruncher减面工具来减少构件的面数与角点数。第三步构件添加脚本信息，将经过面数优化的FBX文件导入Unity 3D，在Unity 3D中为不同的构件编辑相应的脚本，使得构件按施工的实际过程运动起来。

（1）基坑开挖模拟

基于BIM模型，应用Unity 3D技术实现基坑模拟，如图4-28所示。

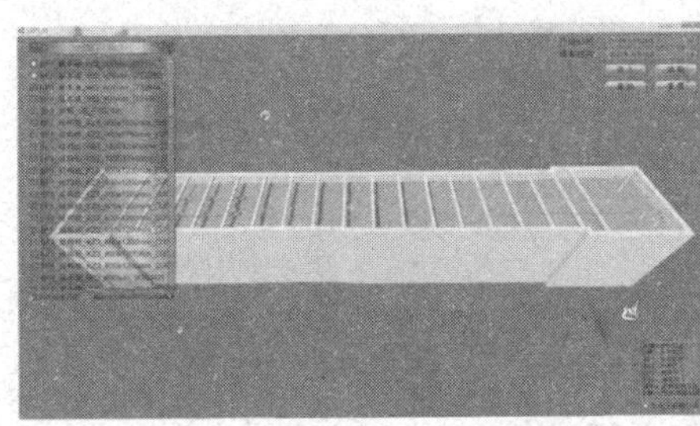
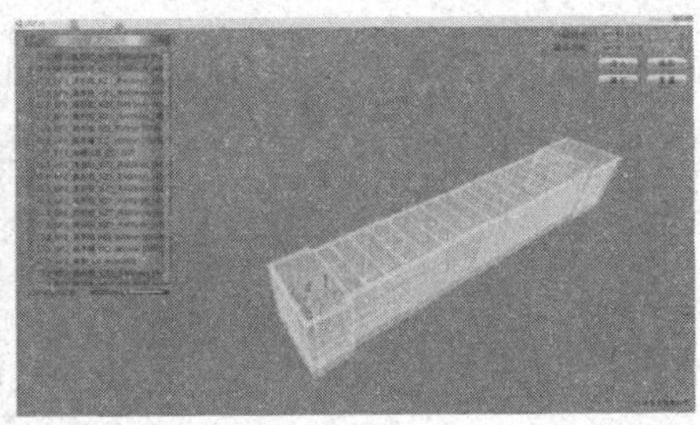

图 4-28　基坑开挖模拟

（2）吊装车辆施工对既有线的安全运营影响模拟分析

嘉华站施工面临临近既有线施工状况，安全压力巨大，利用BIM技术的仿真模拟原理，结合施工现场的安全控制，对吊车吊装施工状况和吊车吊装位置、吊臂长度进行了吊车倾覆、碰撞等安全事故动态模拟，得到了安全吊装位置及吊臂倾角、吊臂长度，保证了当前吊车吊装过程作业安全及既有线的安全运营。

（3）吊装过程模拟

图 4-29　吊装过程模拟

（4）吊装过程吊车倾覆模拟

图 4-30　吊车倾覆模拟

在Unity 3D软件中仿真过程采用的模型跟现场是一比一的真实比例，所以通过将作业车辆沿行车路线进行行走模拟；通过观察作业车辆的行走模拟情况及与周边结构的干涉情况，对行车路线、三维主体结构模型及待吊装设备模型的部署进行合理性调整；可以提供吊车作业点推荐位置，吊装姿态及安全吊装方法、吊臂长度和起吊高度，每次作业的运输路径和起吊高度在软件环境下完成预吊装，并在此基础上提出一整套吊装高度的推荐值，利用推荐的安全高度为现场施工人员提供可供查阅的吊装指导文件，减小现场人工临时指挥的不确定性，改善吊装作业安全及既有铁路的运营安全。

研究表明，BIM结合Unity 3D进行施工模拟突破了BIM软件平台的限制，使得研发契合施工单位模拟成为可能。凭借BIM技术良好的数据开放交互性，以其为核心，借用其他行业已经成熟的工具和操作模式可以使BIM发挥更大的潜质，从而进一步加快BIM技术在工程行业内的发展，充分发挥其在工程项目中的实际作用。

4.12.2.3 进度管理模块介绍

通过项目进度计划与嘉华站施工工程结构进行关联（WBS结构与EBS结构编码自动挂接），达到项目进度计划和BIM模型的直接关联，实现施工计划的三维动态模拟，并可实现按施工阶段、时间、施工部位的工程量计算和统计。还能够与进度计划模拟的BIM模型实时比对，随时校核进度偏差，加强项目管控。开放可查看历史版本的计划、数据源的录入、当前计划和历史计划的模拟动画展示、计划手动关联模型功能。

结合BIM模型的项目进度管理，能够支持施工相关计划的建立与管理，基于BIM模型数据按照工程施工工艺规范建立施工组织计划，将各施工单元工程量数据与企业材料、设备等定额库相结合形成工程预算及资金计划，为后期的工程管理及合同与成本管理提供精细化的数据。协同管理平台进度管理模块如图4-31所示。

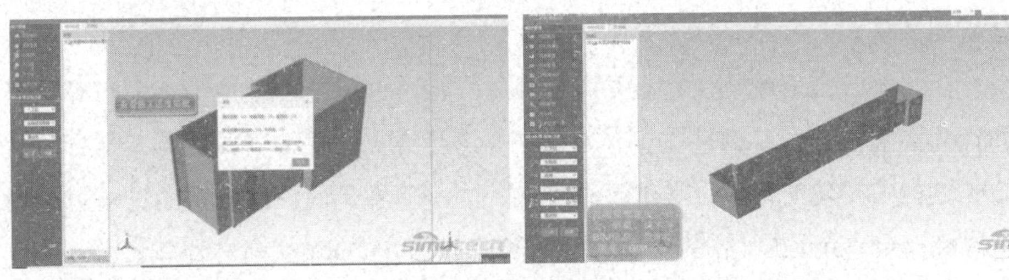

a）进度管理模块

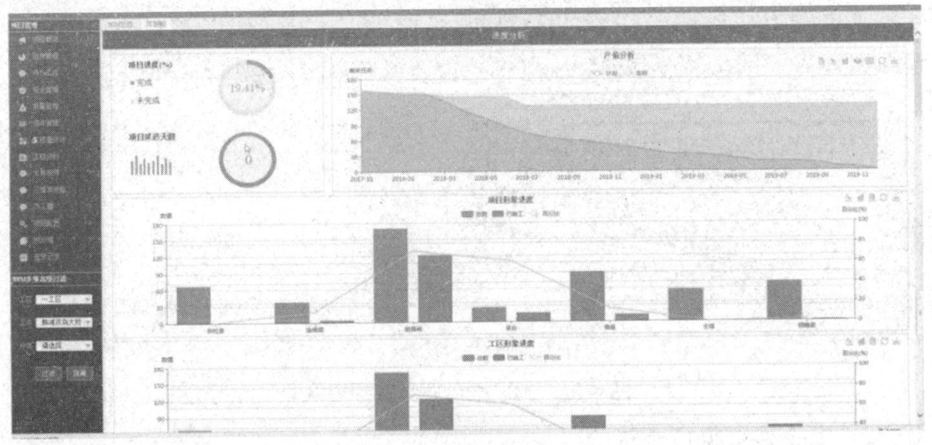

b）信息统计

图 4-31　协同管理平台进度管理模块

依据施工计划和实际施工日志的对比，将项目各专业划分为不同的施工分区，管理人员可以按照施工计划，进行任务完成情况分析，形象展示工区进度，使项目的进度情况和任务完成情况一目了然。

4.12.2.4 质量管理模块介绍

基于BIM技术的质量管理通过将BIM模型结合EBS/WBS编码按照分项工程、分部工程和单位工程进行结构性的划分后，提供一套从原材料、半成品到成品等各个质量控制环节的信息录入、查询、追踪的信息化手段。

质量管理模块主要起到一个质量保证作用，作为一个完整的体系它在施工阶段主要是指施工质量，它是一种以验收为核心流程的管理规范，提供有关工程质量的各种信息。主要通过各种质量文档的分类管理来实现对施工质量和设备安装质量等的控制和管理。模块提供的分析方法有排列图法、因果分析图法等。

在传统的施工现场质量业务流程中，先要通过识别关键控制点来明确验收和执行标准，接着编制具体实施方案，并进行方案交底，再按照方案执行。对施工过程中发现的问题，提出整改方案并跟踪落实，最后将必要的过程记录收集存档。整个过程中，关键控制点的识别对经验的依赖性高，容易遗漏，可行性会有影响，而且方案过于抽象，也不利于项目干系人沟通和交流。跟踪过程记录容易丢失、遗漏。对方案可行性也会有影响。但是在BIM模型中却可以很好地解决上述的传统质量问题。管理平台质量管理模块如图4-32所示。

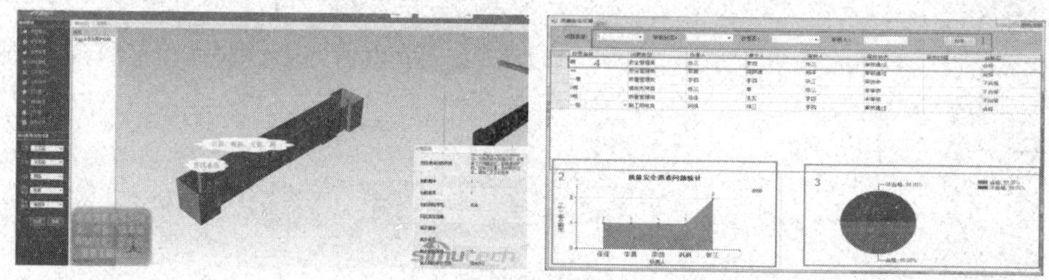

图 4-32　管理平台质量管理模块

4.12.2.5 安全管理模块介绍

地铁建设施工一直都是安全事故多发行业，所以安全问题也是本项目施工管理的第一责任。在建设工程项目中，安全问题始终占据着重要的地位。可是在传统的施工管理中，对安全控制一般都是采取一种事后控制的方法，实践表明这并不是一种好方法，真正避免事故行之有效的方法应该是采取有效的安全预警和监测的策略。

本项目基于BIM模型设立安全信息模块，利用本地端设备将采集到的各种与安全相关的信息数据通过网络输入协同管理平台中的BIM模型中，由模块对这些数据进行计算和分析，实现对施工全过程的安全监控与管理。模型中的施工安全信息模块目前主要有两大作用：

（1）静态管理施工中存在的风险。通过对输入的数据进行计算评估，预测可能会发生的安全事件，先做好安全防范工作，如安全示警、展示培训等。

（2）动态分析和预警未知危险。在施工现场动用最新的传感技术或直接使用人力资源实时监控和评价所有安全事件，并将收集的数据实时输入BIM模型，再由安全信息模块计算与评估，将最新的分析和预警又及时通过信息推送反馈给各项目干系人。

以危险源识别为例。云平台BIM模型首先对于周边管线、支撑体系、脚手架、超长深基坑及既有铁路等存在重大安全问题的危险源因素进行分类甄别，而诸如关于既有铁路的相关施工监测变形之类的则自动识别，当项目干系人利用模块对这些信息进行分析计算后，再制订有针对性的措施方案。在施工进行时，施工人员登录协同管理平台的BIM模型通过安全管理模块使用三维视图快速、精准地识别危险源区域，并利用先前其他干系人指定的措施方案自我安全教育了解注意事项。在以往传统施工情况下，这些危险源是很难被发现或者注意到的，我们需要在这些危险源区域放置防护栏杆。通过BIM模型中的安全管理模块，施工方能够很容易地获取防护装置（见图4-33），并且可以了解其完整并且详尽的信息。

图4-33　安全防护措施

同时，施工过程中将风险源关联到BIM模型上，在有风险问题的情况下提前进行预警，有效减少人为管理疏漏而产生的安全质量问题，实时保留各类安全质量信息历史记录。管理平台案例管理模块如图4-34所示。

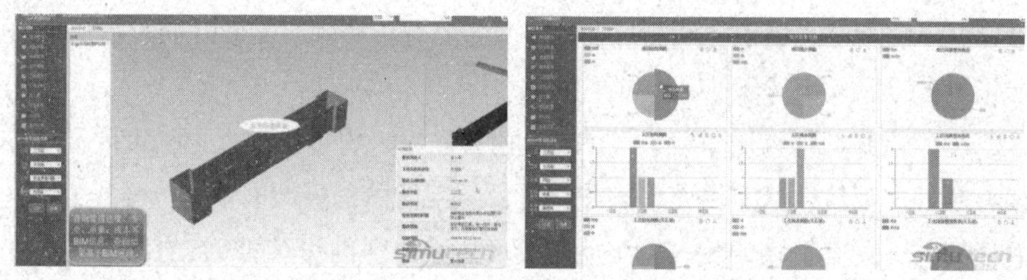

图 4-34　管理平台安全管理模块

项目安全问题管理方面，安全问题直接标记在BIM模型上，直观地反馈整个项目的状况，并可作为后续项目的经验参考，有效提高整个施工企业的安全管理水平。基于安全质量驾驶舱功能，实现在项目、初始风险、残余风险、安全质量问题整改情况等维度的实时统计分析。安全驾驶舱与BIM联动，基于驾驶舱快速在BIM上定位安全质量情况。查询风险源（按风险等级）、安全问题（按整改情况），结果基于BIM呈现。

4.12.2.6 成本管理模块介绍

在协同管理平台中利用EBS/WBS编码与相关项目单价结合，结合BIM模型统计分析的项目成本管理就可以将成本核算工作提前到工程施工进行过程中，贯穿于项目管理活动的全过程和每个方面，从项目中标签约开始到施工准备、现场施工、直至竣工验收，在整个工程建设过程中进行实时动态的成本监控与分析。

单价录入方面，将成本数据关联到BIM模型上，在BIM上智能汇总各个BIM构件的成本情况，且填报简单，提前配置构件单价，填报时只需录入综合数量即可。

成本计算汇总方面，各工点成本月报填报，平台在项目、工区、工点三个大维度统计分析成本情况，如项目收入组成柱图，项目支出组成柱图，项目各工点支出、收入饼图，工点、工区利润曲线图，各工点单价比对图等。成本管理如图4-35所示。

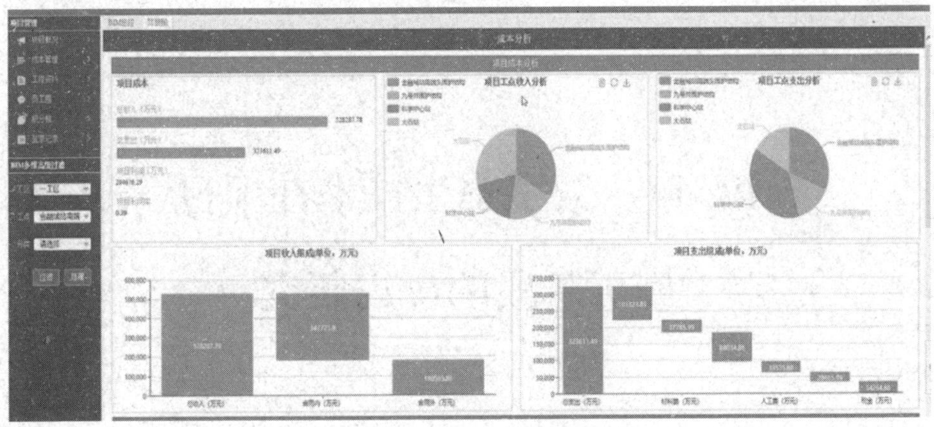

图 4-35　成本管理

项目成本管理包括预算管理、费用控制管理、BIM工程量归集、项目成本预测等。

4.12.2.7 施工监测管理模块介绍

地铁工程相比于其他交通工程，受到复杂的地质条件、城市地下管线、工程周边既有构筑物等因素的影响，导致地铁工程的施工存在许多安全风险。而嘉华站具备上述周边复杂环境的基础上还邻近铁路既有线，安全风险程度更高。而地铁施工监测可在地铁施工期间提供及时可靠的信息，控制地铁工程施工安全以及降低地铁施工对周边环境的影响，并对可能发生的危及环境安全的隐患或事故提供及时、准确的预报，提前采取措施，避免工程事故的发生。地铁施工监测数据是反映地铁工程及周边环境是否安全的重要依据，监测人员需对每日的监测数据进行分析统计，并将相关数据反馈各方。

地铁施工监测工作具有单位、人员众多，职能划分不同、监测项目繁多、数据种类不同、数据量大等特点。为了及时了解基坑建设过程中各项稳定性参数的变化规律，以实现对周边原有构筑物稳定状态的及时维护，部分地区的市内地下工程已逐渐采用自动化监测系统取代传统的手动测量，并且不断地对其进行理论与技术上的分析完善。

鉴于工程现场条件的复杂性，在已有研究的基础上还应进一步研究多点、多测量指标的并行采集与处理，同时应考虑进一步完善采集结果的信息化管理与直观表现。

第5章　数字孪生技术在项目施工阶段的应用研究

5.1 智慧工地BIM平台方案

智慧工地管理平台可实现与BIM三维模型进行融合、统一管理。

1.项目概况展示中心

在智慧工地管理整体平台中，把该项目的智慧工地各个子模块进行展示及显示各个子模块的安装位置、状态等，让决策者及时了解现场情况。同时，为决策层/管理层提供项目的整体管理看板，如：项目概况、安全、质量、进度、项目硬件设备监测数据等。

2.智能硬件监测平台

根据现场情况，基于物联网技术，实现监测视频监控、车辆管理、边界防护等子系统，对接到项目智慧管理平台，达到一体化集成管控，并对数据进行相应的分析，预测数据发展，对超过一定范围的数据进行预报预警，实现超前控制、实时控制，提前告知预警人。

3.现场安全管理

结合智慧管理平台和BIM三维模型，通过现场巡检，把现场问题在平台反馈，同时，借助未销项隐患、本月整改情况、隐患级别/类别分布及最近7天隐患趋势等数据分析，监控工程安全管理状态。

4.工程知识库

通过平台建立公司关键技术规范、文档中心、BIM族库管理、知识信息管理、知识题库管理，保证项目施工资料完整，方便平台使用人员查询相关信息，提高工作效率。

5.2 智能化工地系统

“智慧工地信息云平台”是在互联网、大数据时代下，基于物联网、云计算、移动通信等技术研发的一款建筑施工现代化掌上工地系统（包括手机终端和PC端）。它围绕建筑施工现场“人、机、料、法、环”五大因素，采用先进的高科技信息化处理技术，为建筑管理方提供系统解决问题的应用平台。

智慧工地信息云平台将现场基本数据收集、清洗、保存、展示，并能对数据进行分析预警，将分散的数据平台进行集中，同时将项目管理过程中的亮点做法、工程大事记、科技成果进行汇总展示，也是记录项目周期历程的一个平台。项目平台采用组件式、模块化风格，注重用户交互体验，让用户一键触碰就能进入想了解的数据界面。

平台整体功能包含安质管理，平台通过统一管理的方式对组件进行数据融合。同时，平台支持区域化工地管理的概念，同一平台可实时管理多个工地数据。实现真正的统一化、标准化、精细化管理。

5.2.1 监控大屏模块介绍

通过项目监控大屏可以直观地多维度了解项目的相关信息，包括项目基本信息，项目整体进度、项目付款进度、项目支付进度，环境实时监测，现场人员情况实时统计，现场车辆情况实时统计，现场视频监控实时管理，现场塔吊等特种设备实时监控管理，项目进度、质量、安全、工程造价等数据的实时统计。如图5-1所示。

图 5-1　项目管理首页看板示意图

5.2.2 权限管理

工程项目参与单位繁多，保证工程相关信息的安全储存和访问权限设定至关重要。在操作层则对用户存取，采用用户级、对象级和功能级等三种方式进行控制。用户端需要使用用户名称和密码来登录系统，按照预先分配的权限，存取相对应的目录和档案，这样保证适当的人能够在适当的时间存取到适当版本的工程信息。

项目管理模块包含项目概况、参建单位、多项目支持、参与人员、权限分配、施工区域划分、管理数据概览等关键模块，方便进行分公司、分项目、分权限、分区域细化管理。分别如图5-2、图5-3、图5-4所示。

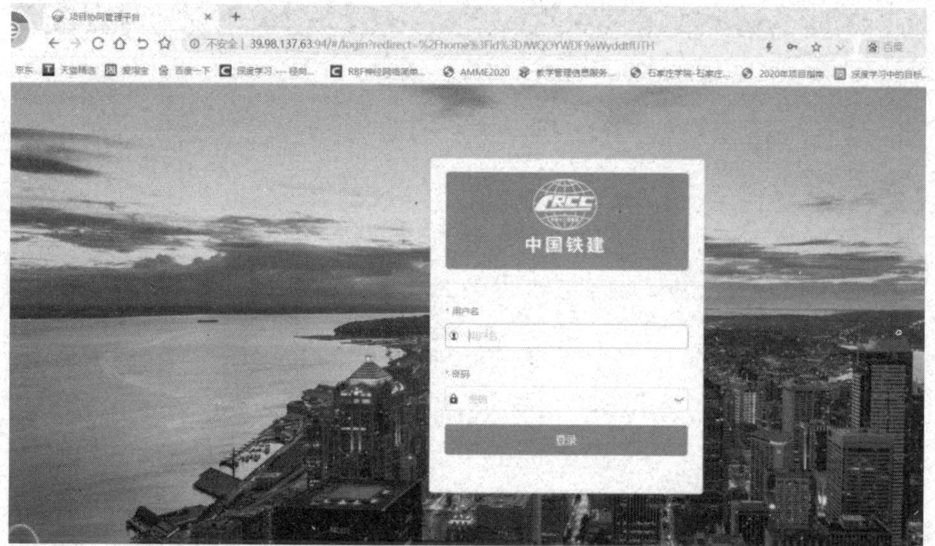

图 5-2　登录

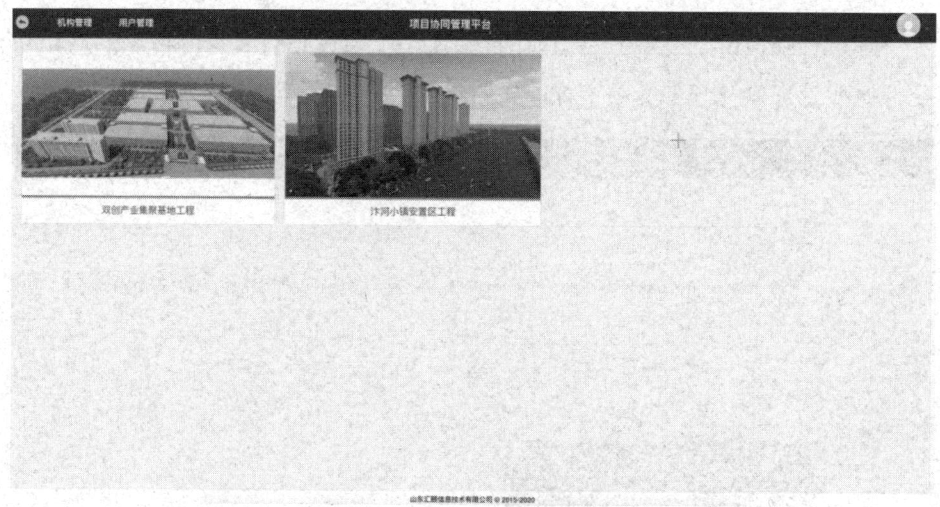

图 5-3　多项目管理示意图

图 5-4　权限角色管理示意图

5.2.3 项目管理模块

项目管理模块主要是针对当前的基本情况，参建单位进行的情况汇总和介绍，区域管理以及分部分项工程，如图5-5～图5-10所示。

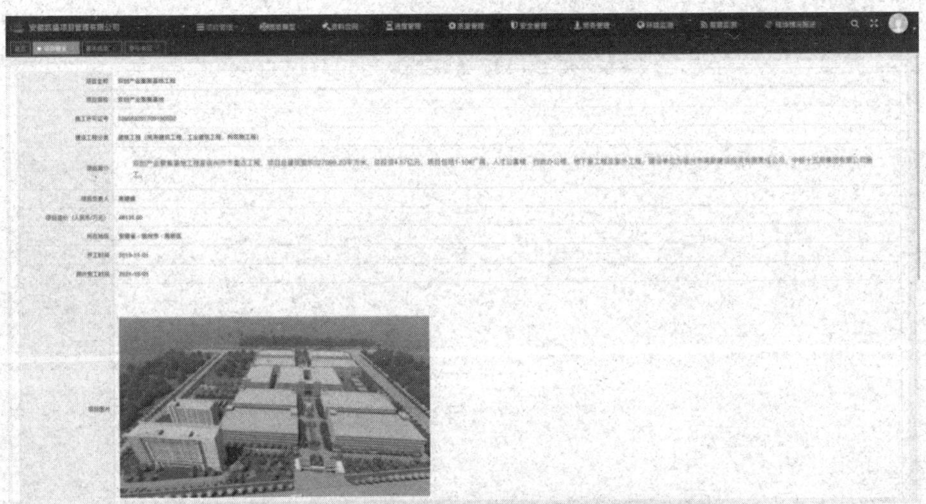

图 5-5　项目概况 1

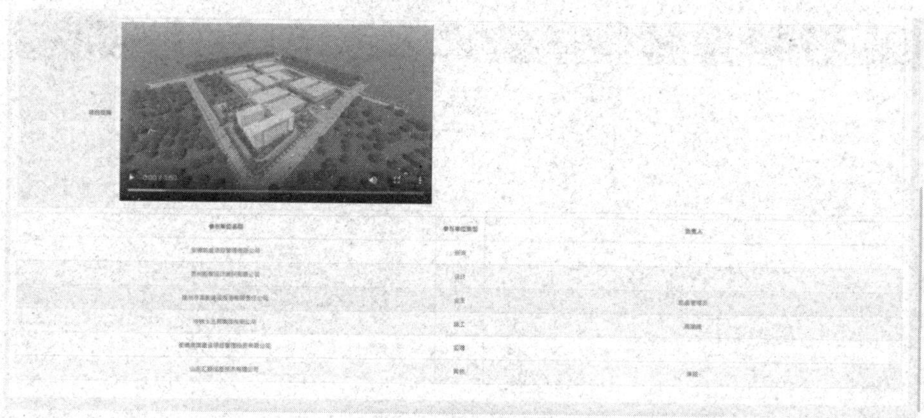

图 5-6　项目概况 2

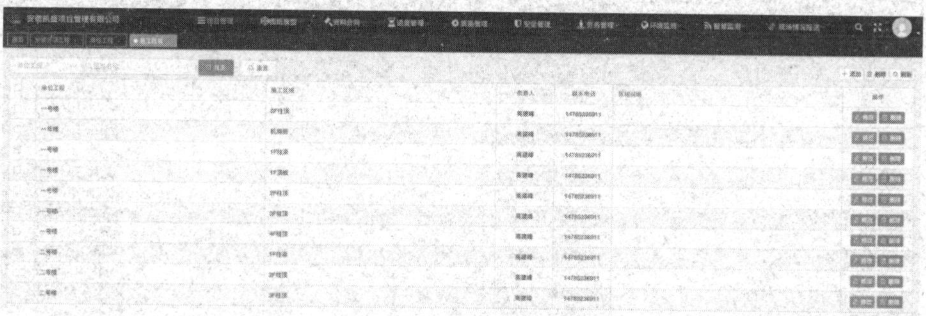

图 5-7　施工区域管理示意图

图 5-8　分部分项工程示意图

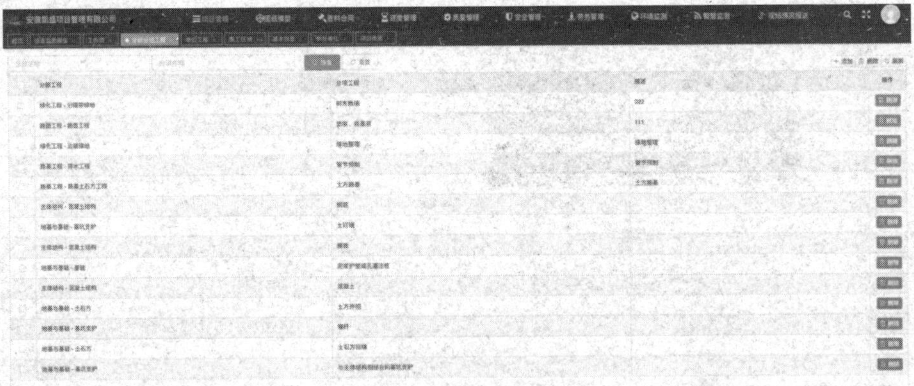

图 5-9　工作项管理示意图

图 5-10　IoT 设备、类型和协议示意图

5.2.4 图纸、模型管理模块

将图纸与模型进行关联，相互对应，当图纸和模型发生变更后，可在BIM模型中详细记录每一次的各种变更信息，包括图纸附件、文档、模型、族等，以便日后转为竣工模型来进行电子交付，方便业主利用其进行运维管理。

图纸模型管理模块包含图纸管理、模型管理、图纸对比和BIM对比几个主要功能。如图5-11～图5-14所示。

图 5-11　图纸管理示意图

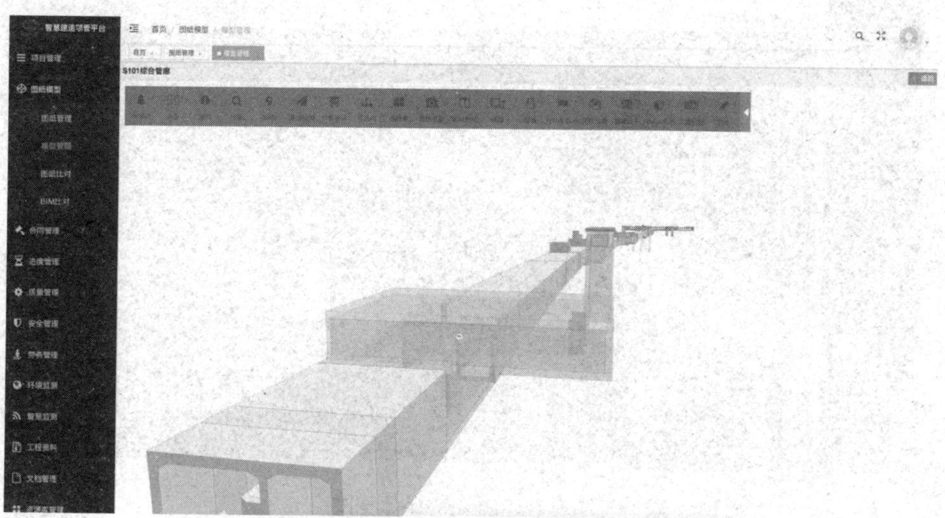

图 5-12　模型管理示意图

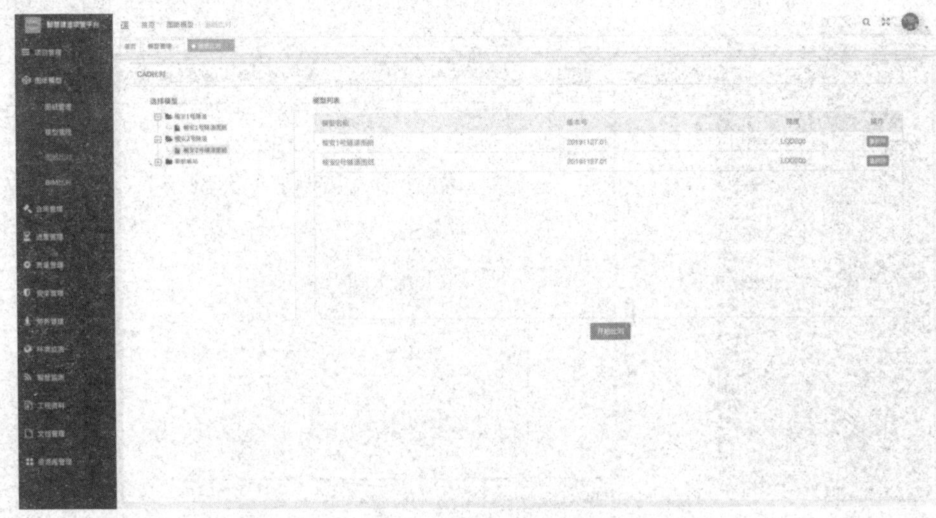

图 5-13　图纸对比示意图

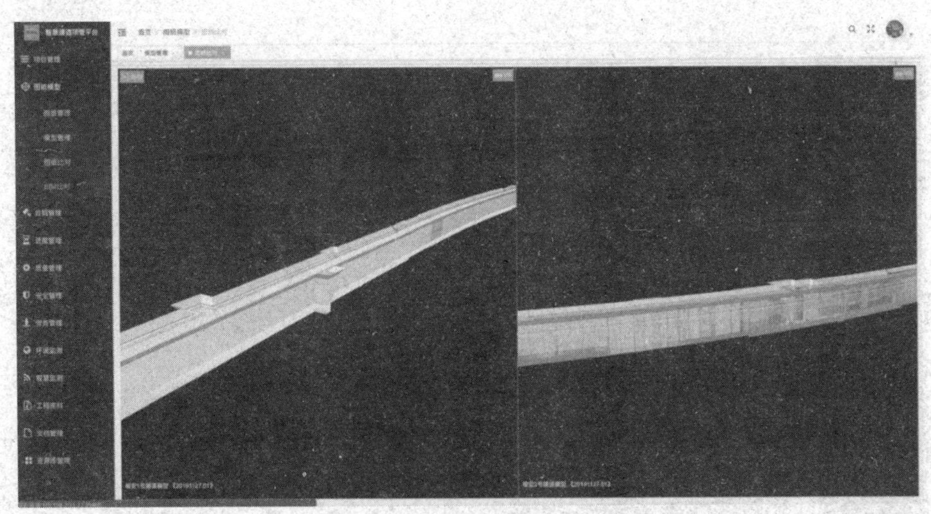

图 5-14　BIM 对比示意图

5.2.5 进度管理

通过项目进度计划与施工工程结构进行关联（WBS结构与EBS结构编码自动挂接），达到项目进度计划和BIM模型的直接关联，实现施工计划的三维动态模拟，并可实现按施工阶段、时间、施工部位的工程量计算和统计。还能够与进度计划模拟的BIM模型实时比对，随时校核进度偏差，加强项目管控。开放可查看历史版本的计划、数据源的录入、当前计划和历史计划的模拟动画展示、计划手动关联模型功能。

结合BIM模型的项目进度管理，能够支持施工相关计划的建立与管理，基于BIM模型数据按照工程施工工艺规范建立施工组织计划，将各施工单元工程量数据与企业材料、设备等定额库相结合形成工程预算及资金计划，为后期的工程管理及合同与成本管理提供精细化的数据。具体实现功能界面如图5-15～图5-23所示。具体展示了施工进度管理模块的具体功能。

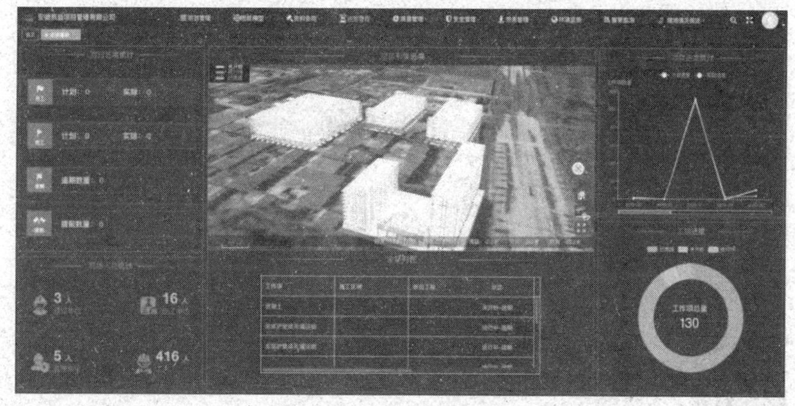

图 5-15　总体进度展示

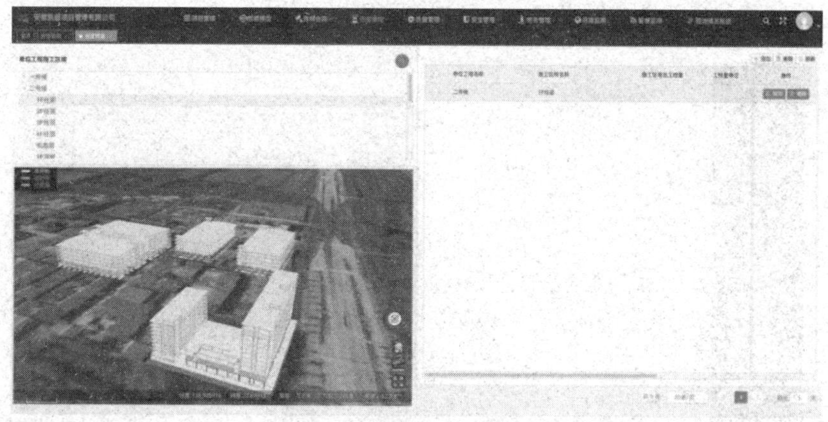

图 5-16　项目分进度展示

图 5-17　计划管理看板示意图

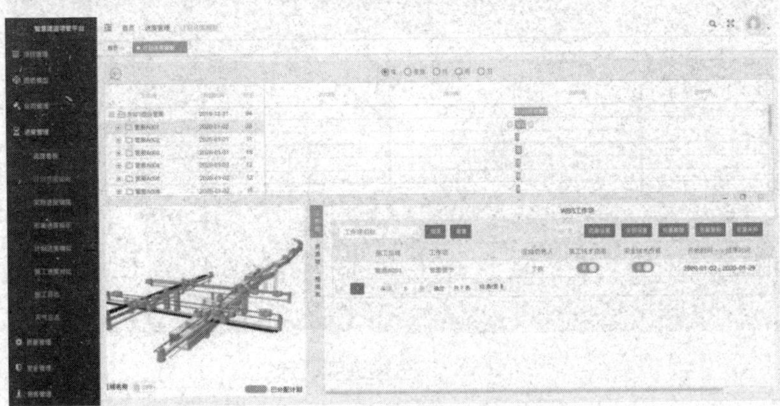

图 5-18　计划进度编制示意图

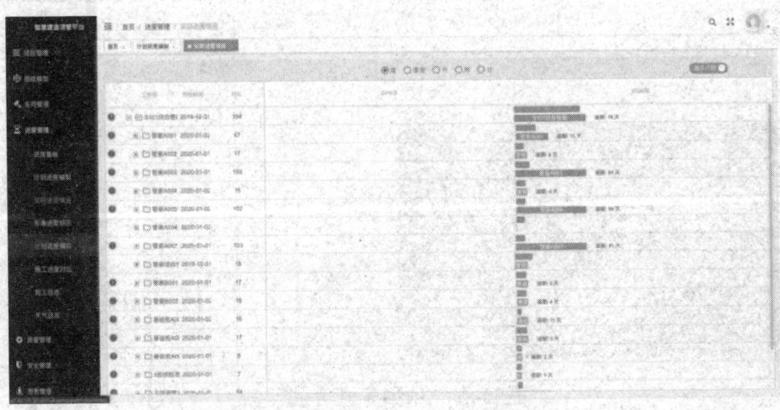

图 5-19　实际进度填报示意图

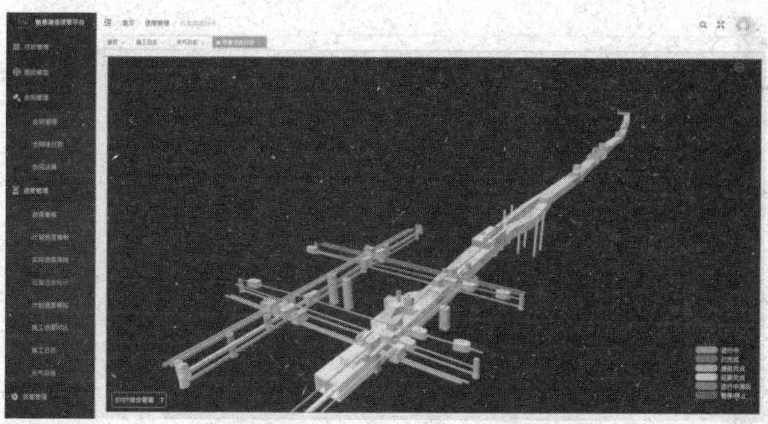

图 5-20　形象进度标示示意图

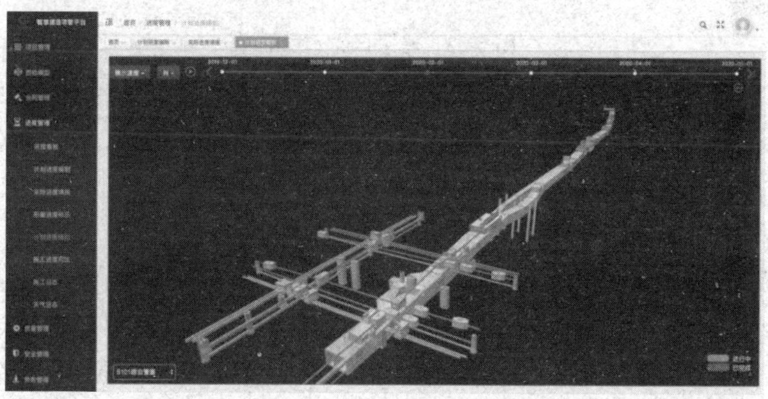

图 5-21　计划进度模拟示意图

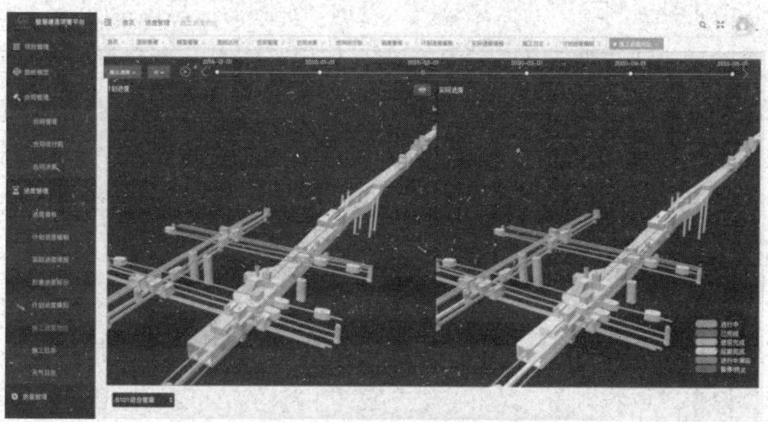

图 5-22　施工进度对比示意图

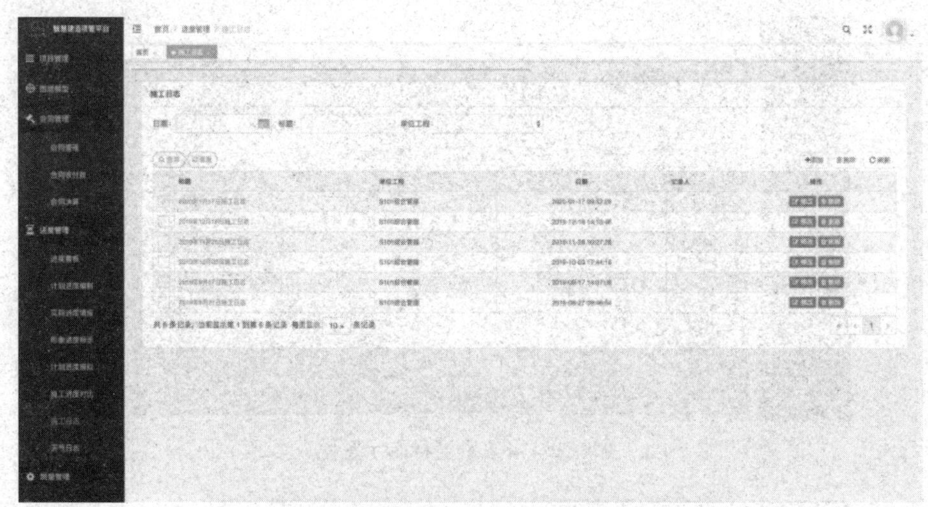

图 5-23　施工日志示意图

依据施工计划和实际施工日志的对比，将项目各专业划分为不同的施工分区，管理人员可以按照施工计划，进行任务完成情况分析，形象展示工区进度，使项目的进度情况和任务完成情况一目了然。

5.2.6 质量管理

基于BIM技术的质量管理通过将BIM模型结合EBS/WBS编码按照分项工程、分部工程和单位工程进行结构性的划分后，提供一套从原材料、半成品到成品等各个质量控制环节的信息录入、查询、追踪的信息化手段。

质量管理模块主要起到一个质量保证作用，作为一个完整的体系它在施工阶段主要是指施工质量。它是一种以验收为核心流程的管理规范，提供有关工程质量的各种信息，主要通过各种质量文档的分类管理来实现对施工质量和设备安装质量等的控制和管理。模块提供的分析方法有排列图法、因果分析图法等。

在传统的施工现场质量业务流程中，先要通过识别关键控制点来明确验收和执行标准，接着编制具体的实施方案，并进行方案交底，再按照方案执行。对施工过程中发现的问题，提出整改方案并跟踪落实，最后将必要的过程记录收集存档。整个过程中，关键控制点的识别对经验的依赖性高，容易遗漏、可行性会有影响，而且方案过于抽象，也不利于项目干系人沟通和交流；跟踪过程记录容易丢失、遗漏，对方案可行性也会有影响。但是在BIM模型中却可以很好地解决上述的传统质量问题。首先，各项目干系人在现场发现问题，做好备注，并用手机或iPad等终端设备采集信息上传到云平台。随后，BIM模型通过动态漫游技术方案模拟、进度模拟识别质量关键控制点，接着，项目干系人在BIM平台将质量控制要求和新模型集成，实现质量问题模拟，在模拟过程中，不断完善方案，让其他干系人也能及时看到。另外干系人还可以通过模型对照方案，对现场执行情况和现场发现的问题进行跟踪，同时相关干系人则及时进行整改。通过模块的BIM辅助功能达到提高材料设备质量和施工质量的目的。具体功能如图5-24～图5-30所示。

图 5-24　总体质量管理

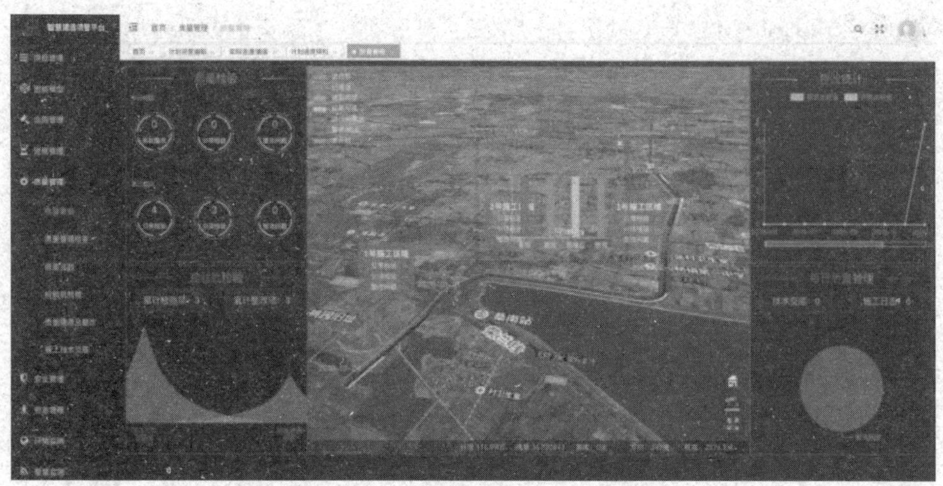

图 5-25　质量管理看板示意图

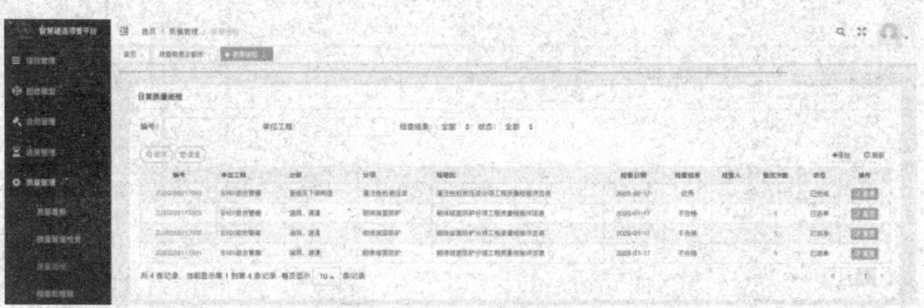

图 5-26　质量管理检查示意图

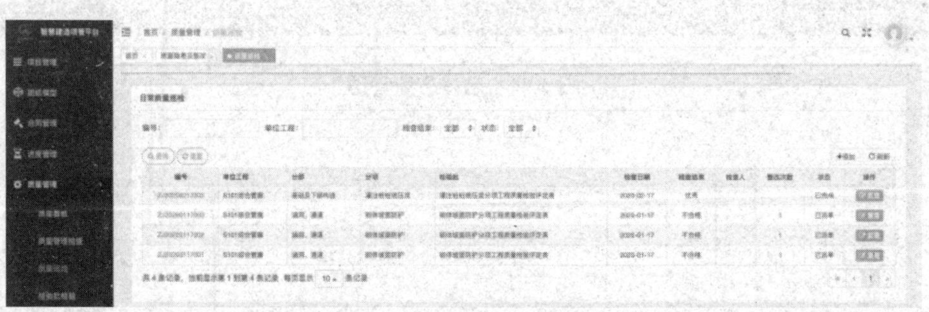

图 5-27　质量巡检示意图

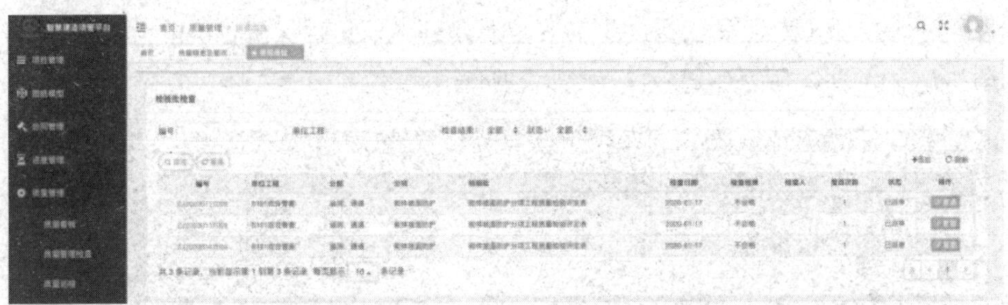

图 5-28　检验批检验示意图

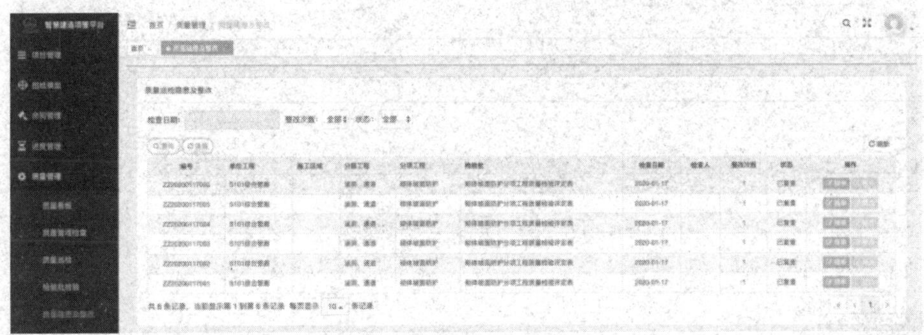

图 5-29　质量隐患及整改示意图

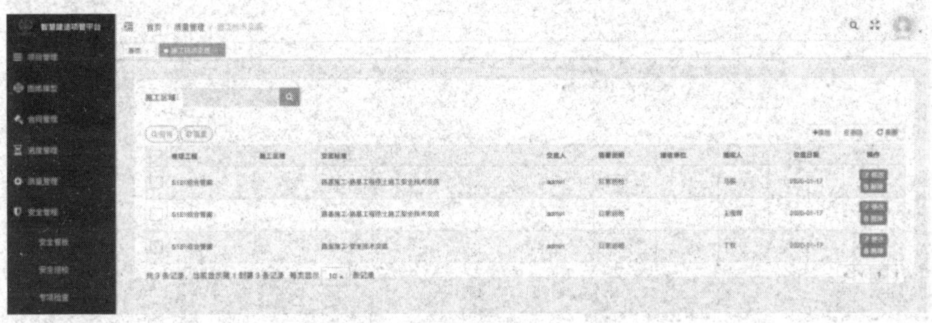

图 5-30　施工技术交底示意图

5.2.7 安全管理

施工过程中将风险源关联到BIM模型上，在有风险问题情况下提前进行预警，有效减少人为管理疏漏产生的安全质量问题，实时保留各类安全质量信息历史记录。具体功能如图5-31～图5-38所示。

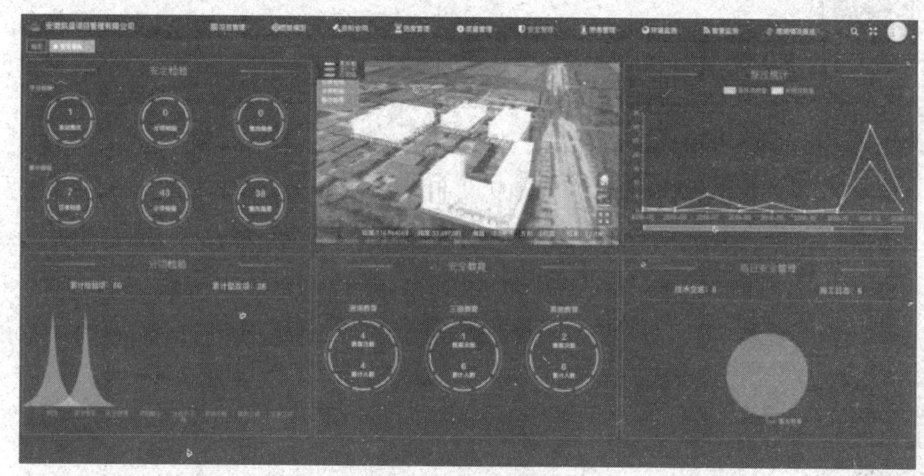

图 5-31　质量总体功能

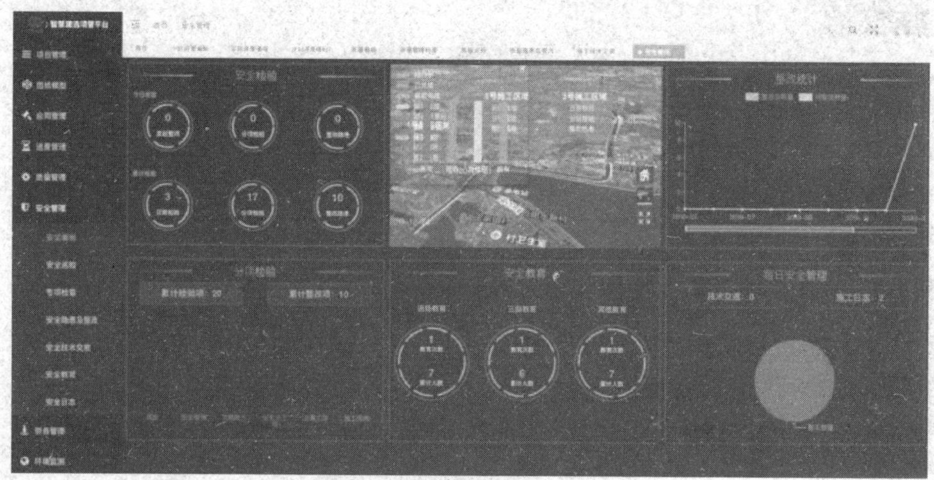

图 5-32　安全管理看板示意图

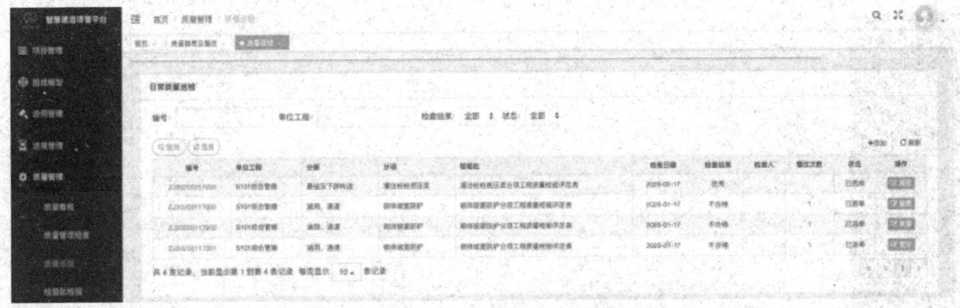

图 5-33　安全巡检示意图

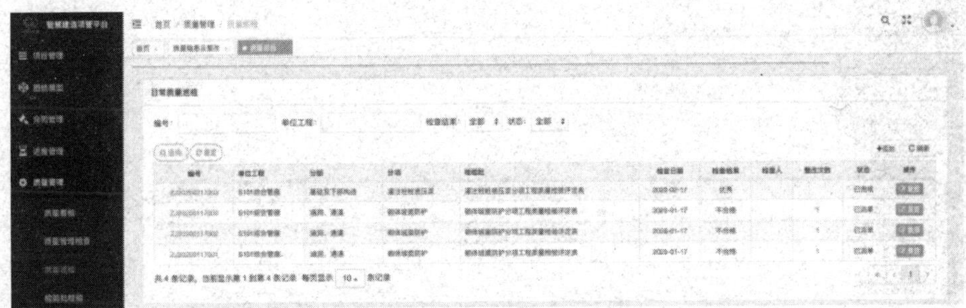

图 5-34　安全专项检查示意图

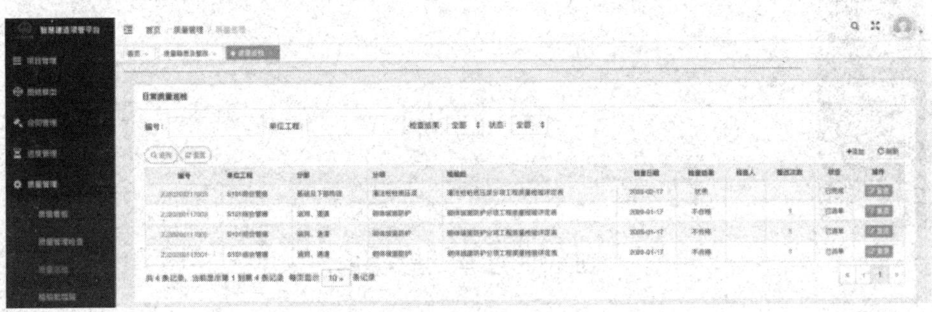

图 5-35　安全隐患及整改示意图

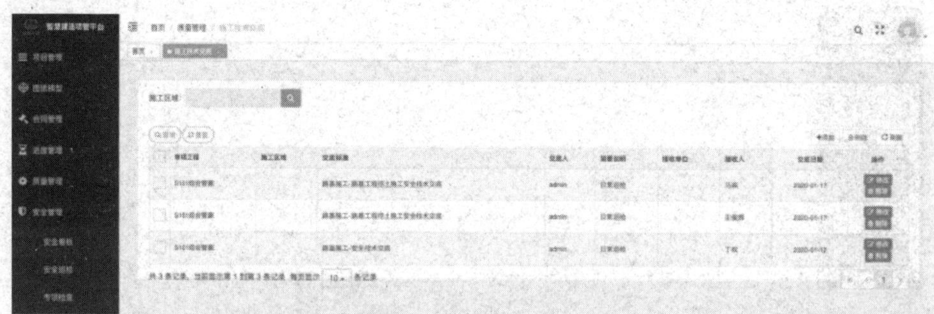

图 5-36　安全技术交底示意图

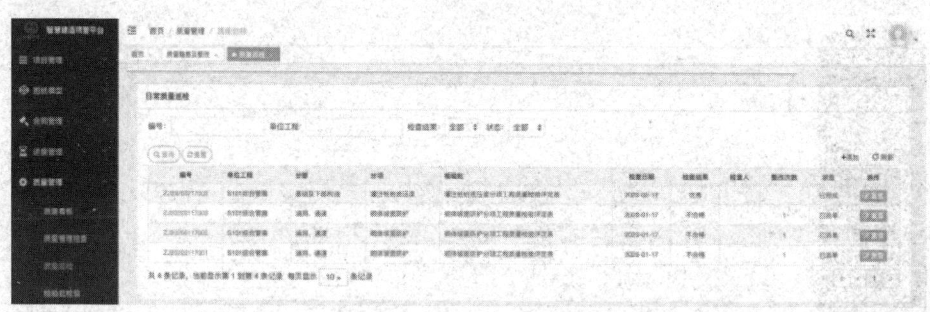

图 5-37　安全教育示意图

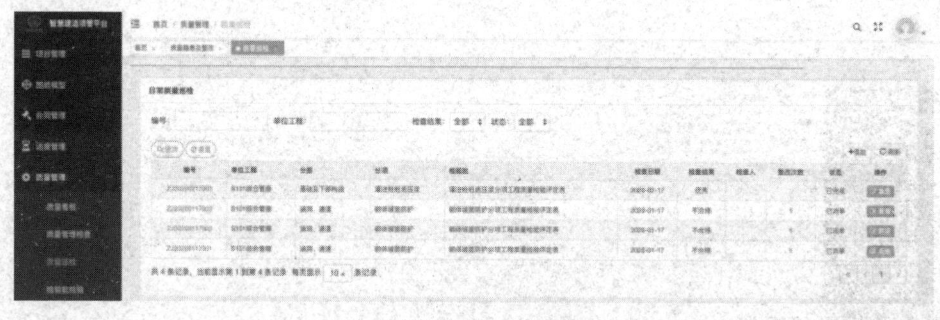

图 5-38　安全日志示意图

5.2.8 工程资料管理

在线分类管理相关相关资料和规范文档。主要实现的文档资料分类管理。如图5-39所示。

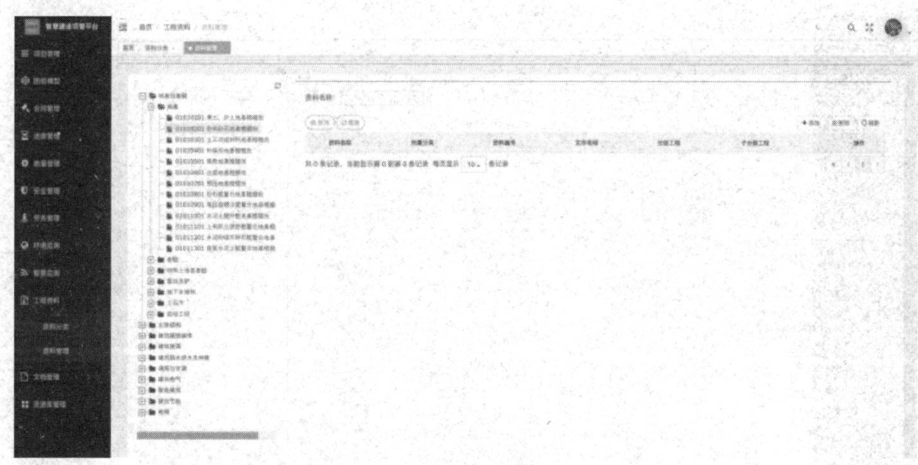

图 5-39　工程资料管理示意图

5.2.9 合同管理

项目合同管理模块包含合同执行管理、合同收付款、合同决算管理几个主要功能。具体合同管理功能如图5-40～图5-42所示。

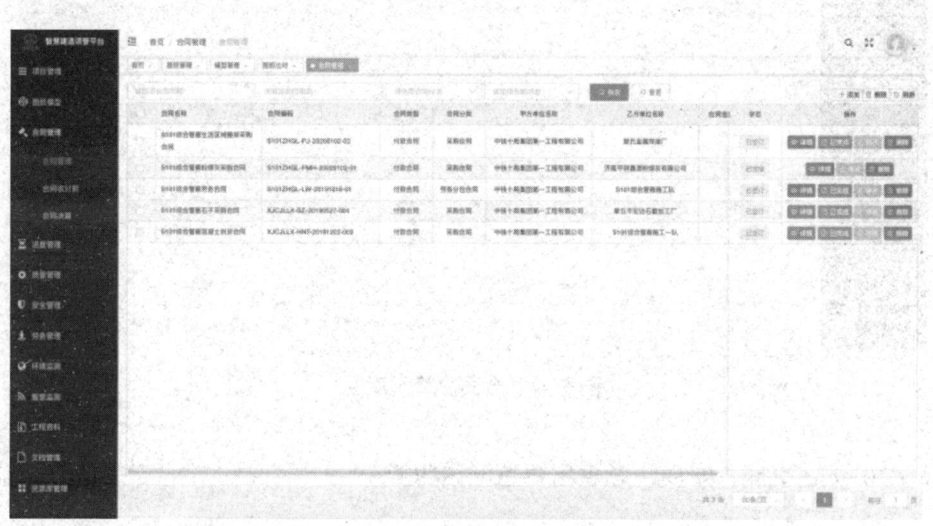

图 5-40　合同管理示意图

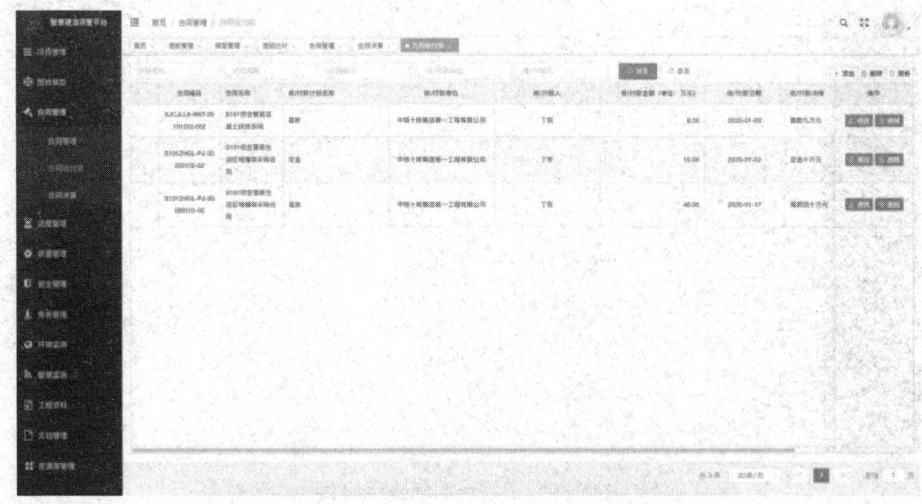

图 5-41　合同收付款管理示意图

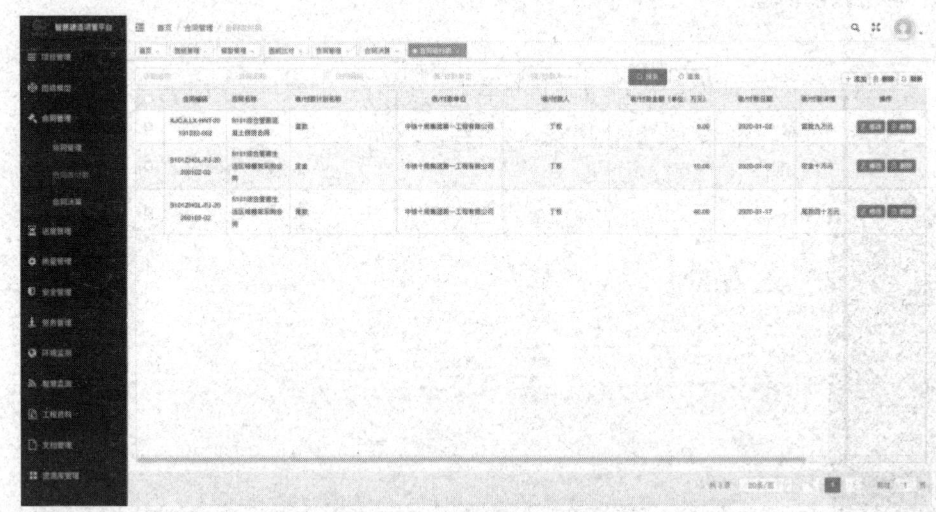

图 5-42　合同决算示意图

5.2.10 工艺交底、安质注意事项智慧推送功能

对于施工工地而言，工程建设规模逐步扩大，工艺流程纷繁复杂，现场管理人员越来越年轻化，工程经验相对缺乏。仅仅通过技术交底与安全质量交底在后续施工过程中无法满足现场管理需求，给部门领导与管理班子增加很多管

理工作量及负担。如何在常规管理的手段下借助信息化的手段加强现场技术人员及安质人员的业务能力，在保证人员安全的前提下完成现场的施工管理，精准、快速地传达施工工艺及宣贯安全注意事项对于项目建设至关重要。

该模块建设的主要目的：

（1）实现进场人员（项目部人员及劳务人员）的动态定位。

（2）结合进度管理功能，关联相关分项工程进度状态（如某桥墩正在进行承台钢筋绑扎工序），对于相关技术人员进入该分项工程一定范围内，动态精准化人员定位及识别人员角色，再根据施工进度推送对应的施工信息（如工程部人员推送相应钢筋绑扎技术要点，关键节点链接BIM可视化模型；安质部人员推送该分项工程相关风险源信息及安全质量注意事项等相关信息），从而满足工程部、安质部、监理等不同部门的随时随地信息化、三维可视化交底的需求。最终实现针对进场的不同工种、不同现场管理人员进行相应的工作规范，施工工艺、施工须知及相关安全风险源等的信息推送，实现远程化、数字化指导施工（该功能按照区域定位推送，只要进入相关区域，就会给相关人员推送相关信息，推送手段以微信与短信为主，推送内容匹配相关区域工程进度）。如图5-43所示。

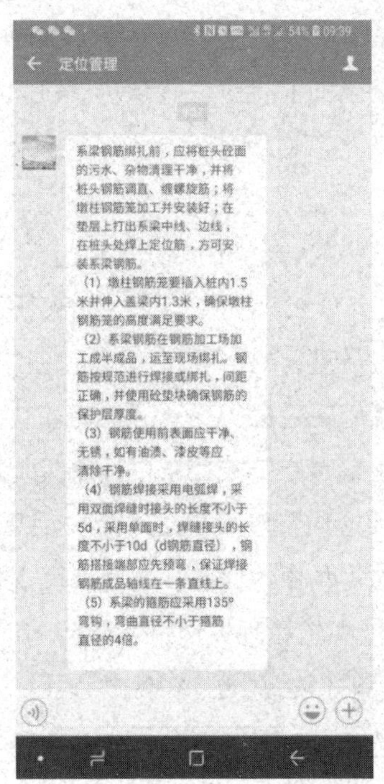

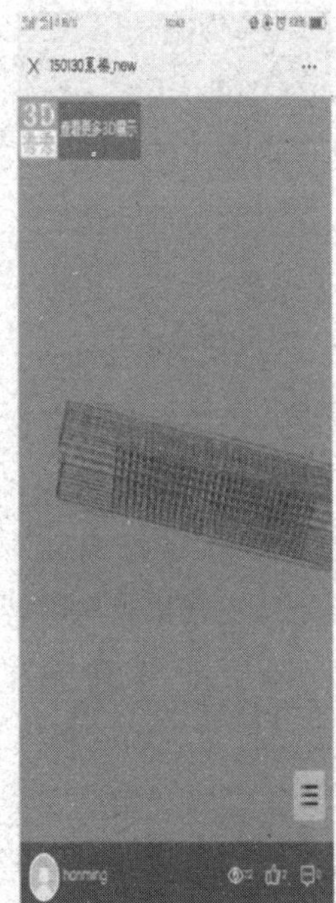

a）手机端推送信息

b）三维模型技术交底展示 1

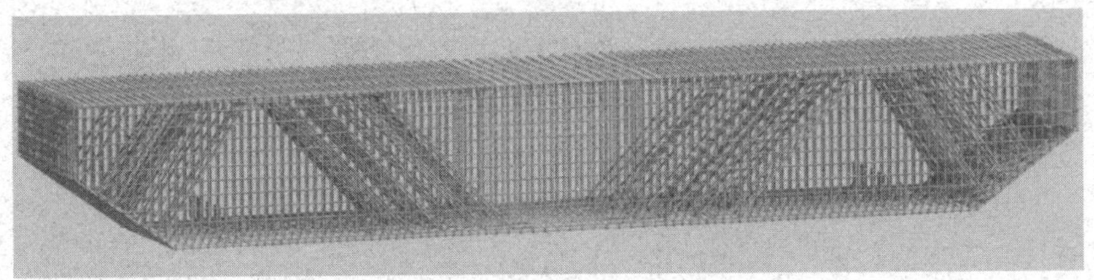

c）三维模型技术交底展示 2

图5-43　系统推送内容和关键节点BIM模型

（3）通过精准化定位的同时实现信息联动，便捷、高效地进行安全生产、考勤的同时，为现场施工提供远程信息协助，通过多形式信息推送的方式满足现场施工人员的施工需求。经过重复推送相关知识要点，替代部门领导相关交底管理工作，督促现场人员边工作边学习，边工作边被提醒、提示，加快现场人员业务能力的提升速度。

利用智慧工地中的人员定位设备和定位系统进行二次开发，同时申请企业微信公众号，通过精准化定位技术实现对人员的位置定位，然后根据提前划定的区域，进行判定，如果对应工种的员工进入划定区域则推送相关信息，同时和项目的整体进度进行结合，实现精准化的信息推送（包括短信息推送、微信公众号推送）。

方案1技术路线

主要技术路线如图5-44所示。由图图5-44可知，系统整体包括由基站与定位卡组成的定位部分，定位数据上传至远程服务之后的终端处理软件部分，以及由定位信息触发的推送信息部分组成。

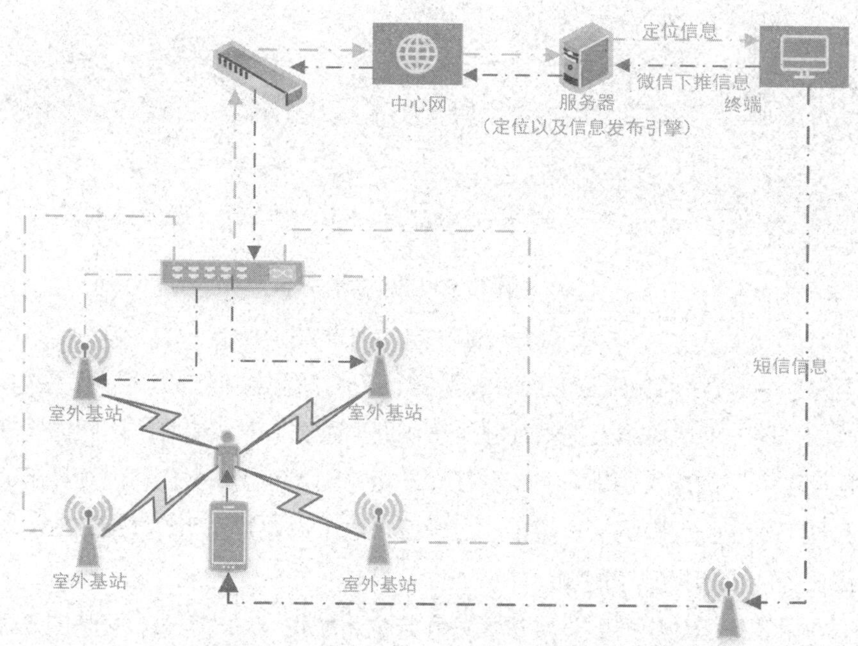

图5-44　方案1项目实施路线图

方案2技术路线

主要技术路线如图5-45所示，充分利用百度地图提供的接口完成电子围栏的在线设置，实现在册人员的定位，以及信息推送和报警功能。

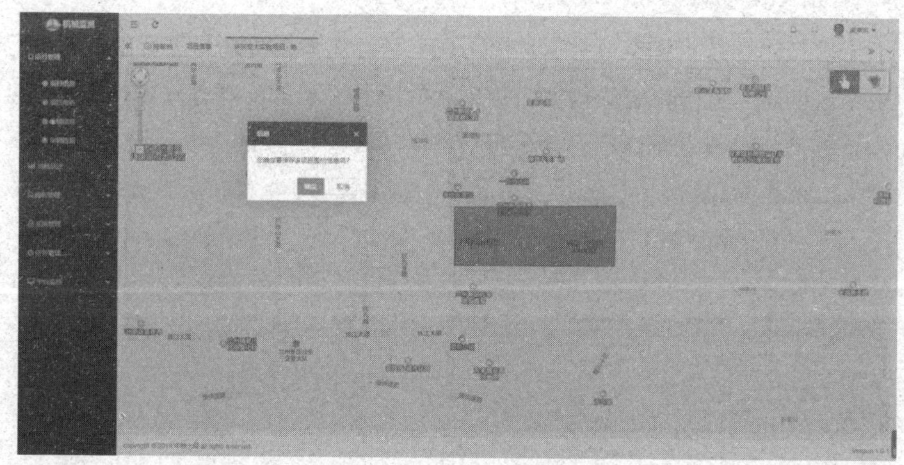

图 5-45　方案 2 项目实施路线图

5.2.11 施工车辆、设备管理模块

施工现场环境复杂，战线较长，工作面多，施工车辆、设备较多，统筹管理难度较大，给现场管理又增加了很多难度。

本功能模块通过在准入运输车、挖掘机等工程车辆上安装GIS模块，关联管理智慧管理平台，使管理层能够通过移动端或Web端随时查看工程车辆的信息及所在位置等。同时，自动记录车辆的行驶轨迹，统计车辆行驶数据。具体实现思路如图5-46所示。

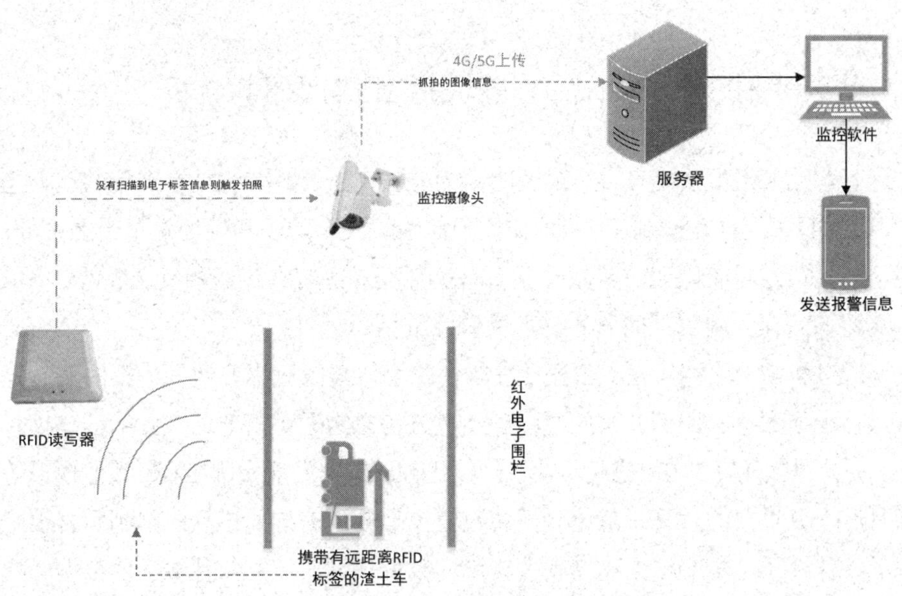

图5-46　非法车辆被发现并预警原理图

第6章　数字孪生+物联网技术实现多源数据实时感知与预警应用研究

6.1 基于BIM技术的Midas GTS基坑邻近既有线开挖分析

嘉华站邻近既有运营线，最近距离为6.7m，邻近既有线是本工程的重大危险源，并且邻近铁路线施工手续烦琐，因此除了安全防护和管控是重中之重外，还应该提前通过有限元计算软件分析基坑开挖对既有线运营的安全影响，输出计算值还可作为施工期间监测变形的参照依据。

通过将BIM软件与岩土工程计算软件结合，能大大提升数值模拟的仿真程度，使模型大小、比例、材质更精确及各方信息沟通更高效，大大缩减建模时间，提升建模效率。BIM建模与计算一体化程序的开发对实际工程、数值模拟等都具有十分重要的意义。考虑到不同数值模拟软件对导入模型的限制和岩土工程的特殊性质，本书根据建模软件输出的数据类型、计算软件输入的数据类型及转换程序编写的便捷性等要求选择BIM建模软件和数值计算软件，并编写建模与计算一体化程序，然后将BIM模型导入有限元软件计算，提高计算效率。

6.1.1 Revit与Midas GTS数据交换研究

基坑开挖分析过程最重要一环就是对模型进行模拟开挖过程力学变形分析，由于现阶段BIM中尚没有和Midas GTS软件完全契合的分析软件，因此需要借助Revit的数据交换功能使其与Midas GTS分析软件进行无缝链接。

基于此，本研究提出解决数据交换的方法为IFC标准和二次开发技术。

6.1.1.1 Midas GTS 软件简介

Midas GTS是由Midas IT结构软件公司开发的岩土与隧道结构有限元分析软件。这款软件将岩土隧道的专业性与有限元分析内核充分地结合起来，集多款岩土隧道分析软件的优点于一身，采用有限元的分析方法手段，针对于岩土工程的多样性特点即材料性质的复杂性、工程类型的多样性、相互作用问题、荷载条件的复杂性、初始条件和边界条件的复杂性等诸多问题，针对不同的问题可采用不同的分析模式。该软件包含了强大的分析功能和分析理论，包括非稳定渗流分析、渗流-应力耦合分析、非线性弹塑性分析、施工阶段分析、动力分析、地震分析、固结分析等，从而能为岩土和隧道等工程的设计和分析提供较为有效的解决方案。

6.1.1.2 IFC 标准

BIM为工程建设参与各方提供了一个共同交流的平台，IFC标准就是实现数据交换的基础。IFC是工业基础分类标准（Industry Foundation Classes）的简称，于1997年由国际协作同盟（Building SMART）提出，是采用Express数据标准化语言开发的，目前该标准已经在国际上通用并成了国际ISO标准。经多个实际工程检验，IFC标准能够很好地完成跨平台的信息交流。

IFC标准是指数据交换的格式标准，含义为建筑生命周期内的各个软件内部依旧按照自己的信息处理方式进行运作，只有在产生跨软件信息交互的需求时，只需将要发生信息数据交换的部分转化为IFC格式即可，如图6-1所示。

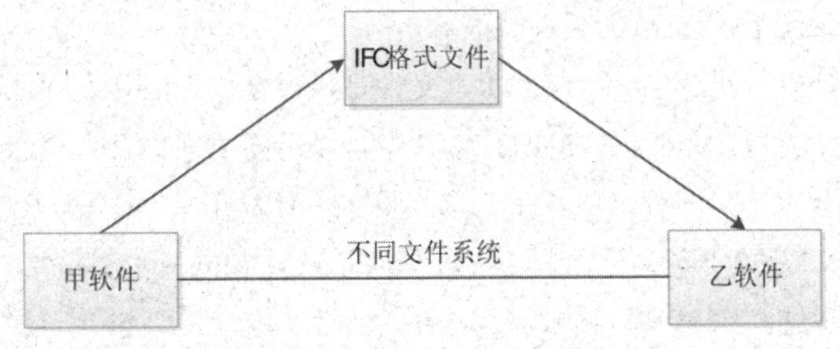

图 6-1　IFC 标准信息交换示意图

IFC标准称为建筑信息流动的统一格式，该格式共分为四部分内容，分别为信息资源层、信息核心层、信息共享层、信息领域层。

1.信息资源层：该层记录了数据文件底层资料，是整个文件的基础部分，包含通用数据类别，比如单位、材料、几何模型、参数种类、制约条件等。这些信息不局限于建筑领域，它定义了整个数据信息文件框架。

2.信息核心层：该层是基于信息资源层，进一步限制了数据类型文件为建筑工程类，提供建筑工程信息类别总体框架，包含建筑模型详细信息，以及信息扩展形式、进度、工序等信息。

3.信息共享层：该层主要解决信息相互传递的问题，将建筑工程内不同专业信息转换为可用于相互交流的类型，实现数据共享。

4.信息领域层：该层定义了建筑工程领域不同专业的特定信息，比如建筑类、结构类、机电类等，属于最详细的信息储存层。

6.1.1.3 Revit API 概念

Revit最显著的特点是具备开放的应用程序编程接口，该接口的名称为Revit API（Application Programming Interface），使用者可以借助该接口进行二次程序开发，极大地扩展了Revit的使用范围。Revit API以Microsoft. Net Framework 2.0为机器语言基础，支持C#、VB、C++等常见语言所编写的程序，二次开发难度较小。开发者可以通过Revit API接口对三维信息模型进行读取、修改、添加等操作，解决各国BIM不同标准不能很好结合的问题。由于Midas GTS支持IFC标准的文件导出但不支持该文件的导入，因此采用Revit API的方式来进行数据交换模块的开发。

6.1.1.4 Revit 与 Midas GTS 数据交换接口开发过程

1.Midas GTS所支持的文件类型分析

经过分析可知，Midas GTS MGT文件是最适合作为Revit与Midas GTS数据交换的文件类型。Midas GTS MGT文件中是以不同数据集合来表达信息的，每个数据集合由三大部分组成：集合名（蓝色字体显示）、集合包含类别（绿色字体显示）、每项类别具体内容（黑色字体显示）。Midas GTS MGT文件中主要数据集合详细介绍如下：

（1）*UNIT；Unit System；FORCE，LENGTH，HEAT，TEMPER N，MM，KJ，C

单位系集合，指出了建立模型时所采用的单位，包含地质、荷载、长度、热量、温度五种类型。

（2）*NODE；Nodes：i NO，*X*，*Y*，*Z*

节点数据集合，指出了节点编号及三维坐标系中*X*、*Y*、*Z*的方向。

（3）*SECTION；Section；i SEC，TYPE，SNAME，[OFFSET]，b SD，SHAPE，[DATA1]，[DATA2]截面数据集合，包含了所有单元的截面信息。

（4）*FLOADTYPE；Define Load Type；NAME，DESC1；st line

荷载数据集合，包含了临时、永久荷载的名称、荷载说明、单位荷载条件名称、单位荷载值等信息。

（5）LOADCOMB；Combinations；NAME=NAME，KIND，ACTIVE，b ES，i TYPE，DESC，i SERV-TYPE，荷载组合信息集合，即查看结果时荷载组合方式。

（6）*MEMBER；Member；ELEM，b REVERSE，AELEM1，AELEM2，材料特性集合，指出了所有单元的材料特性。

（7）*ENDDATA

2.从Revit中提取模型信息

（1）开发方式及流程：本研究采用Revit API外部命令的开发方式进行二次开发，具体步骤如图6-2所示。

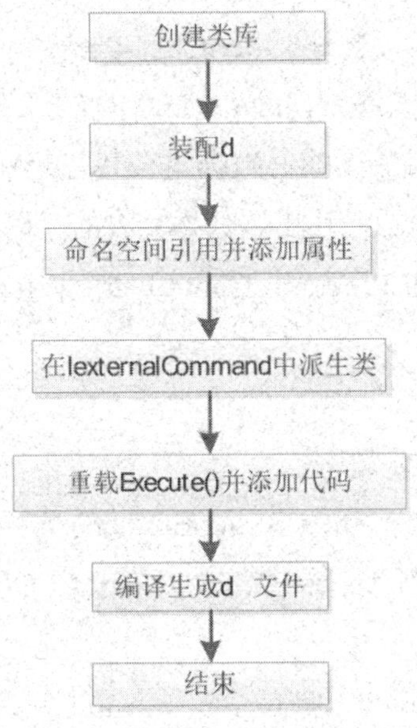

图 6-2　Revit API 开发流程

（2）三维信息提取过程如图6-3所示，Revit中主要组成元素为族，族分为族类型和族实例两种类别。

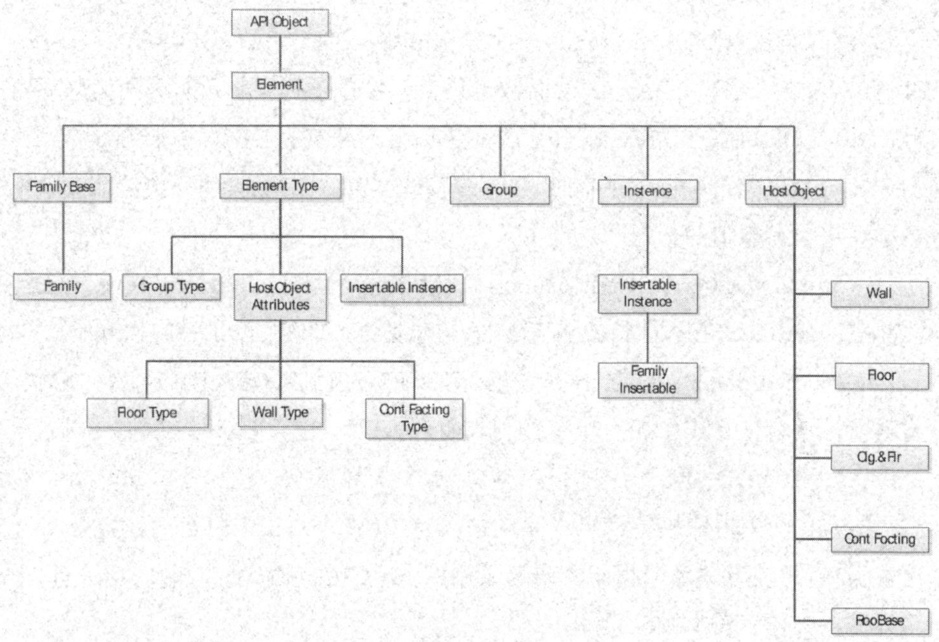

图 6-3 Revit 中的类继承

3.将提取到的模型信息按照Midas GTS MGT文件格式进行输出

Midas GTS MGT文件中的核心数据集合共有9个，由于篇幅原因，我们仅以第一个数据集合进行演示，输出该数据集合的代码为：

```
public string Create Program Control(string force, string length, string heat,string tempe)
{
//按照此方式排列数据类型
String Builder s_builder = new String Builder();
s_builder.Append("*:").Append("\"PROGRAM CONTROL1\" \n")
//输出数据值
.Append("Force=" + force + " ")
.Append("Length=" + length + " ")
```

```
.Append("Heat=" + heat + " ")
.Append("Tempe=" + tempe + " ")
return sb.To String();
}
```

至此，数据转换工作完成。

将代码编译后生成.dll文件，可以使用Add-In Manager插件进行加载运行，具体方法为：启动Revit后，在Revit单击菜单“附加模块”—“外部工具”，即可调用信息转换功能。

6.1.2 BIM模型转换及有限元计算环境构建

6.1.2.1 基于BIM模型的有限元计算属性确定

选定有限元分析所需参数，将其导入前述建立的地质及结构BIM模型中，并经过数据转换，跟随模型导入Midas GTS有限元计算程序中。

1.土层参数取值

依照地质资料，本次安全性影响评估工作依据土层类型将施工场地的分层土简化为如下若干个土层，并根据《石家庄市城市轨道交通2号线一期工程岩土工程勘察报告（详细勘察阶段）》以及《嘉华站初步结构设计说明》（北方工程设计研究院有限公司）中的土工试验报告确定土层相关地质参数，土层地质参数如表6-1所示。

表6-1　土层地质参数

序号	土层名称	土厚度（m）	深度（m）	天然容量（kN/m^3）	粘聚力（kN/m^2）	内摩擦角（°）	压缩模量（MPa）	承载力（kPa）
1	素填土	1.8	1.8	16.0	8	10	5	80
2	黄土状粉质黏土	5.1	6.9	19.0	30	21.2	9.5	120
3	粉细砂	5.3	12.2	19.5	4	30	15	170
4	粉质黏土	6.1	18.3	19.8	42	18	8.2	180
5	中粗砂	3.5	21.8	20.3	0	32	30	200
6	粉质黏土	6.4	28.2	19.8	42	18	8.2	180

（续表）

序号	土层名称	土厚度（m）	深度（m）	天然容量（kN/m³）	粘聚力（kN/m²）	内摩擦角（°）	压缩模量（MPa）	承载力（kPa）
7	细中砂	6.9	35.1	20.1	0	31	25	250
8	粉质黏土	3.5	38.6	20.1	36	20	7.8	220
9	粉细砂	41.0	79.6	20.5	0	30	25	160

2.土体计算模型区域选取

建立被评估对象位置和既有铁路路基周围土体的三维有限元模型，需首先确定土体计算模型区域的大小，即长、宽、高方向上的尺寸。为便于描述，首先给出计算模型中拟采用的坐标系：基坑开挖长度方向为x轴；宽度方向为y轴；竖直方向为z轴。

根据相关文献，当土体计算模型平面尺寸与结构平面尺寸之比大于3～5时，边界效应对结构的静、动力反应影响已经很小。故本模型的计算区域尺寸选择为长800m、宽400m。

3.防护结构参数取值

采用抗弯刚度等效的原则，对嘉华站的基坑防护结构进行了简化模拟，将圆形防护桩等效模拟成地下连续墙，等效后的变形模量参数取值如表6-2所示。

表 6-2　被评估对象防护结构参数取值

部位	防护形式	桩径间距	变形模量（MPa）	墙宽（m）	墙高（m）
基坑主体	钻孔灌注桩	0.8m@1.2m	30000	0.58	等于桩长
附属结构	钻孔灌注桩	0.8m@1.2m	30000	0.98	等于桩长

6.1.2.2 基于 BIM 模型的有限元模型构建

将具备计算属性的BIM模型通过转换接口导入Midas GTS计算程序：

首先进行网格划分：土体单元选用三维实体单元，可分四节点、六个节点和八节点，本模型选用四面体单元和其他类型单元混合的单元划分模式。实体单元仅有三个平移自由度，没有旋转自由度。

然后利用模型中所具备的分层土的地质参数和土体计算模型尺寸，可建立基坑周围土体的三维空间有限元模型。模型中地基处理按照面积等效的原则对土体重度和材料参数进行换算，计算中土体计算模型的网格划分与计算结果的收敛性与计算速度密切相关，因此，在划分土体网格时，对开挖部分和铁路路基部分的土体需要加密划分网格，而对于远离基坑和铁路路基的土体区域可粗略划分网格，这样既保证计算收敛性，又可提高计算效率。导入Midas GTS的几何模型与网格划分分别如图6-4～图6-7所示。

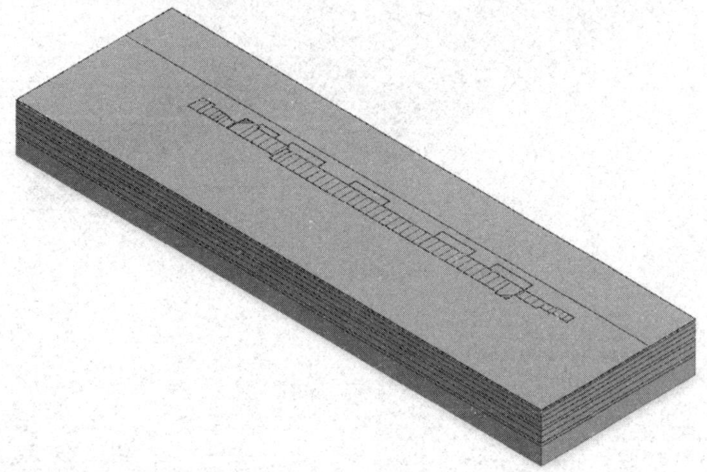

图 6-4　三维几何模型

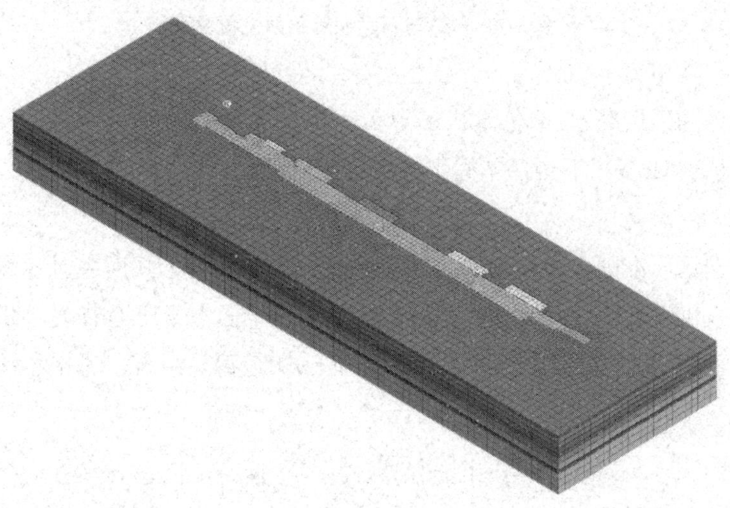

图 6-5　网络划分

图 6-6　车站与石南铁路位置关系图

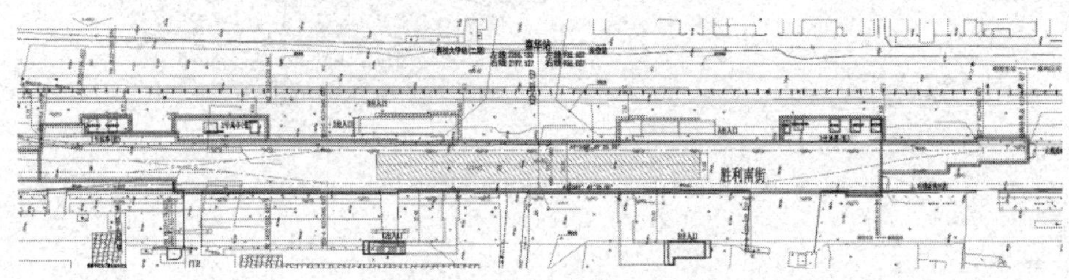

图 6-7　车站与石南铁路平面位置关系图

1.土体单元

土体均采用摩尔-库伦本构模型。

摩尔（Mohr）于1910年提出如下强度方程：

$$\tau_f = f(\sigma) \qquad (1)$$

根据这一准则，当材料应力状态的最大摩尔圆与上式所表示包线相切时，材料就发生破坏。材料的抗剪强度与作用于该平面上正应力有关，引起材料破坏不是由于最大剪应力，而是某个平面上τ-σ的最危险组合。用应力不变量表示即：

$$p\sin\varphi + \frac{1}{\sqrt{3}}q\left[\frac{1}{\sqrt{3}}\sin\theta\sin\varphi - \cos\theta\right] + c\cos\varphi = 0 \qquad (2)$$

式中：$p = (\sigma_1 + \sigma_2 + \sigma_3)/3$；

$$q=\frac{1}{\sqrt{2}}[(\sigma_1-\sigma_2)^2+(\sigma_2-\sigma_3)^2+(\sigma_3-\sigma_1)^2]^{\frac{1}{2}}$$ 。

它在主应力空间表现为一个不规则六面锥体表面，在π平面上截面形状为一个不规则六边形，在三轴平面上表现为一个开口夹角。

摩尔-库伦模型：摩尔-库伦模型满足广义虎克定律，但有所不同的是其是理想状态下的弹塑性模型。另一方面，摩尔-库伦模型主要分为两个阶段。第一个阶段为弹性阶段，此种状态下材料所产生的应变随着应力的增大而增大，当所加应力消失后材料的变形有所恢复。第二个阶段为塑形阶段，当材料所受的应力增大到一定程度时，即弹塑性变形的临界值，当应力超过临界值时材料进入塑形状态，材料发生无法恢复的形变，应力继续增大则会造成材料的屈服破坏。

2.防护桩

该材料采用弹性本构模型。

弹性本构模型是一种最基本和最简单的力学模型，弹性材料本构关系服从广义虎克定律，即应力应变在加卸载时呈线性关系，卸载后材料无残余应变。当混凝主材料的应力水平较低时，按该模型计算应力应变关系基本符合实际情况。

3.地下结构

将地下结构等效模拟成均布荷载施加在坑底。

4.边界条件

在整体计算模型中，土体模型的顶面设为自由边界，底面和侧面均采用法向约束。

6.1.3 原方案基坑开挖对既有铁路影响有限元模拟分析

6.1.3.1 施工过程模拟

根据北方工程设计研究院有限公司在《嘉华站风险专册结构图》和《嘉华站初步结构设计说明》中提出的施工顺序要求，模拟本工程施工阶段如下。

基坑开挖需要分五步进行：

分析步1：防护桩施工；

分析步2：开挖第一层基坑土体，基坑主体及附属结构基坑开挖2.4m，施加第一道横撑；

分析步3：开挖第二层基坑土体，基坑主体及附属结构基坑开挖6.1m，施加第二道横撑；

分析步4：开挖第三层基坑土体，基坑主体开挖5.2m，施加第三道横撑；

分析步5：开挖第四层基坑土体，基坑主体开挖5.1m；

分析步6：施加地下结构荷载，根据甲方提供数据换算为均布荷载的大小为88kPa。

本报告中符号规定如下：

（1）竖向变形结果负值表示沉降，正值表示隆起；

（2）水平变形结果正值表示背离基坑一侧，负值表示指向基坑方向。

6.1.3.2 基坑有限元模拟分析计算结果

1.第一层土体开挖施工模拟分析

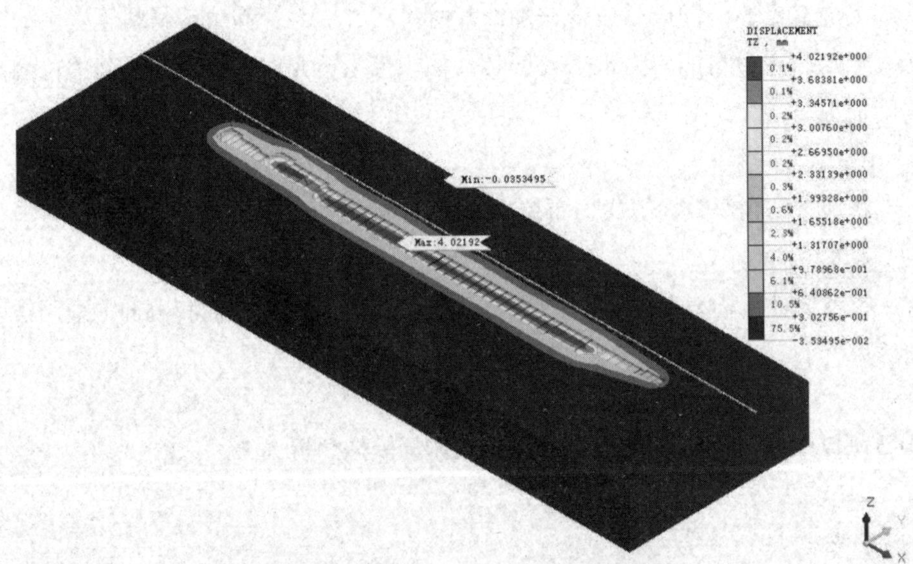

图 6-8　第一层土体开挖阶段竖向位移

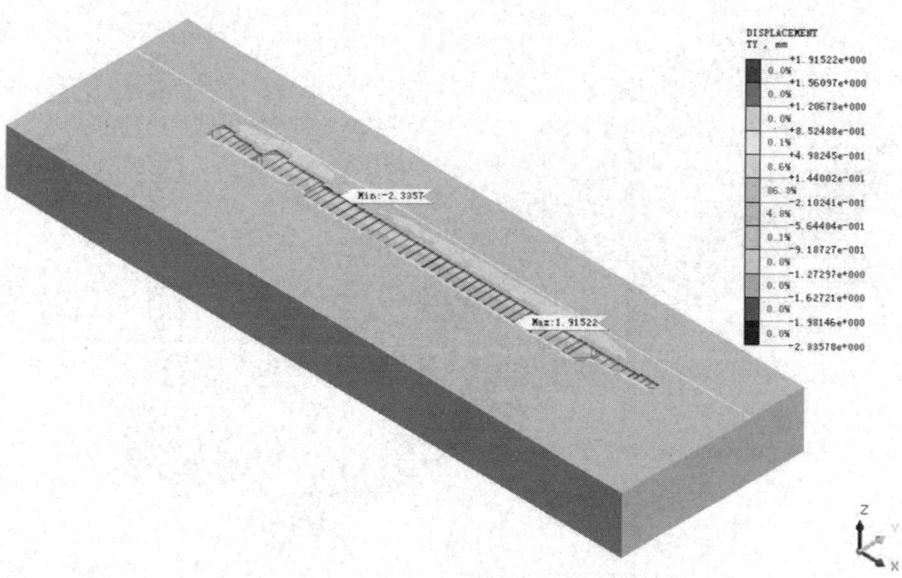

图 6-9　第一层土体开挖阶段水平位移

2.第二层土体开挖施工模拟分析

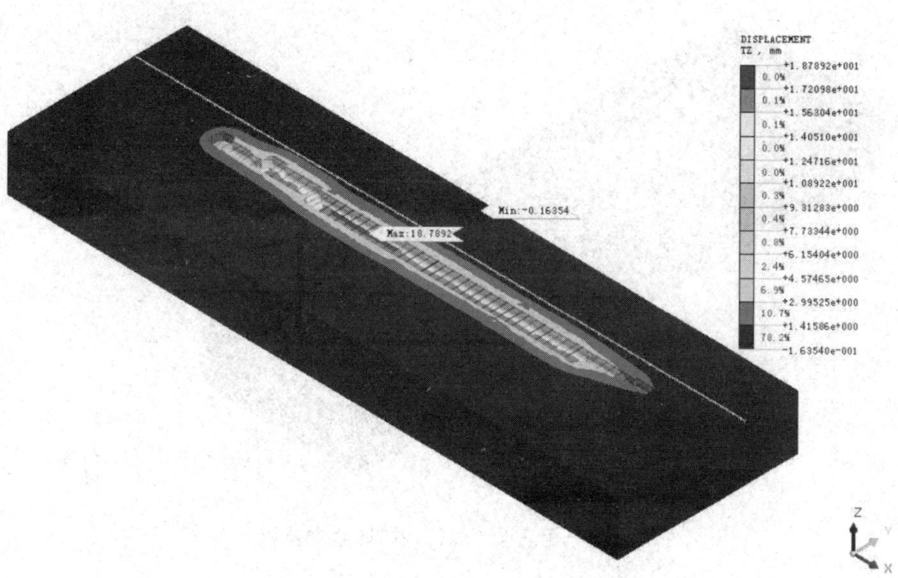

图 6-10　第二层土体开挖阶段竖向位移

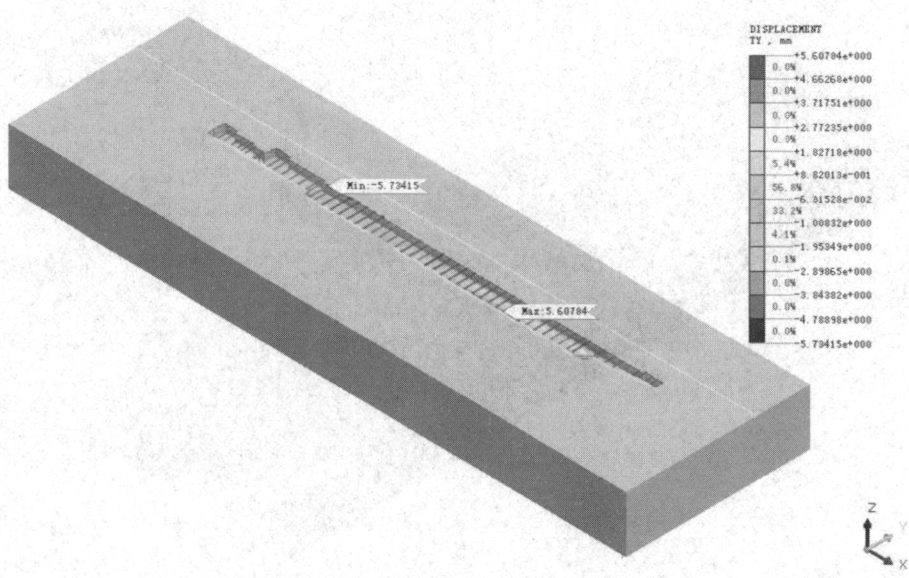

图 6-11　第二层土体开挖阶段水平位移

3.第三层土体开挖施工模拟分析

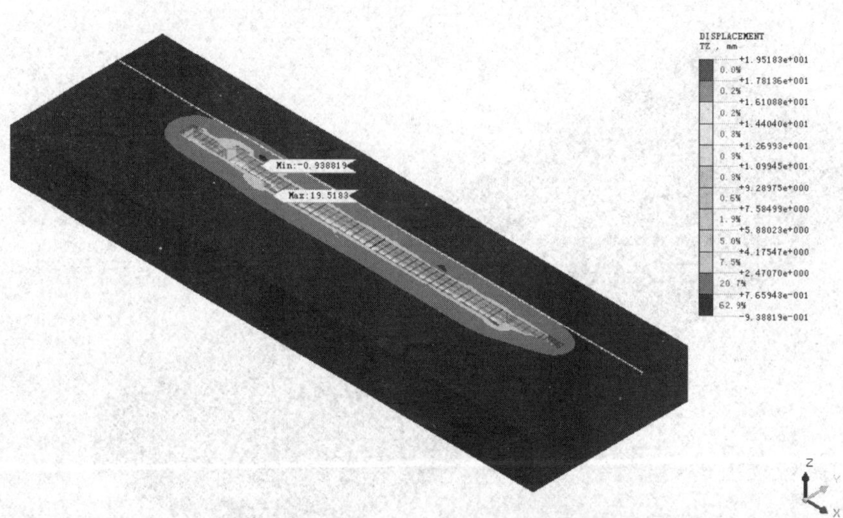

图 6-12　第三层土体开挖阶段竖向位移

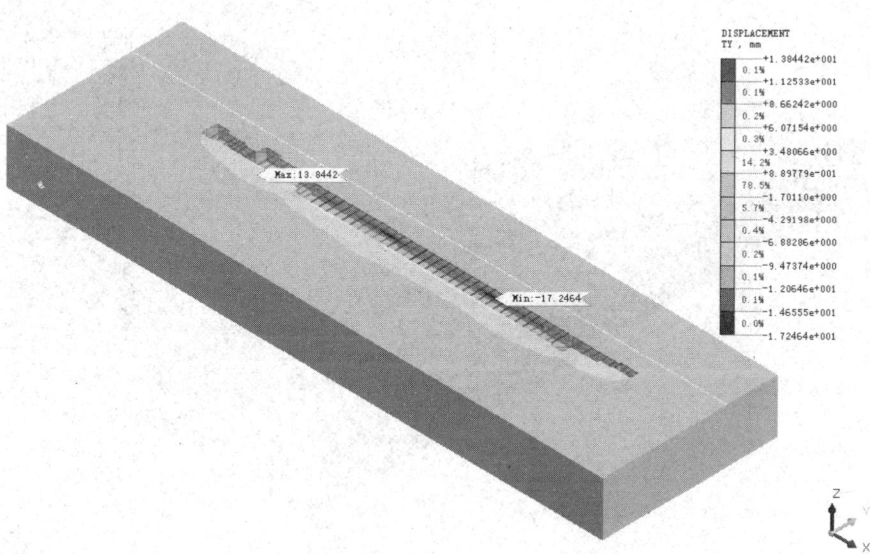

图 6-13　第三层土体开挖阶段水平位移

4.第四层土体开挖施工模拟分析

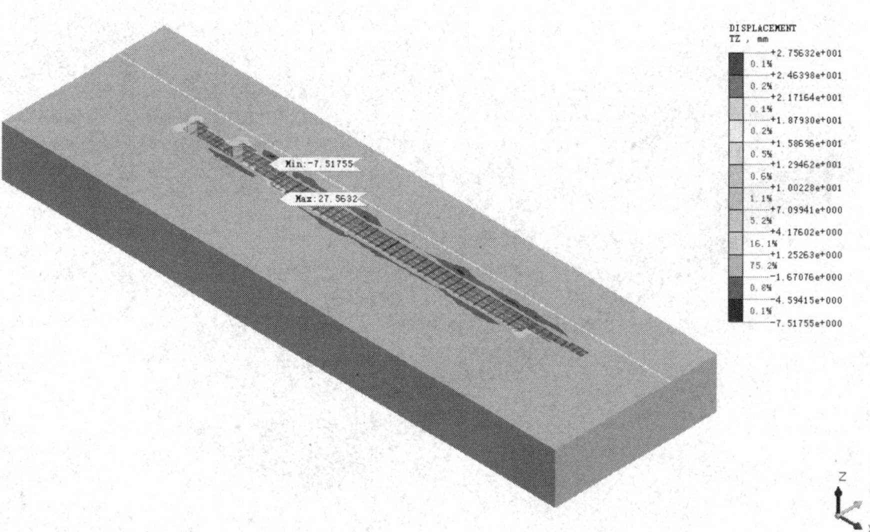

图 6-14　第四层土体开挖阶段竖向位移

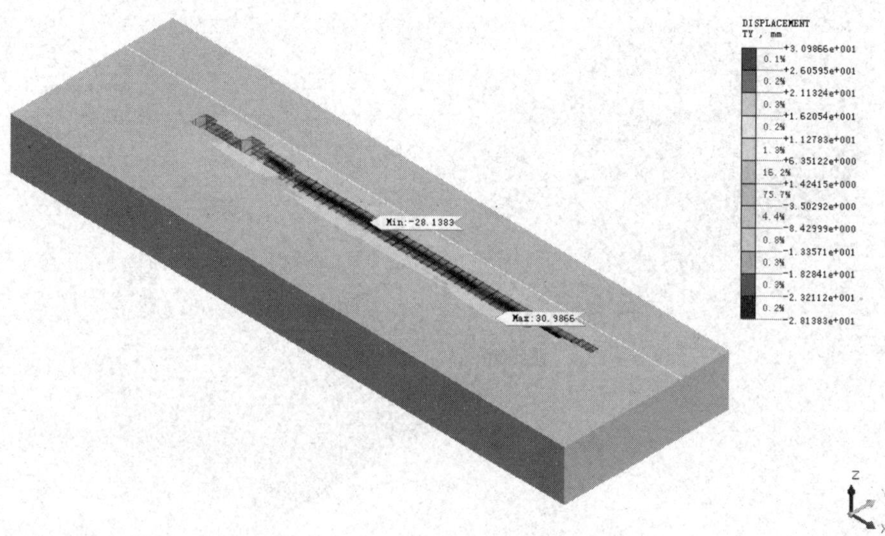

图 6-15　第四层土体开挖阶段水平位移

5.地下结构施工模拟分析

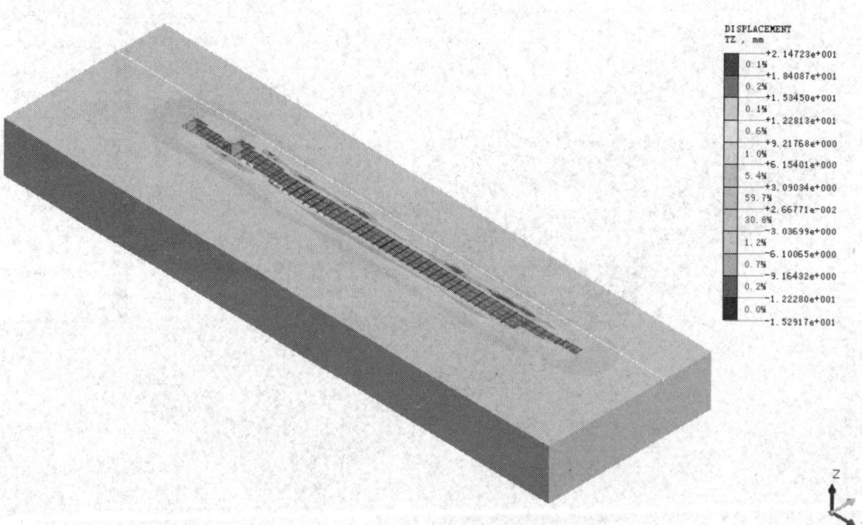

图 6-16　地下结构施工阶段竖向位移

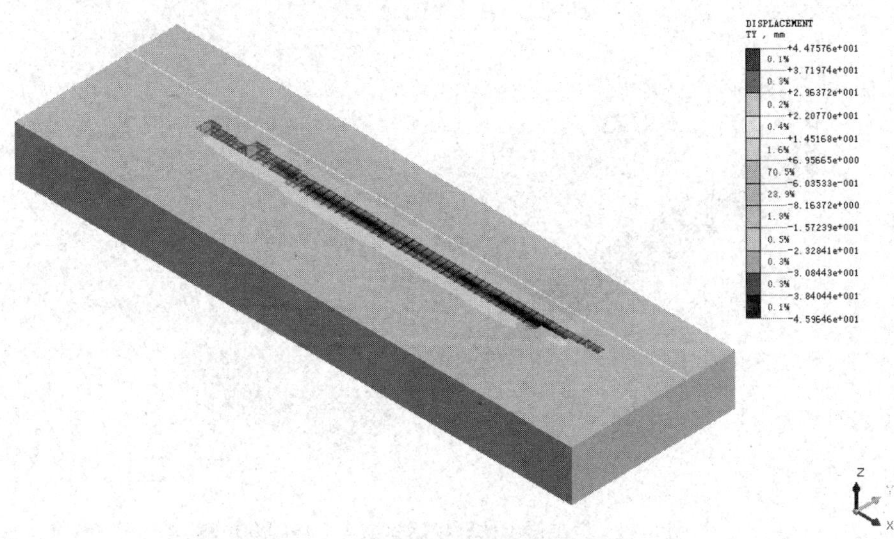

图 6-17　地下结构施工阶段水平位移

6.1.3.3 基坑开挖既有石南货运铁路影响分析

1.既有石南货运铁路线路轨道竖向位移分析

为分析嘉华站基坑施工对既有石南货运铁路路基的影响，借助于三维有限元软件，可得铁路竖向位移变化如图6-18～图6-22所示。假定轨道与地面不产生裂缝。

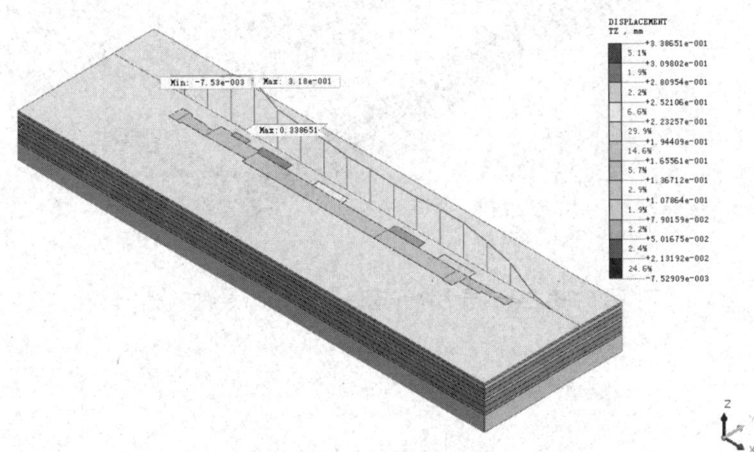

图 6-18　第一层土体开挖后轨道中心线竖向位移

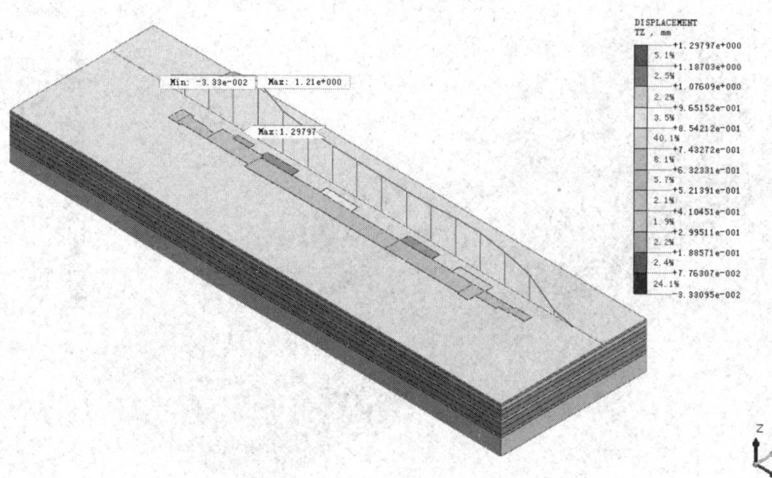

图 6-19　第二层土体开挖后轨道中心线竖向位移

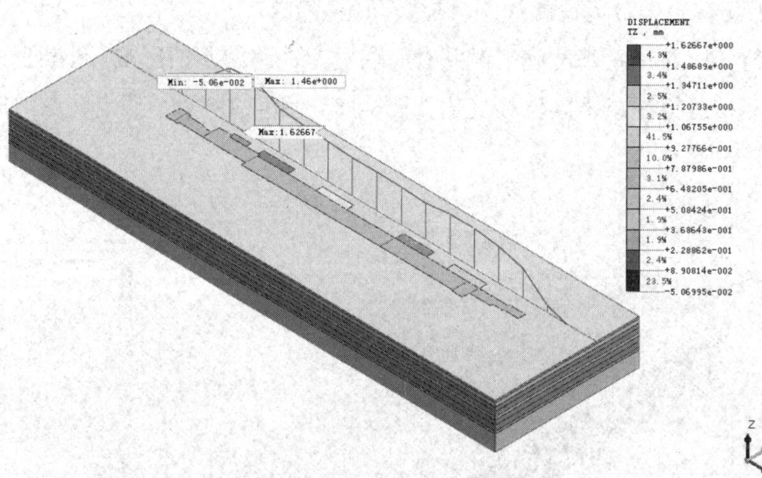

图 6-20　第三层土体开挖后轨道中心线竖向位移

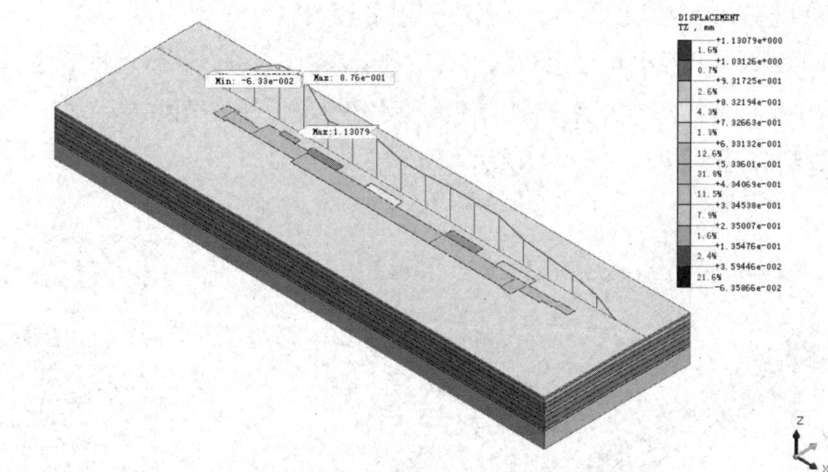

图 6-21　第四层土体开挖后轨道中心线竖向位移

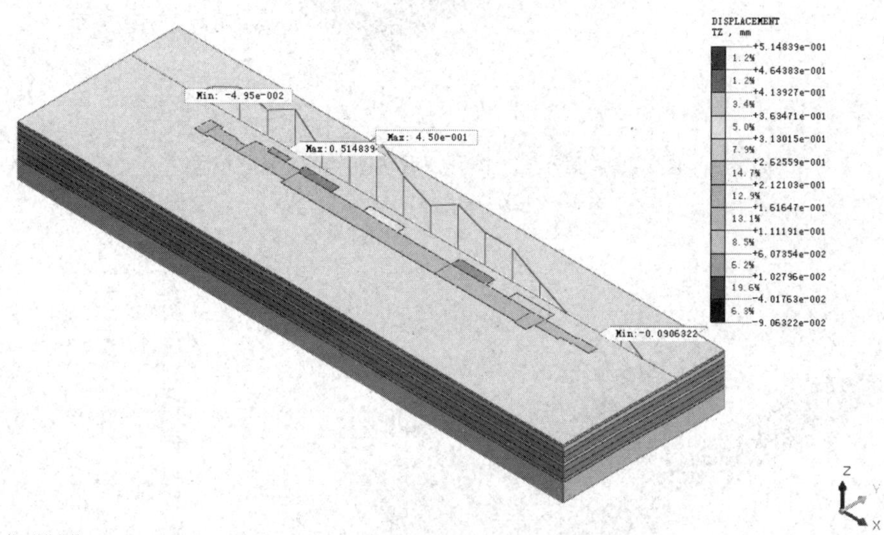

图 6-22　地下结构施工阶段轨道中心线竖向位移

嘉华站各施工工况开挖对石南铁路变形影响极值如表6-3所示。

表 6-3　嘉华站各施工工况对石南铁路变形影响极值

施工工序	第一层土体开挖	第二层土体开挖	第三层土体开挖	第四层土体开挖	地下结构施工
最大竖向位移	0.33mm	1.29mm	1.62mm	1.73mm	0.51mm

2.既有石南货运铁路线路水平变形量分析

为分析嘉华站基坑施工对既有石南货运铁路路基的影响，这里给出了施工过程中基坑施工对铁路路基影响的累计水平变形量曲线图以及附加水平变形量曲线图，如图6-23～图6-27所示。

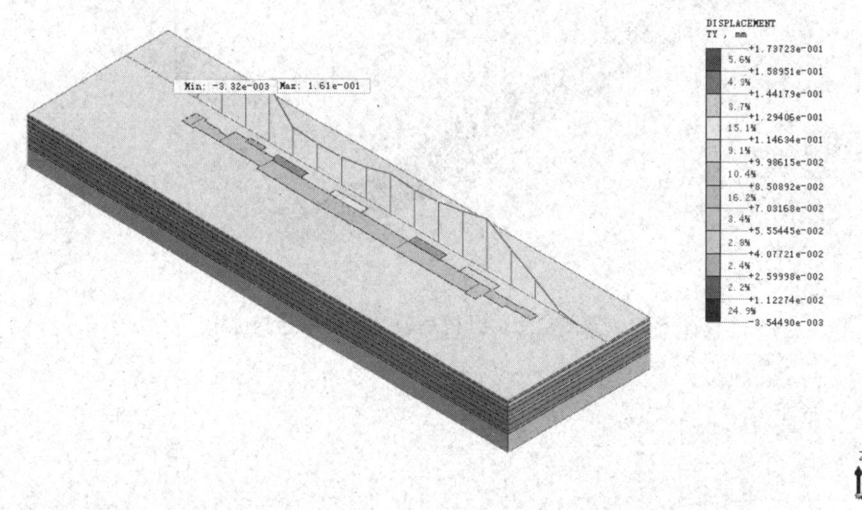

图 6-23　第一层土体开挖后轨道中心线竖向位移

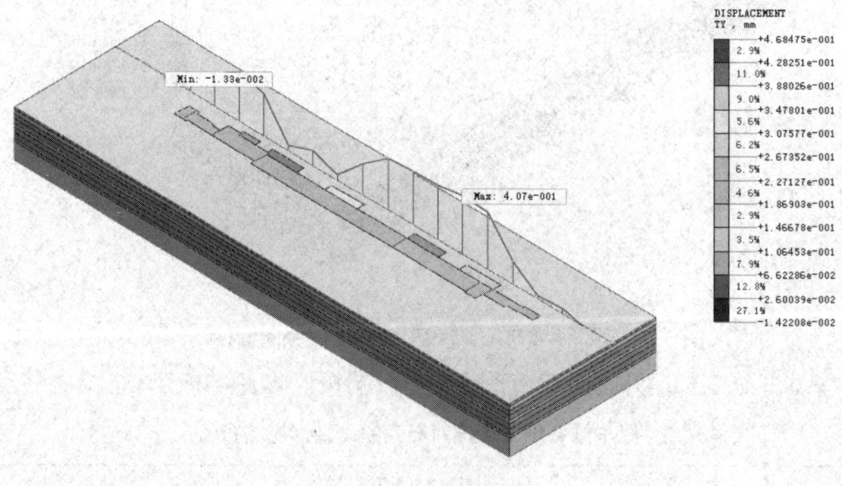

图 6-24　第二层土体开挖后轨道中心线竖向位移

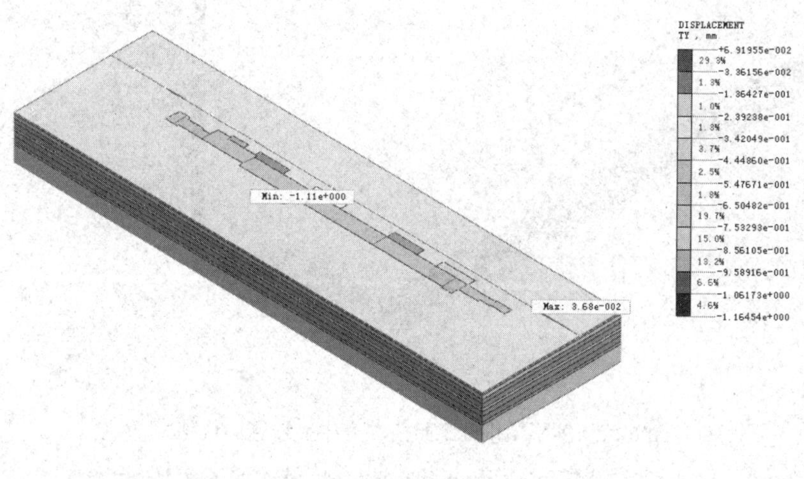

图 6-25　第三层土体开挖后轨道中心线竖向位移

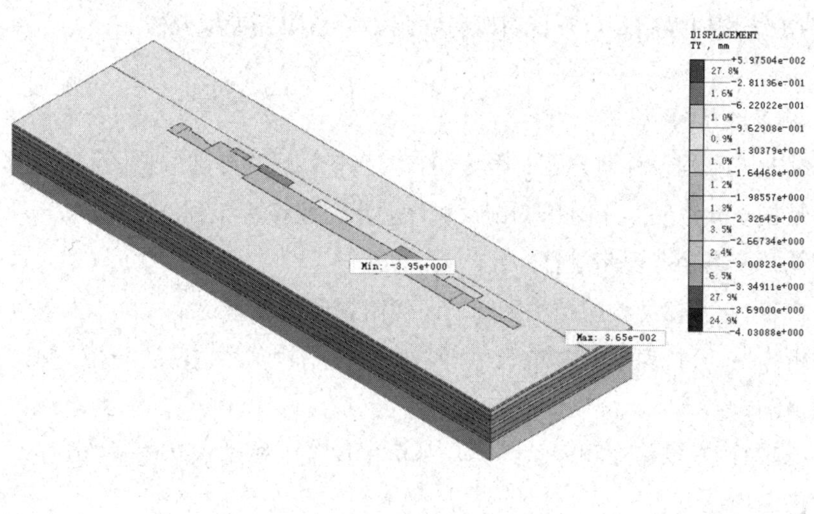

图 6-26　第四层土体开挖后轨道中心线竖向位移

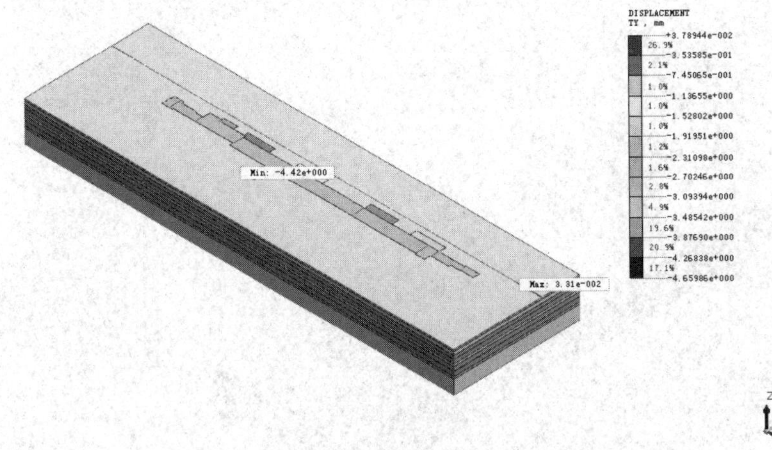

图 6-27 地下结构施工阶段轨道中心线竖向位移

嘉华站各施工工况开挖对石南铁路变形影响极值如表6-4所示。

表 6-4 嘉华站各施工工况对石南铁路变形影响极值

施工工序	第一层土体开挖	第二层土体开挖	第三层土体开挖	第四层土体开挖	地下结构施工
最大水平位移	0.16mm	0.40mm	1.11mm	3.95mm	4.22mm

6.1.4 围护结构加强后基坑开挖对既有铁路影响有限元模拟分析

6.1.4.1 施工过程模拟

根据北方工程设计研究院有限公司在《嘉华站风险专册结构图》和《嘉华站初步结构设计说明》中提出的施工顺序要求，模拟本工程施工阶段如下：

基坑开挖需要分五步进行：

分析步1：主体结构防护桩和临铁路侧附属围护桩施工；

分析步2：开挖第一层基坑土体，基坑主体及附属结构基坑开挖2.4m，施加第一道横撑；

分析步3：开挖第二层基坑土体，基坑主体及附属结构基坑开挖6.1m，施加第二道横撑；

分析步4：开挖第三层基坑土体，基坑主体开挖5.2m，施加第三道横撑；

分析步5：开挖第四层基坑土体，基坑主体开挖5.1m；

分析步6：施加地下结构荷载，根据甲方提供数据换算为均布荷载的大小为88kPa。

本报告中符号规定如下：

1.竖向变形结果负值表示沉降，正值表示隆起；

2.水平变形结果正值表示背离基坑一侧，负值表示指向基坑方向。

6.1.4.2 基坑有限元模拟分析计算结果

1.第一层土体开挖施工模拟分析

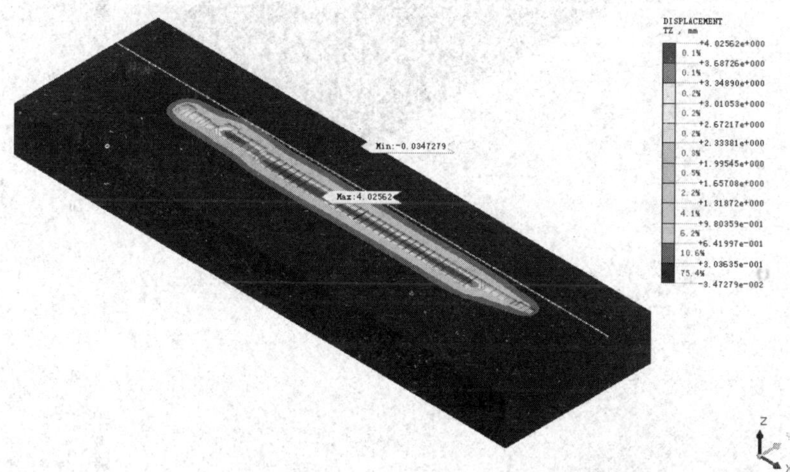

图 6-28　第一层土体开挖阶段竖向位移

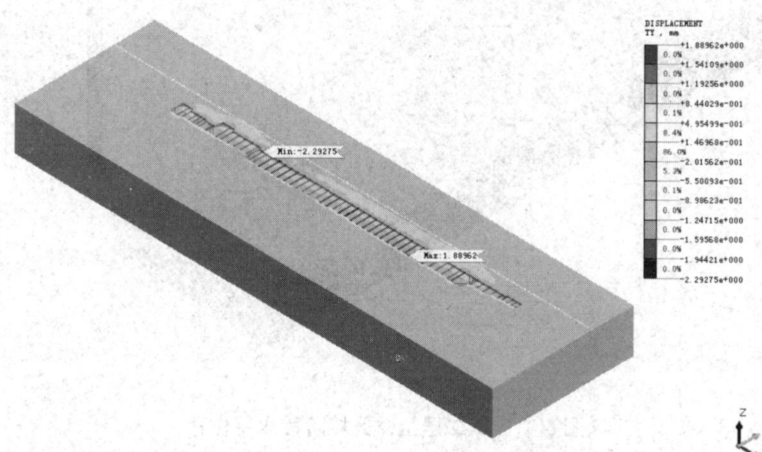

图 6-29　第一层土体开挖阶段水平位移

2.第二层土体开挖施工模拟分析

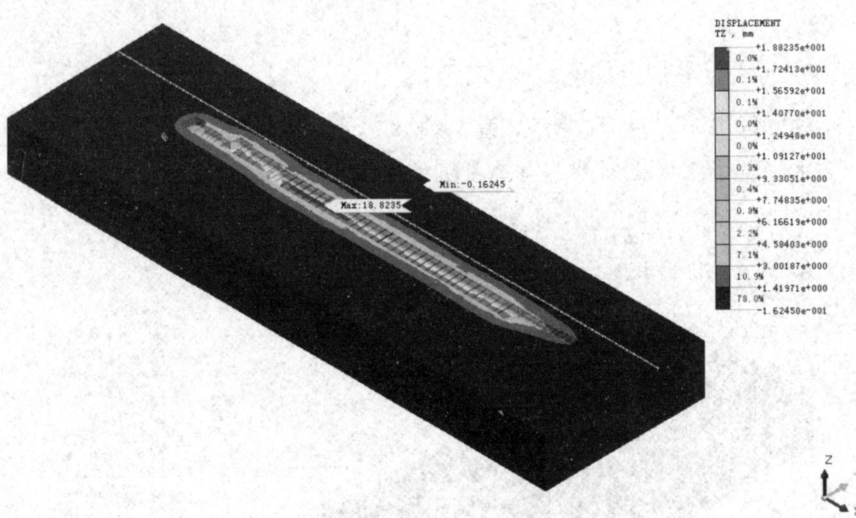

图 6-30　第二层土体开挖阶段竖向位移

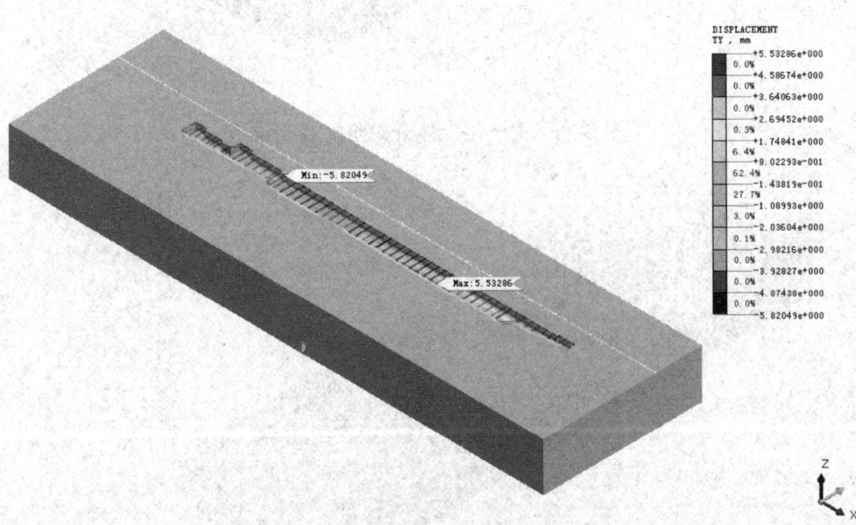

图 6-31　第二层土体开挖阶段水平位移

3.第三层土体开挖施工模拟分析

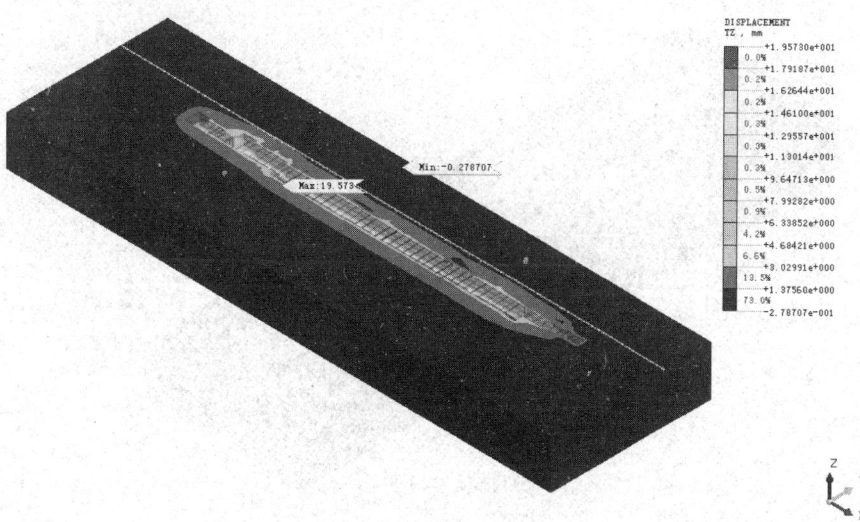

图 6-32　第三层土体开挖阶段竖向位移

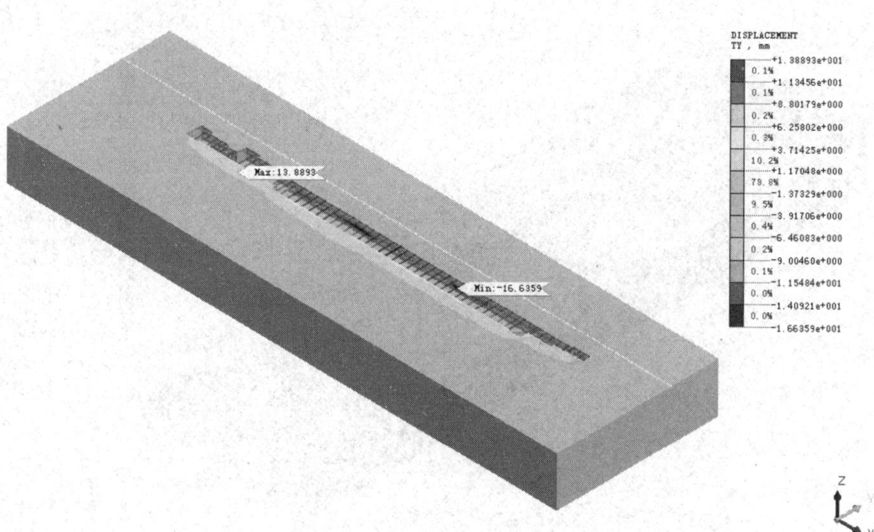

图 6-33　第三层土体开挖阶段水平位移

4.第四层土体开挖施工模拟分析

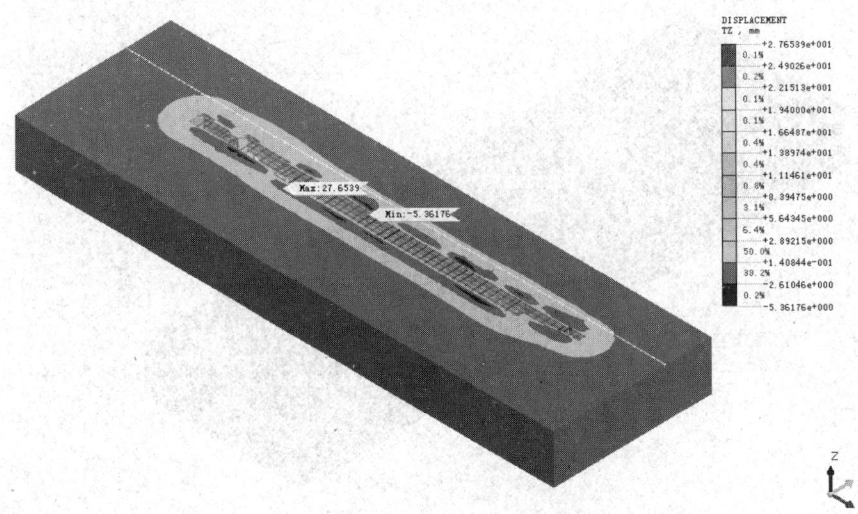

图 6-34　第四层土体开挖阶段竖向位移

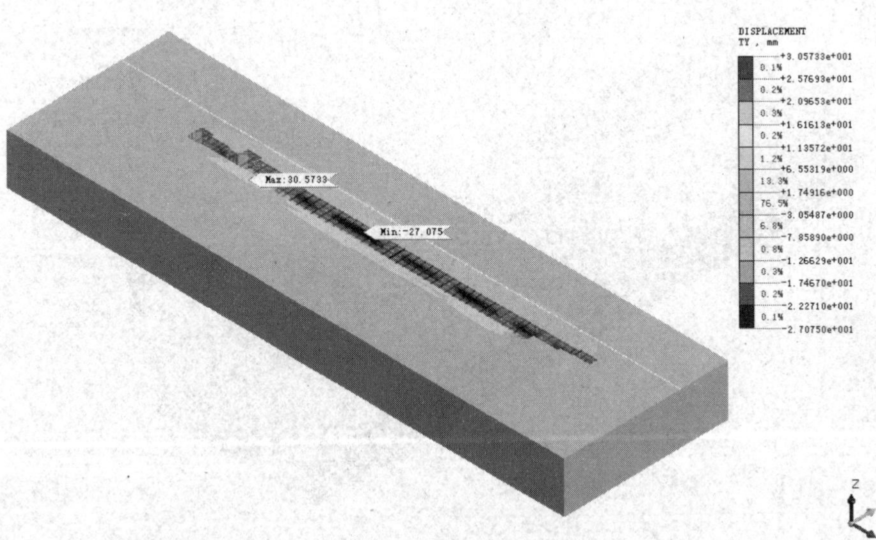

图 6-35　第四层土体开挖阶段水平位移

5.地下结构施工模拟分析

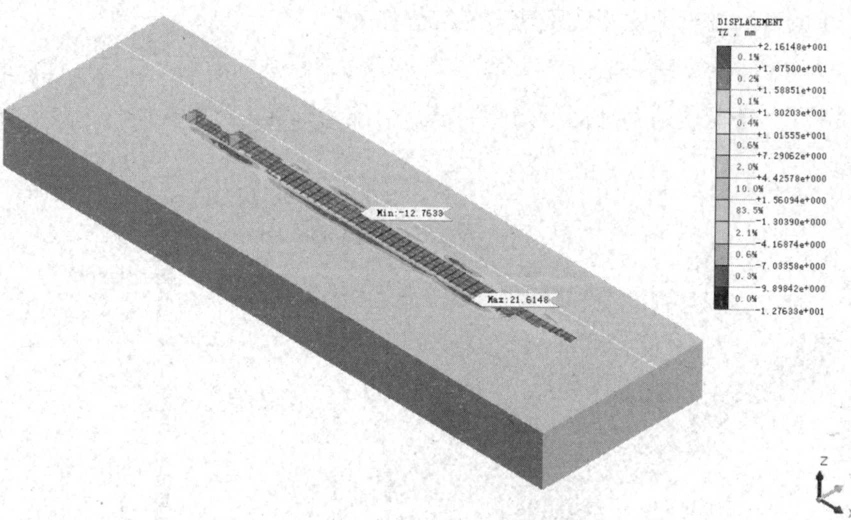

图 6-36　地下结构施工阶段竖向位移

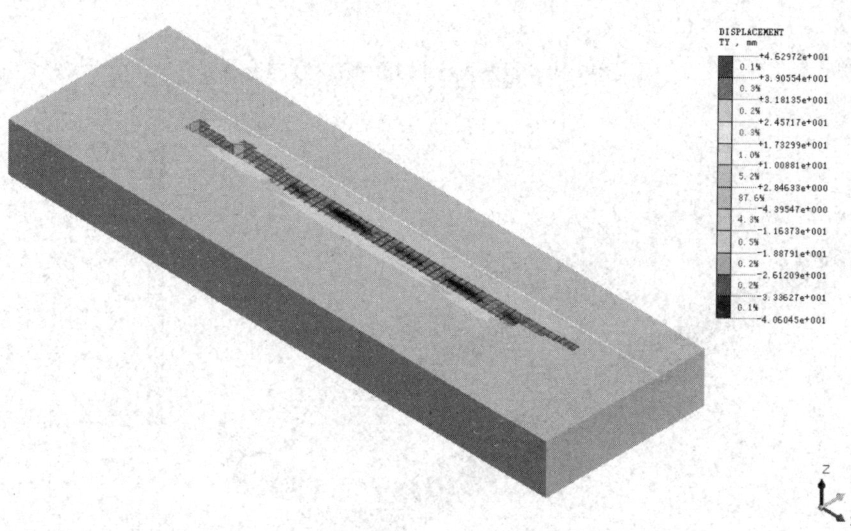

图 6-37　地下结构施工阶段水平位移

6.1.4.3 基坑开挖既有石南货运铁路影响分析

1.既有石南货运铁路线路轨道竖向位移分析

为分析嘉华站基坑施工对既有石南货运铁路路基的影响，如图6-38～图6-42所示。假定轨道与地面不产生裂缝，受施工影响，路基发生附加竖向变形现象。

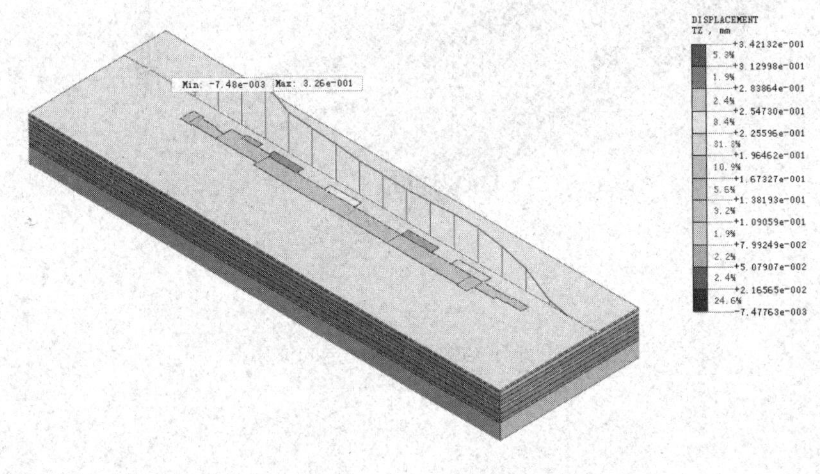

图 6-38　第一层土体开挖阶段竖向位移

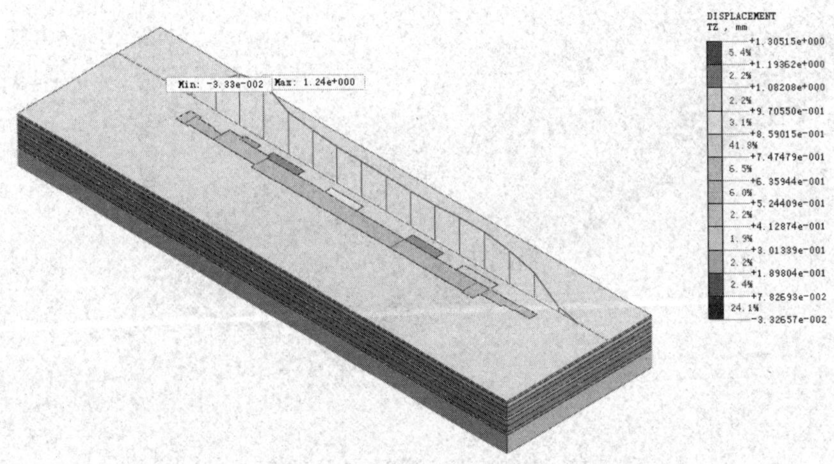

图 6-39　第二层土体开挖阶段竖向位移

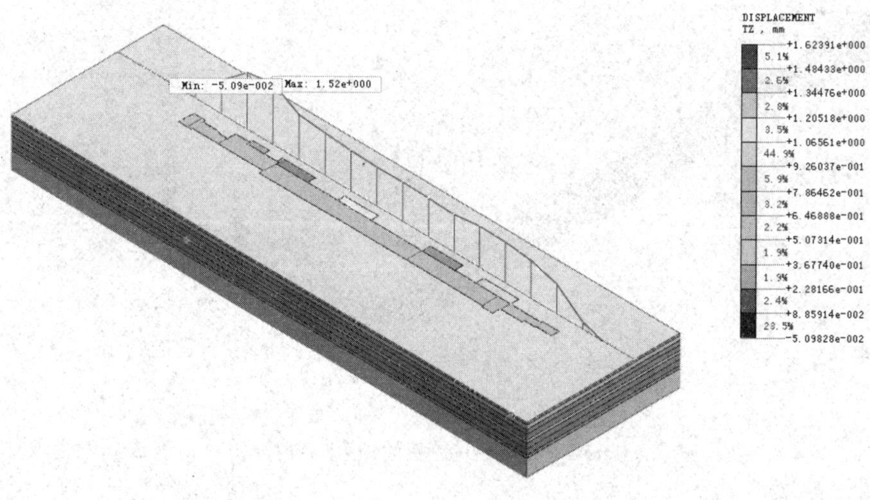

图 6-40　第三层土体开挖阶段竖向位移

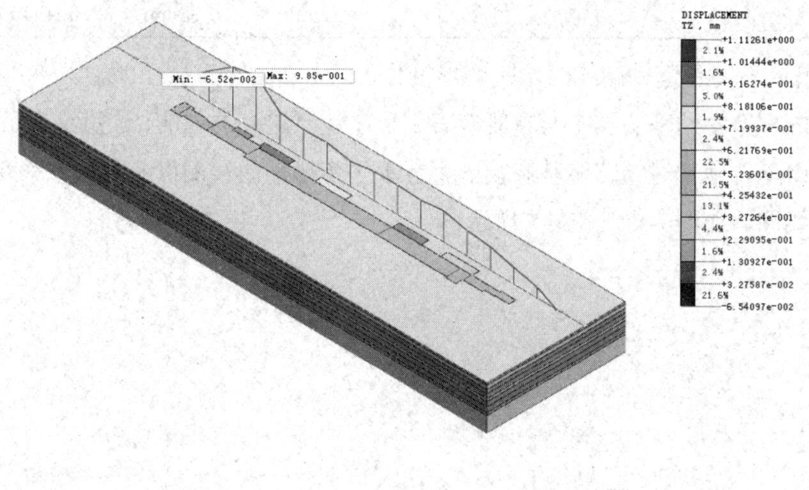

图 6-41　第四层土体开挖阶段竖向位移

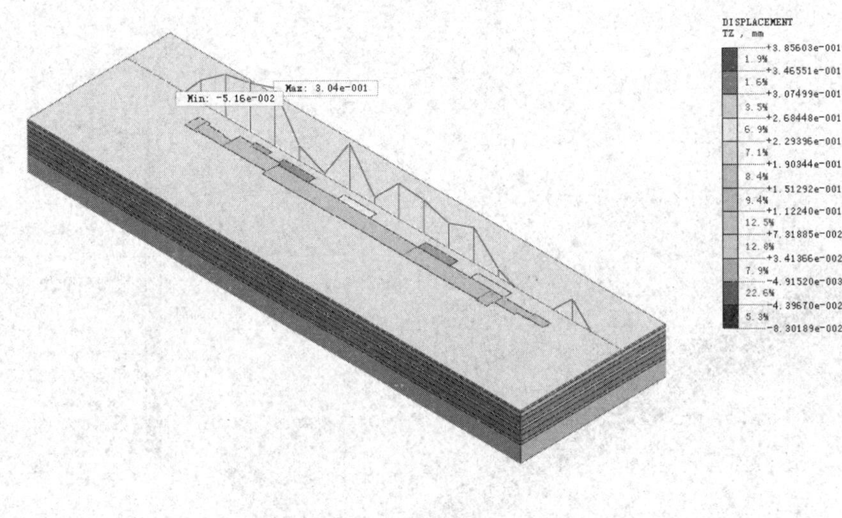

图 6-42　地下结构施工阶段竖向位移

嘉华站各施工工况开挖对石南铁路变形影响极值如表6-5所示。

表 6-5　嘉华站各施工工况对石南铁路变形影响极值

施工工序	第一层土体开挖	第二层土体开挖	第三层土体开挖	第四层土体开挖	地下结构施工
最大竖向位移	0.31mm	1.24mm	1.52mm	0.98mm	0.30mm

2.既有石南货运铁路线路水平变形量分析

为分析嘉华站基坑施工对京既有石南货运铁路路基的影响，这里给出了施工过程中基坑施工对铁路路基影响的累计水平变形量曲线图以及附加水平变形量曲线图，如图6-43～图6-47所示。

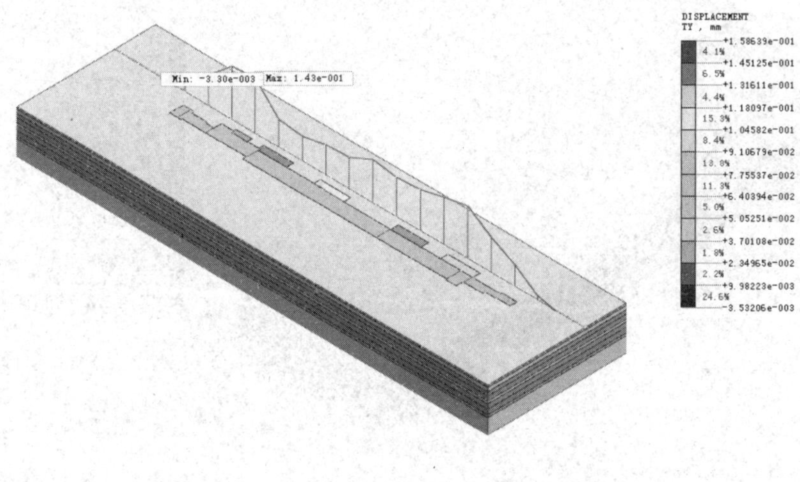

图 6-43　第一层土体开挖阶段水平位移

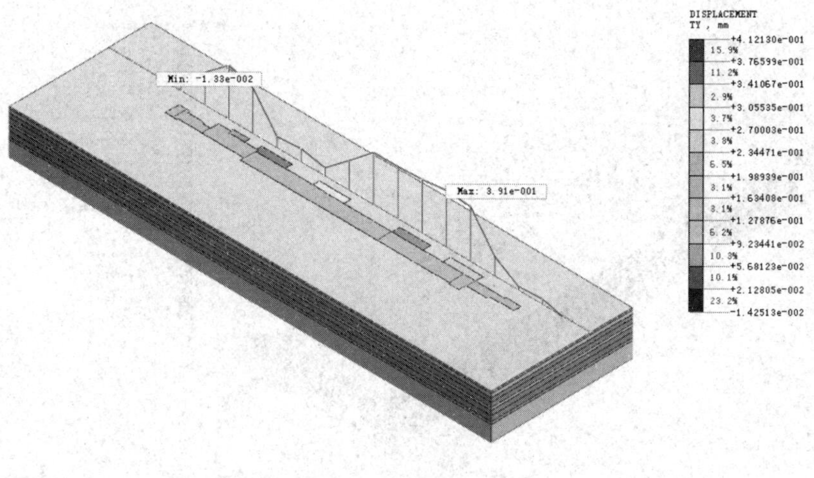

图 6-44　第二层土体开挖阶段水平位移

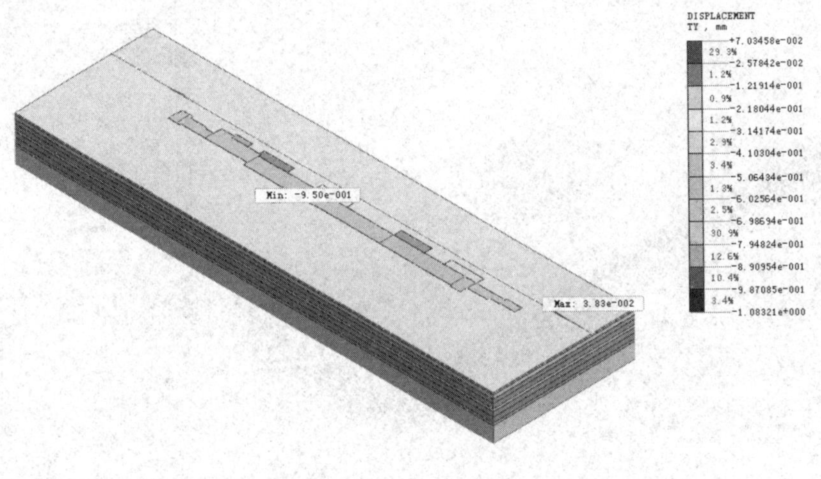

图 6-45　第三层土体开挖阶段水平位移

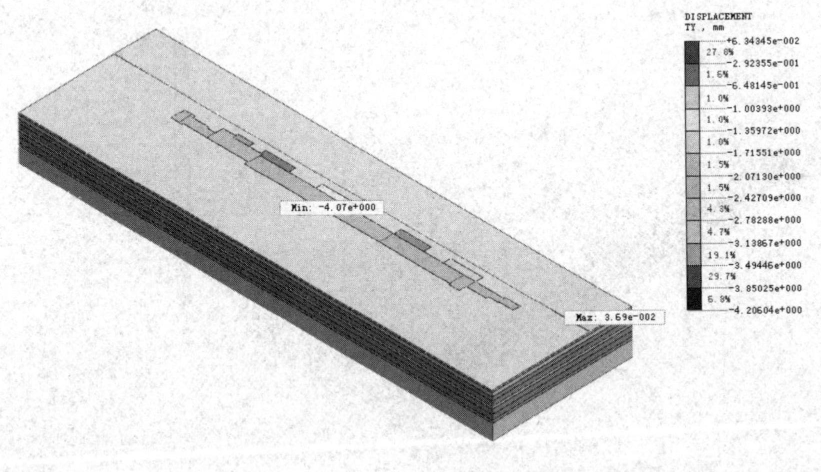

图 6-46　第四层土体开挖阶段水平位移

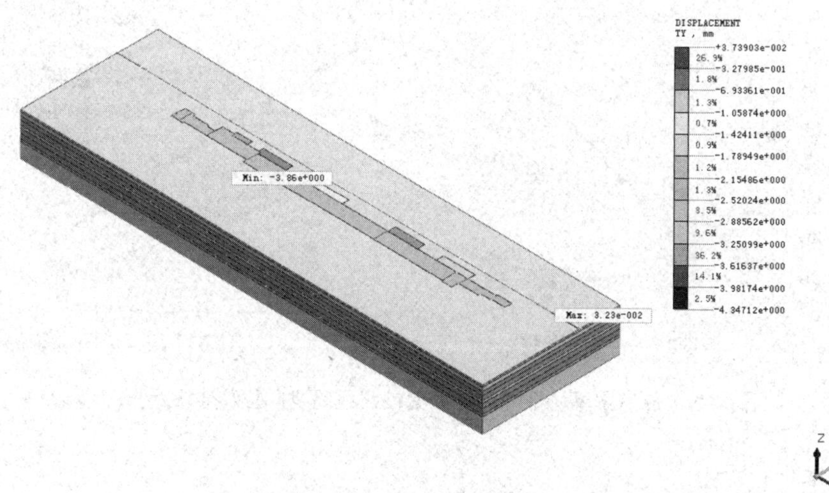

图 6-47　地下结构施工阶段水平位移

受施工影响，路基发生附加横向水平变形。最大累计横向水平变形值为4.07mm，方向为指向基坑侧，发生在车站基坑开挖第四层土阶段；最大附加横向水平变形值为3.12mm，发生在第四层土开挖阶段。

嘉华站各施工工况开挖对石南铁路变形影响极值如表6-6所示。

表 6-6　嘉华站各施工工况对石南铁路变形影响极值

施工工序	第一层土体开挖	第二层土体开挖	第三层土体开挖	第四层土体开挖	地下结构施工
最大水平位移	0.14mm	0.39mm	0.95mm	3.57mm	3.86mm

6.1.5 有限元分析与监测数据对比分析

选取5个横断面，分析车站基坑开挖对既有铁路线路影响。

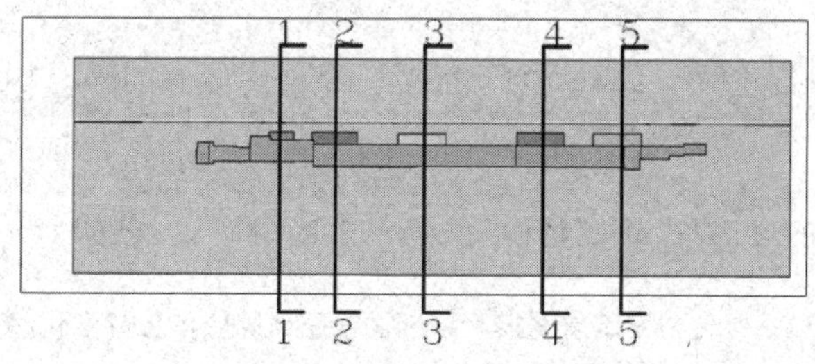

图 6-48　监测断面示意图

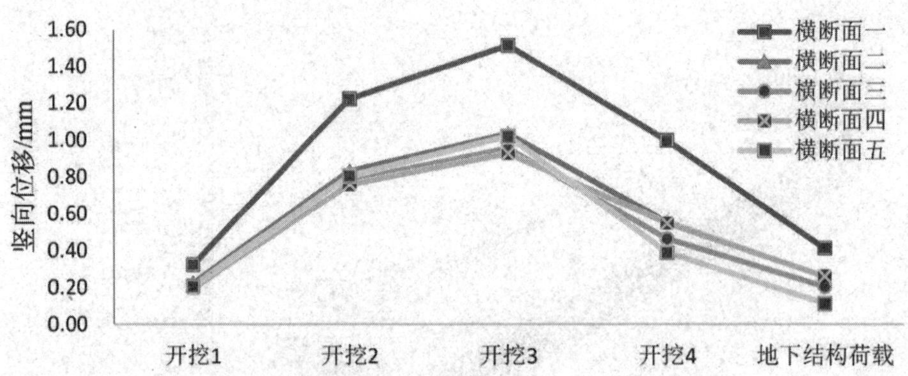

图 6-49　原方案基坑开挖后各断面铁路线路竖向位移变化趋势图

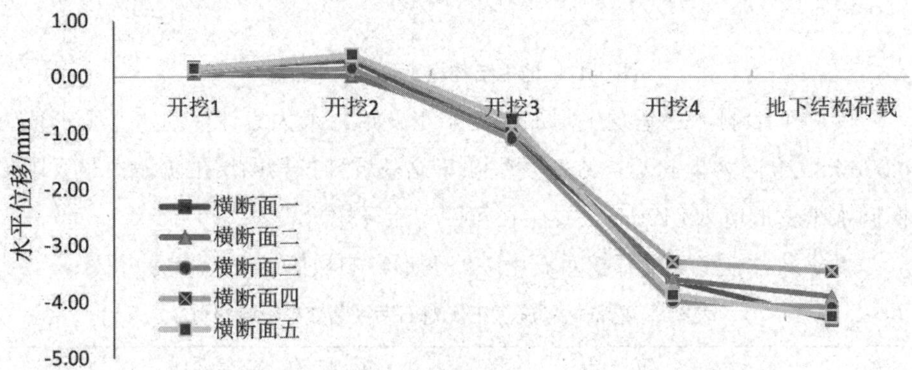

图 6-50　原方案基坑开挖后各断面铁路线路水平位移变化趋势图

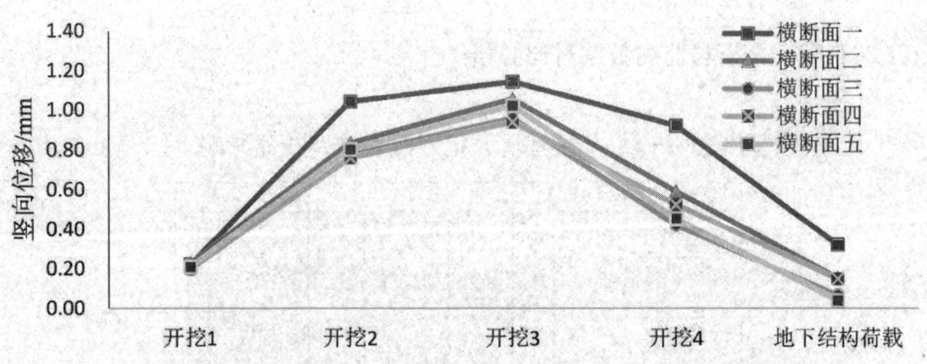

图 6-51　优化方案基坑开挖后各断面铁路线路竖向位移变化趋势图

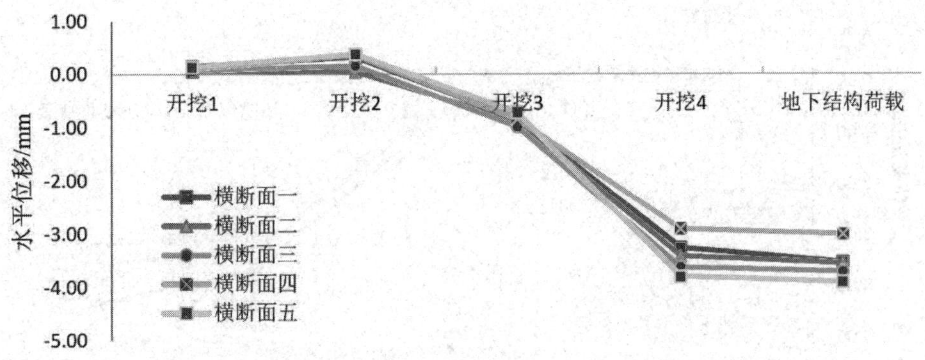

图 6-52　优化方案基坑开挖后各断面铁路线路水平位移变化趋势图

1.由上图可知，通过对原方案基坑开挖后各断面分析，在第三层基坑开挖工序下，铁路线路最大竖向位移为1.51mm，出现在3号风亭断面位置处；铁路线路最大水平位移为4.31mm，出现在3号风亭位置剖面位置，地下结构荷载工序。

2.由上图可知，通过对优化后方案基坑开挖后各断面分析，在第三层基坑开挖工序下，铁路线路最大竖向位移为1.15mm，出现在3号风亭断面位置处；铁路线路最大水平位移为3.91mm，出现在1号风亭位置剖面位置，地下结构荷载工序。

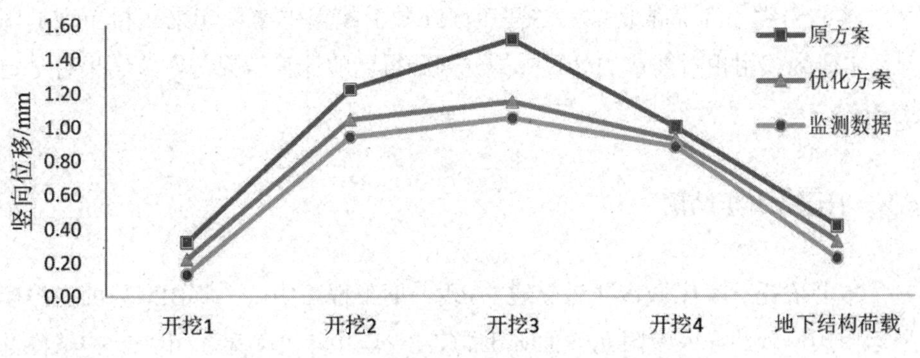

图 6-53　不同方案下铁路轨道竖向位移变化规律

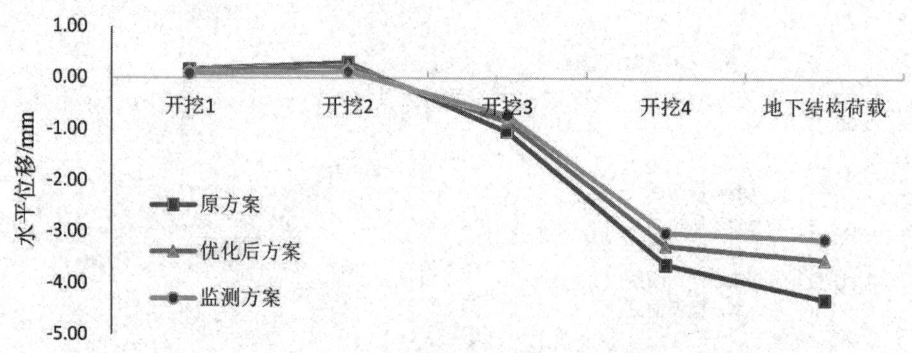

图 6-54　不同方案下铁路轨道水平位移变化规律

3.由上图可知，选取最大位移变化断面横断面一进行分析可得，原设计方案最大竖向位移1.51mm，优化后位移为1.15mm，减少了23%，优化后监测方案测得数据为1.05mm，吻合较好；原方案最大水平位移为4.31mm，优化后方案最大水平位移为3.53mm，减少了18%，优化后监测方案测得数据为3.13mm。

4.数值计算结果与实测数据在基坑开挖规律比较吻合，数值稍有偏差。经分析认为产生这种结果的原因是，在基坑施工过程中，土方开挖基本处于一个连续的状态，边挖边支护，边界条件相对简单，在数值模拟中容易实现；而当开挖接近坑底标高时，由于施工需要，整个施工工序复杂，在此过程中，支撑和土体的力学行为非常复杂，这些工序在数值模拟中实现起来有相当大的困难，本研究采用相对简单的处理方式，因此得到的计算结果与实测结果有一定的偏差。

6.1.6 有限元分析结论

本书依托石家庄城市轨道交通2号线一期工程嘉华站，将BIM基坑支护模型运用接口软件导入有限元软件Midas-GTS NX中，并对基坑开挖支护结构进行三维计算分析，计算中动态模拟分析基坑开挖施工支护步骤，并考虑了基坑地层条件的差异，并对原方案、优化后方案及监测数据进行对比分析，得出如下结论：

1.嘉华站基坑开挖对石南货运铁路路基影响规律：随着开挖深度的增加，路基的水平位移呈现增大的趋势；随着基坑距离铁路路基的减小，铁路路基的水平位移呈现增大的趋势。

2.由于嘉华站基坑开挖施工，原方案地表最大沉降为15mm，优化后基坑地表最大沉降为12mm，减少了20%，说明对邻近铁路侧围护桩加强对控制基坑边地表沉降变形有有效控制作用，且满足《城市轨道交通工程监测技术规范GB 50911-2013》关于地表沉降控制要求。

3.由于嘉华站基坑开挖施工，原设计方案货运铁路路基最大竖向位移1.51mm，方案优化后位移为1.15mm，减少了23%；原方案最大水平位移为4.31mm，优化后方案最大水平位移为3.53mm，减少了18%。说明先施工临铁路侧附属围护桩作为隔离措施对铁路进行保护，具有良好的加固效果，可以有效减少铁路路基变形。

4.受基坑开挖及车站结构施工影响，既有石南货运铁路路基将发生隆起现象，最大隆起值为4.31mm，可以满足《铁路路基设计规范》（TB10001-2005 J447-2005）中规定的铁路构筑物的沉降要求。

5.受基坑开挖及站房建筑施工影响，按照10m间距计算的路基竖向差异变形量，最大变形值为1.15mm。按照《铁路线路维修规则》（铁运〔2006〕146号）要求的容许偏差管理值作为控制标准，能够满足轨道动态质量容许偏差管理值（v_{max}≤120km/h）I级高低8mm的要求，也能够满足线路轨道静态几何尺寸容许偏差管理值（v_{max}≤120km/h）经常保养状态下高低6mm的要求。

6.受基坑开挖及站房建筑施工影响，既有石南货运铁路路基将发生水平变形，水平变形量最大值为3.53mm。按照《铁路线路维修规则》（铁运〔2006〕146号）要求的容许偏差管理值作为控制标准，能够满足轨道动态质量容许偏差管理值（v_{max}≤120km/h）I级高低8mm的要求，也能够满足线路轨道静态几何尺寸容许偏差管理值（v_{max}≤120km/h）经常保养状态下高低6mm的要求。

6.2 基于BIM技术基坑开挖实时感知与预警技术应用研究

在基坑开挖的施工过程中，基坑内外的土体将由原来的静止土压力状态向被动和主动土压力状态转变，应力状态的改变引起维护结构承受荷载并导致围护结构和土体的变形，围护结构的内力和变形中的任一量值超过容许的范围，将造成基坑的失稳破坏或对周围环境造成不利影响。基坑开挖所引起的土体变形将在一定程度上改变原有建筑物和地下管线的正常状态。当土体变形过大时，会造成邻近结构和设施的失效或破坏。同时，基坑相邻的建筑物又相当于较重的集中荷载，基坑周围的管线常引起地表水渗漏，这些因素又是导致土体变形加剧的原因。

为此，本节将针对嘉华站施工期间会遇到的问题，创新性地利用BIM技术，围绕嘉华站基坑开挖目标，在前述BIM模型实体结构分解方式及专业构件编码规则的基础上，提出了以BIM为模型数据，融合人工数据录入、移动端、自动监测等移动互联技术，基于BIM技术的临近既有线超长深基坑开挖实时作业、风险源自动识别和风险动态监测评估等实时感知与预警分析综合集成管理。

6.2.1 实施路线

首先，结合嘉华站工程设计及施工情况，在前述嘉华站BIM模型实体结构分解方式及专业构件编码的基础上，探索扩充风险源、安全监测等项目编码规则，形成车站、风险源、安全监测等BIM应用统一编码库。

其次，基于统一定制的编码规则，以嘉华站BIM模型为核心，以自动监测传感器、RFID等物联网为载体，基于移动端互联技术实现了嘉华站基坑开挖全过程的风险监测评估的信息高效采集、及时传输、云端存储等。

最后，实现以基坑开挖监测实时数据为驱动，基于BIM技术的临近既有线超长深基坑开挖工程建设多元风险准确识别、风险监测评估等实时感知与分析预警的综合管控。

6.2.2 风险源与安全监测编码研究

6.2.2.1 风险源编码

首先是对风险源进行编码。比如，风险源为“石南货运铁路线”的风险源EBS/WBS编码为“SJZDT21020102CSDL001”，其中风险源类型编码说明如表6-7所示，风险源类型后的编号是指同工点、同风险类型下按里程由小到大方向的排序序号，风险源类型编码如表6-8所示。

表 6-7　风险源 EBS 编码格式

<table>
<tr><td>1</td><td>2</td><td>3</td><td>4</td><td>5</td><td>6</td><td>7</td><td>8</td><td>9</td><td>10</td><td>11</td><td>12</td><td>13</td></tr>
<tr><td colspan="9">项目编码</td><td colspan="4">专业编码</td></tr>
<tr><td colspan="2">14</td><td colspan="2">15</td><td>16</td><td>17</td><td>18</td><td>19</td><td>20</td><td colspan="4" rowspan="2">--</td></tr>
<tr><td colspan="6">风险源类型编码</td><td colspan="3">编号</td></tr>
</table>

表 6-8　风险类型编码说明

风险类型编码	风险类型名称	说明
CSDL	城市道路	城市主干道
SNTL	市内铁路	城市内既有铁路
SZGX	市政管线	水管、电力管线等
ZBHJ	周边环境	建筑物等

6.2.2.2 安全监测编码

在基坑施工期间，须周期性对周边环境尤其是既有铁路进行观测，及时发现隐患，并根据监测成果相应地及时调整施工速率及采取相应的措施，确保既有铁路、道路、市政管线及建筑物的正常使用。为了将监测数据采集接入BIM平台系统，测点需要全面唯一进行编码（见表6-9～表6-11）。

表 6-9　监测类别编码

监测类型	编码	监测类型	编码
桩顶水平位移	ZS	钢支撑轴力	GZ
桩顶竖向位移	ZC	混凝土支撑轴力	HZ
地表沉降	DB	桩体水平位移（测斜）	ZT
既有线沉降	TLDB	既有线水平位移	TLS

表 6-10 测点编码

<table>
<tr><td>1</td><td>2</td><td>3</td><td>4</td><td>5</td><td>6</td><td>7</td><td>8</td><td>9</td><td>10</td><td>11</td><td>12</td><td>13</td></tr>
<tr><td colspan="9">项目编码</td><td colspan="4">专业编码</td></tr>
<tr><td colspan="3">14</td><td colspan="3">15</td><td colspan="3">16</td><td colspan="4">17</td></tr>
<tr><td colspan="3">监测类型</td><td colspan="3">测组顺序号</td><td colspan="3">测点类别</td><td colspan="4">测点顺序号</td></tr>
</table>

格式：工点编码-监测类别-测组顺序号-测点顺序号

测组：SJZDT21020102ZS001

测点：SJZDT21020102ZS001001

表 6-11 测组（点）编码示例

测组编码	测组名称/测组里程	系统测点编码
SJZDT21020102ZS001	DK16+316	SJZDT21020102ZS001001 SJZDT21020102ZS001002
SJZDT21020102ZS002	DK16+322	SJZDT21020102ZS002001 SJZDT21020102ZS002002
SJZDT21020102ZS003	DK16+334	SJZDT21020102ZS003001 SJZDT21020102ZS003002

6.2.3 监测点布设及预警系统实现

为了同时满足提高效率、降低成本、保障安全的施工要求，嘉华站在布设现场监测点时采用人工监测点与自动化监测点同时布设的方式，其中自动化监测点布设于既有铁路线监测点相关位置，及与之成监测断面的基坑监测点。监测数据采用人工录入与自动采集两种方式通过网络将监测数据上传至云数据系统，同时采用BIM概念与监测系统实现地铁基坑的信息化施工过程。基于Unity 3D引擎通过C#语言编译数据管理系统，借助互联网平台实现手机、网页等多客户端的数据动态交互，同时以数据调用的形式将监测结果以BIM模型的形式进行直观展现。

基于BIM技术的监测系统主要是终端接受应答器、无线网关、中间阅读器和中央数据处理器之间的数据传输和控制，当地铁基坑发生较大变形或者有危险情况发生时，终端传感器或监测数据就会有相应的变化，阅读器就会读取终端物体信息，包括其原始属性和变化量，数据传输给中央数据处理器，数据分析评价之后发布合理预警，并决定采用相应措施应对。

同时本单位作为河北省地标《基桩内力测试技术规程》《城市轨道交通基坑内支撑支护技术规程》及《城市轨道交通工程监测技术规程》的参编单位，本项目作为相关规范规程验证依托项目，故基于BIM技术的基坑监测过程中的监测方式及监测数据，均作为规范规程编写过程中的相关材料及数据支撑。

系统整体架构如图6-55所示。

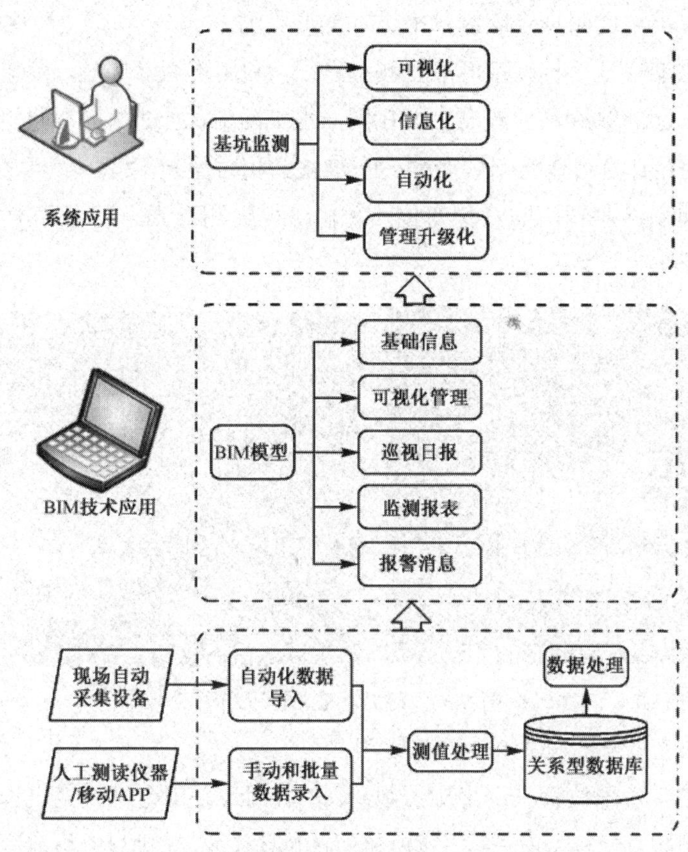

图6-55　基于BIM技术的基坑监测管理架构

6.2.3.1 监测点布设

基于BIM+物联网的监测数据系统主要包括以下五个方面的测量：

1.沉降测量（基坑周边、既有铁路）

采用相对高程系，利用建立的水准测量监测网，参照II等水准测量规范要求用水准仪引测。历次沉降变形监测是通过高程基准点间联测一条闭合或附合水准线路，由线路的工作点来测量各监测点的高程。各监测点高程初始值在施工前测定（至少测量2次取平均）。某监测点本次高程减前次高程的差值为本次沉降量，本次高程减初始高程的差值为累计沉降量。

基坑周边采用架设高精度水准仪人工监测+数据录入的方式进行。既有铁路沉降监测采用静力水准沉降监测系统进行在线24小时自动化监测，同时配合人工精密水准仪遵照规定监测频率进行变形监测。

静力水准仪是一种高精度液位测量系统，利用连通液原理，多支通过连通管连接在一起的储液罐的液面总是在同一水平面上，通过测量不同储液罐的液面高度，经过计算可以得出各个静力水准仪的相对差异沉降。一旦某测点发生沉降，即可引起容器内的液位变化，并由液位计测量到，可以分辨到0.01mm的垂直变化。

图 6-56　静力水准布设现场图

2.水平位移测量（基坑、既有铁路）

基坑工程水平位移采用坐标法观测。基坑周边采用全站仪架设于某稳定基准点，观测测点坐标，取三次平均值作为初始值。本次观测值与前次观测值之差为该点累计位移量。

既有铁路通过倾角传感器对路基体水平位移进行监测，在钢轨外侧安装单轴倾角传感器，由钢轨倾角计算水平位移。

倾角传感器安装方法如下：

在钢轨外侧监测点处粘贴倾角支架，调整好倾角传感器安装方向，将其通过螺栓固定在支架上，布置延长线至采集仪处，先接传感器自带线与延长线，再接延长线至采集仪接线端子上。通过平台查看数据或利用万用表测试传感器是否正常工作。沉降传感器现场安装效果如图6-57所示。

图 6-57　沉降传感器现场安装效果

3.深层水平位移测量（基坑）

深层水平位移监测是观测支护结构各深度的水平位移量，用以监测支护桩或土体的变形。当测出支护结构在没有外界荷载作用下位移急剧增大则表示土体临近破坏。其量测方法是：

（1）首先在预定位置埋设足够深（以达到不动点为止）铅直的测斜管，管内有互成90°的四个导槽，使其中一对互成180°的导槽与土体变形方向一致（与基坑边垂直）。

（2）放入带有导轮的测斜仪沿导槽滑动，由于测斜仪能反映出测管与重力线之间的倾角，因而能测出测斜仪所在位置测管在土体作用下的倾斜度θ_i，换算成该位置测斜仪上下导轮间（或分段长度）的位置偏差Δd：

$$\Delta d=L\sin\theta_i$$

式中，L为量测点的分段长度。自下而上累加可知各点处的水平位置：

$$d=\Sigma L\sin\theta_i$$

与初次位置测值相减既为各点本次量测的水平位移。

4.钢支撑轴力监测（基坑）

（1）监测方法

轴力计安装后，在施加钢支撑预应力前要进行轴力计的初始频率测量，在施加钢支撑预应力时通过频率读数仪逐日连续监测其频率，计算出其受力值。

（2）计算方法

当轴力计受轴向力时，引起弹性钢弦的张力变化，改变了钢弦的振动频率，通过频率仪测得钢弦的频率变化，算出其所受作用力的大小。一般计算公式如下：

$$p = K\Delta F + b\Delta T + B$$

式中：P为支撑轴力（kN），K为轴力计的标定系数（kN / F），ΔF为轴力计输出频率模数实时测量值相对于基准值的变化量（F），b为轴力计的温度修正系数（kN/℃），ΔT为轴力计的温度实时测量值相对于基准值的变化量（℃），B为轴力计的计算修正值（kN）。

图 6-58　支撑轴力监测点

5.围护桩内力监测（基坑）

（1）振弦式钢筋应变计的埋设

钢筋应力传感器的安装采用与围护桩体钢筋笼串联焊接的方式，首先按设计长度把钢筋切断，每段钢筋的端部与应变计连接杆进行帮焊连接，待连接杆冷却后将应变计接入。接入应变计时，要把各应变计的导线有条理地固定好，并准确编号，最后引到地面的集线箱中。地面集线箱应设在测量人员易于工作的地方，并设警示标志。

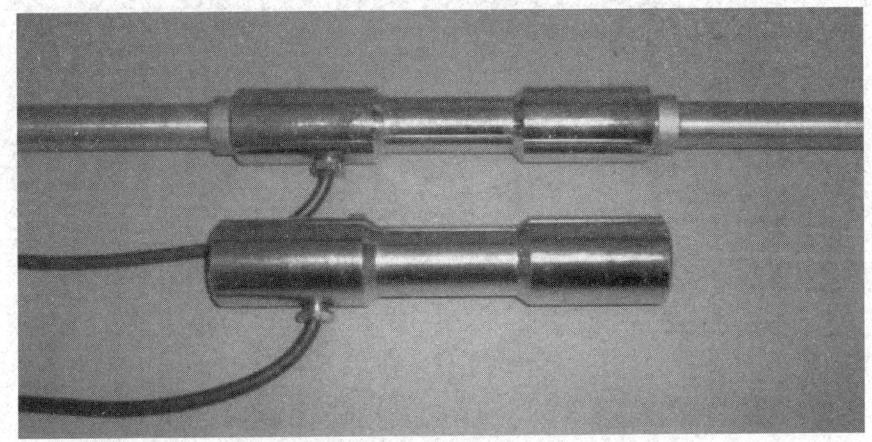

图 6-59　振弦式钢筋应变计

（2）监测点的布设

1）围护桩内力监测应选在围护结构中出现弯矩极值的部位。在平面上，可选择围护结构位于两支撑的跨中部位、深度较大部位；

2）测试断面一般配置四个钢筋计；

3）内力监测应设在围护结构体系中有代表性的位置的钢筋混凝土围护桩的主受力钢筋上；

4）相邻截面传感器间距为5m。

6.2.3.2 基于BIM+物联网技术的多元数据实时感知技术

1.基于BIM+物联网的实时感知系统

通过BIM技术可对施工过程中携带各种物理属性和非物理属性的建筑构件进行全方位、全尺寸、全过程的完整模拟，形成多维施工模型，细致地展现实际施工全过程。通过将施工期间基坑监测点与BIM施工模型相结合（见图6-60），可及时掌握施工全过程中建筑构件的受力情况，保障施工的安全和质量。监测系统主要是既有铁路通过终端接受应答器、无线网关、中间阅读器和中央数据处理器之间的无线传输和控制，基坑工程通过现场人工测量，然后将数据录入系统的方式实现。当建筑构件发生较大变形或者有危险情况发生时，中央数据处理器经过数据分析评价之后发布合理预警，并决定采用相应措施应对。

图 6-60　BIM 模型与监测点相结合

2.数据分析系统

将各种传感器及人工实时监测的数据上传至云平台，并进行计算分析，通过BIM平台进行展示，在安全风险功能模块中，如图6-61中提供了查看历史详细监测数据列表的入口，通过它可以查询到该测点任意时间范围内的具体监测数据，以及监测数据的时程曲线，形象展示监测数据的波动情况。

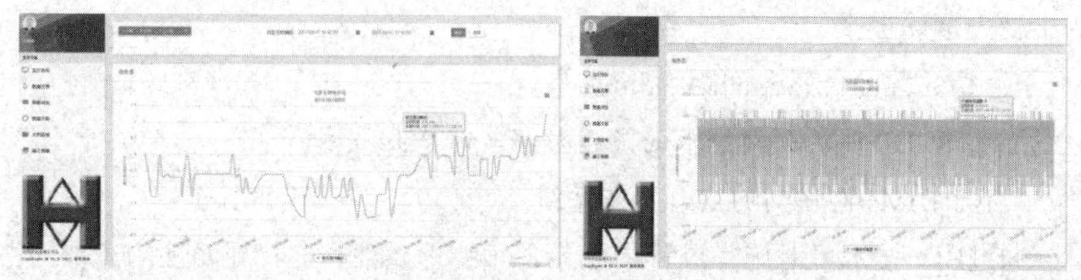

图 6-61　监测平台沉降与水平位移监测数据展示界面

3.风险源自动识别分析

根据工程勘察报告、设计资料、相关工程规范等资料结合施工经验，将与风险有关的词句进行自动解析，制定出一套安全风险辨别规则，同时在BIM后台建立安全风险信息知识库，随后利用计算机识别工程图纸中的风险技术参数，具体方法为：首先定义出需要识别的不同图纸的类型（项目图纸、施工工法图纸、地质剖面图、总平面图等）和计算机依序索图策略，采用定义编程语言的语法规则巴科斯范式（BNF）来定义出不同类型图纸所需要的技术参数（桩径、工法、地层土质、管线类别等），并设计定向识图搜索方法，将识别出来的基本图元（如线、圆、文本等）通过基于语法匹配、拓扑匹配、图形匹配的算法进行语义解析，至此实现从图纸中利用计算机自动获取与安全风险相关的技术参数。然后借助BIM后台的风险库，调用前面构建的风险辨别规则，进行逻辑判断与计算，列出在嘉华站基坑施工中的风险清单，同时基于之前对风险源的编码规则将风险源与风险源编码进行关联，形成不同风险源的唯一标示，如表6-12所示。

表 6-12　风险源清单与编码

名称	风险源	风险源编码
周边环境	既有铁路线	SJZDT21020102SNTL001
	既有管线	SJZDT21020102SZGX001
	城市道路	SJZDT21020102CSDL001
明挖长大深基坑	基坑支护体系	SJZDT21020102CSDT001
……	……	……

基于以上编码，并与BIM模型进行关联，实现模型的空间定位。同时，通过与施工进度进行关联，有效实现以环为预警基数的风险预警的目的，如管线、地面建筑、既有铁路等。在施工过程中，风险源项目可以根据施工进展情况，不断完善添加新的危险源项目（见图6-62）。在风险源信息编辑模块中可以编辑预警方案，提前于基坑某部位及深度，进行预警提示，便于管理人员提前确定施工方案，按照提前制定的应急预案做好人员、设备、救援物资的准备工作。

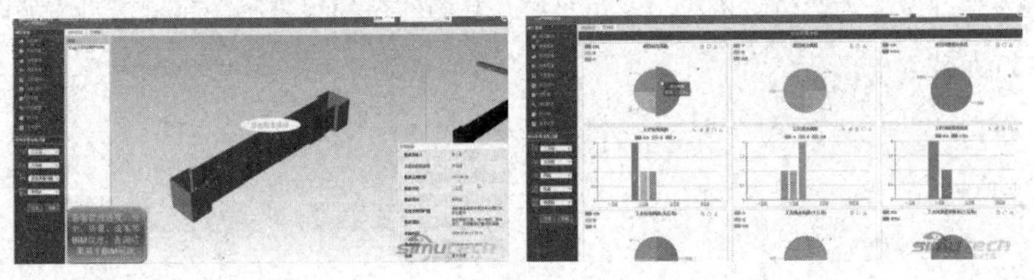

图 6-62　风险源展示与统计分析

6.2.3.3 基于多元数据的风险分析预警

基坑施工中会实时不间断地产生各种数据信息，这些数据呈现出海量、多态、多源、多维的大数据特征，BIM+物联网技术在风险监测的应用使这些数据动态实时采集、传输、云存储，为大数据分析处理提供基础，综上所述有必要建立基于BIM技术的大数据分析与预警机制。

基于BIM技术的大数据分析与预警机制的建立过程分为三个阶段：（1）数据清洗：实时感知系统监测得到的原始数据及监测误差需要进行去噪、清洗，剔除冗余信息，利用表征盾构施工监测数据特性的滤波去噪小波基及小波分解层数的最优选取方法，实现了测点数据的快速去伪降噪。（2）数据存储：基于监测数据，建立涵盖时间、空间、情境（周边环境）的多维星形数据模型，对在盾构施工中产生的海量、多源异构大数据，按数据分类进行结构化并行储存。（3）分析预警：基于实时数据、预测数据、巡视数据，进行多源数据深度融合和预警决策，将控制值的80%作为报警值，70%作为预警值。建立红橙黄三级预警机制，对测点所处状态进行自动判断，在BIM平台上实时可视化显示风险预警信息，并通过移动互联网将预警信息实时发送至施工管理人员的移动设备中，以便施工人员可以及时采取应急措施，实现充分信息条件下的安全预警实时化。

下面以基坑的监测预警BIM平台为例进行分析，基坑监测数据通过“基坑及周边环境监测信息系统”上传，并通过接口的方式将数据传输到隧道系统中。通过向基坑监测系统所提供的查询接口传入需查询的监测类型或测点编码等信息，可以查询到该监测类型或监测点的当前变化值、累积变化值、变化速率、报警标识等信息，其中报警标识根据该监测类型的监测变化值的数值范围按紧急程度分为黄色、橙色、红色报警，其中红色的报警紧急程度最高，如图6-63所示。

a）安全质量问题

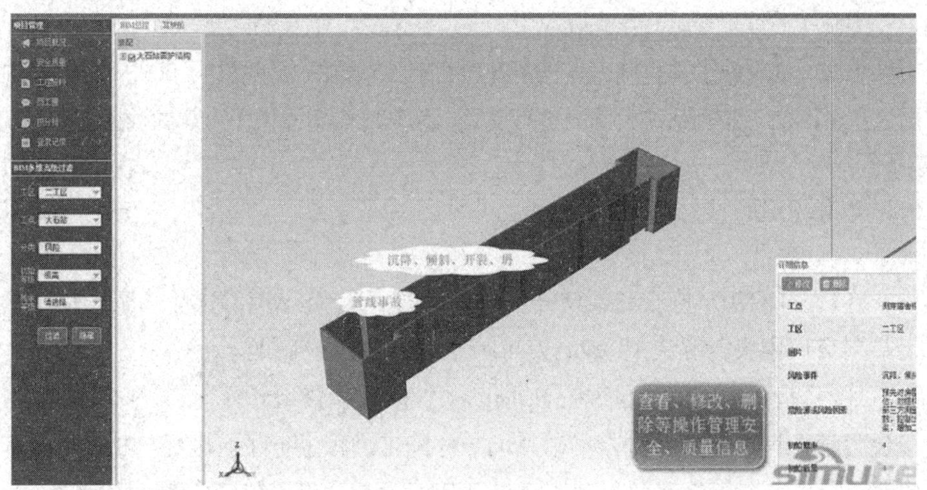

b）安全质量修改等操作

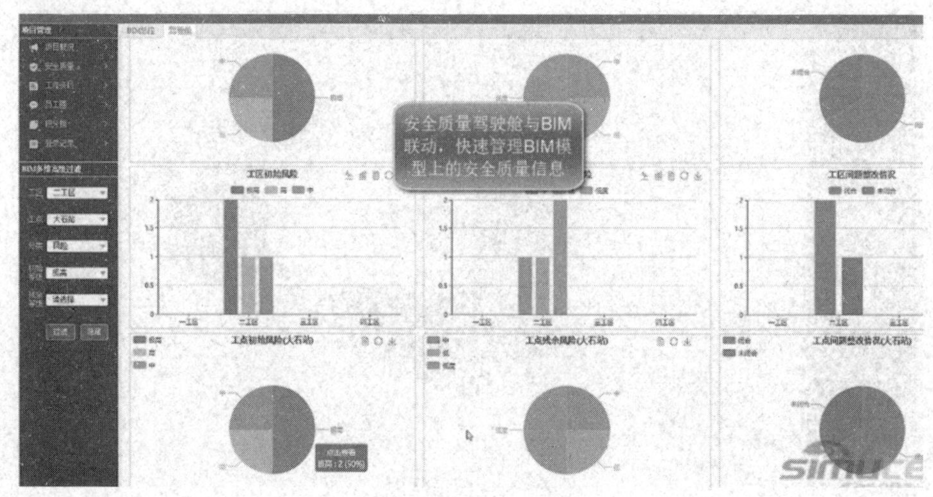

c）安全质量驾驶舱

图 6-63　风险源分析预警

本系统通过嘉华站开挖实际应用表明，本系统工作效果良好。所测得数据及分析结果很好地反映了基坑施工过程中各项稳定性参数的变化规律。此外，在工程进展过程中，信息监测系统数据的实时反馈，为基坑安全提供了可靠的数据支持。

6.3 本章小结

（1）针对BIM核心建模软件，重点研究了Revit API二次开发流程并开发了数据交换模块，解决了Revit与Midas GTS数据交换问题。

（2）基于BIM模型通过Revit-Midas GTS转换接口转换，通过Midas GTS构建力学计算边界条件对嘉华站基坑开挖施工过程进行了有限元分析，计算基坑开挖对既有邻近铁路的运营影响，并根据计算结果提出了监测建议。

（3）在嘉华站BIM模型实体结构分解方式及专业构件编码的基础上，探索扩充风险源、安全监测等项目编码规则，完成车站、风险源、安全监测等BIM应用统一编码库。

（4）实现了以BIM模型数据为基础，综合应用模型编码、自动监测等移动互联技术，基于BIM技术的邻近既有线长大深基坑风险源自动识别和风险动态监测评估实时感知与预警分析综合集成管理。

参 考 文 献

[1] B Succar W Sher，A Williams.Measuring BIM performance：five metrics[J]. Archit. Eng.Des.Manage，2012（8）：120-142.

[2] Phillips G，Bernstein，Jon H Pittman.Barriers to the Adoption of Building Information Modeling in the Building Industry[J].Autodesk Building Solutions White Paper，2004.

[3] Lee Mc Cuen, Tamera. Scheduling，estimating，and BIM：A profitable combination[C]//52nd Annual Meeting of AACE International and the 6th World Congress of ICEC on Cost Engineering，Project Management，and Quantity. Surveying，2008.

[4] Amir H Behzadan，Asif Iqbal，Vineet R Kamat.A collaborative augmented reality based modeling environment for construction engineering and management education[C]//Proceedings Winter Simulation Conference，2011，3568-3576.

[5] Mc Graw Hill. Construction Building Information Modeling Transforming Design and Construction to Achieve Greater Industry Productivity[R]. 2009.

[6] Tulke J，Hanff J. 4D Construction Sequence Planning-New Process and DataModel[C]. CIB-W78 24th International Conference on Information Technologyin Construction，Maribor. 2007.

[7] 杜长亮．BIM和AR技术结合在施工现场的应用研究[D]．重庆：重庆大学，2014.

[8] 段玉娟．基于BIM信息集成平台的施工总承包成本动态控制[D].西安：长安

大学，2014.

[9] 李烨.BIM技术在DB模式中的应用研究[D].武汉：武汉理工大学，2014.

[10] 任志群，林晨，李晨.BIM技术在厦门某地铁车站给排水设计中的应用[J].山西建筑，2015（1）：133-134.

[11] 刘安申.基于BIM-5D技术的施工总承包合同管理研究[D].哈尔滨：哈尔滨工业大学，2014.

[12] 欧阳业伟，石开荣，张原. 基于建筑信息模型的地铁工程建模技术研究[J].工业建筑，2015（10）：196-201.